21世纪高等学校规划教材｜计算机应用

计算机常用工具软件应用

李林 黄健 苟胜难 主编
魏冬梅 张波 刘淳 副主编

清华大学出版社
北京

内 容 简 介

本书由多名有丰富教学经验的教师在多年教学总结的基础上以崭新的思路编写而成。全书共 11 章，以软件的主要功能为主线，重点介绍各类工具软件的主要用途和使用技巧。通过本书的学习，读者可以迅速、轻松地掌握常用软件的用法。本书系统地介绍了目前流行的实用工具软件，主要包括网络、文件处理、文件编辑与阅读、图形图像处理、动画制作与播放、多媒体、计算机安全、系统维护与测试、外存储管理以及其他一些具有代表性的常用工具。

本书内容全面，语言流畅，实例丰富，图文并茂，实用性强。本书可作为本科和高职高专院校计算机公共课教材、计算机相关专业低年级选修课程、成人教育或者公共计算机技能培训教材，同时也可作为广大计算机爱好者的参考用书。

图书在版编目(CIP)数据

计算机常用工具软件应用/李林，黄健，苟胜难主编. —北京：清华大学出版社，2018(2023.8重印)
(21 世纪高等学校规划教材·计算机应用)
ISBN 978-7-302-51435-0

Ⅰ. ①计…　Ⅱ. ①李…　②黄…　③苟…　Ⅲ. ①软件工具－高等学校－教材　Ⅳ. ①TP311.56

中国版本图书馆 CIP 数据核字(2018)第 242355 号

责任编辑：贾　斌　薛　阳
封面设计：傅瑞学
责任校对：时翠兰
责任印制：沈　露

出版发行：清华大学出版社
　　　　网　　址：http://www.tup.com.cn, http://www.wqbook.com
　　　　地　　址：北京清华大学学研大厦 A 座　　　　　　邮　　编：100084
　　　　社　总　机：010-83470000　　　　　　　　　　　邮　　购：010-62786544
　　　　投稿与读者服务：010-62776969, c-service@tup.tsinghua.edu.cn
　　　　质量反馈：010-62772015, zhiliang@tup.tsinghua.edu.cn
　　　　课件下载：http://www.tup.com.cn,010-83470236
印　装　者：三河市铭诚印务有限公司
经　　销：全国新华书店
开　　本：185mm×260mm　　印　张：23.5　　　　　字　　数：572 千字
版　　次：2018 年 10 月第 1 版　　　　　　　　　　　印　　次：2023 年 8 月第 6 次印刷
印　　数：6001～8000
定　　价：69.80 元

产品编号：077956-02

出 版 说 明

　　随着我国改革开放的进一步深化,高等教育也得到了快速发展,各地高校紧密结合地方经济建设发展需要,科学运用市场调节机制,加大了使用信息科学等现代科学技术提升、改造传统学科专业的投入力度,通过教育改革合理调整和配置了教育资源,优化了传统学科专业,积极为地方经济建设输送人才,为我国经济社会的快速、健康和可持续发展以及高等教育自身的改革发展做出了巨大贡献。但是,高等教育质量还需要进一步提高以适应经济社会发展的需要,不少高校的专业设置和结构不尽合理,教师队伍整体素质亟待提高,人才培养模式、教学内容和方法需要进一步转变,学生的实践能力和创新精神亟待加强。

　　教育部一直十分重视高等教育质量工作。2007 年 1 月,教育部下发了《关于实施高等学校本科教学质量与教学改革工程的意见》,计划实施"高等学校本科教学质量与教学改革工程(简称'质量工程')",通过专业结构调整、课程教材建设、实践教学改革、教学团队建设等多项内容,进一步深化高等学校教学改革,提高人才培养的能力和水平,更好地满足经济社会发展对高素质人才的需要。在贯彻和落实教育部"质量工程"的过程中,各地高校发挥师资力量强、办学经验丰富、教学资源充裕等优势,对其特色专业及特色课程(群)加以规划、整理和总结,更新教学内容、改革课程体系,建设了一大批内容新、体系新、方法新、手段新的特色课程。在此基础上,经教育部相关教学指导委员会专家的指导和建议,清华大学出版社在多个领域精选各高校的特色课程,分别规划出版系列教材,以配合"质量工程"的实施,满足各高校教学质量和教学改革的需要。

　　为了深入贯彻落实教育部《关于加强高等学校本科教学工作,提高教学质量的若干意见》精神,紧密配合教育部已经启动的"高等学校教学质量与教学改革工程精品课程建设工作",在有关专家、教授的倡议和有关部门的大力支持下,我们组织并成立了"清华大学出版社教材编审委员会"(以下简称"编委会"),旨在配合教育部制定精品课程教材的出版规划,讨论并实施精品课程教材的编写与出版工作。"编委会"成员皆来自全国各类高等学校教学与科研第一线的骨干教师,其中许多教师为各校相关院、系主管教学的院长或系主任。

　　按照教育部的要求,"编委会"一致认为,精品课程的建设工作从开始就要坚持高标准、严要求,处于一个比较高的起点上;精品课程教材应该能够反映各高校教学改革与课程建设的需要,要有特色风格、有创新性(新体系、新内容、新手段、新思路,教材的内容体系有较高的科学创新、技术创新和理念创新的含量)、先进性(对原有的学科体系有实质性的改革和发展,顺应并符合 21 世纪教学发展的规律,代表并引领课程发展的趋势和方向)、示范性(教材所体现的课程体系具有较广泛的辐射性和示范性)和一定的前瞻性。教材由个人申报或各校推荐(通过所在高校的"编委会"成员推荐),经"编委会"认真评审,最后由清华大学出版社审定出版。

目前,针对计算机类和电子信息类相关专业成立了两个"编委会",即"清华大学出版社计算机教材编审委员会"和"清华大学出版社电子信息教材编审委员会"。推出的特色精品教材包括:

(1) 21 世纪高等学校规划教材·计算机应用——高等学校各类专业,特别是非计算机专业的计算机应用类教材。

(2) 21 世纪高等学校规划教材·计算机科学与技术——高等学校计算机相关专业的教材。

(3) 21 世纪高等学校规划教材·电子信息——高等学校电子信息相关专业的教材。

(4) 21 世纪高等学校规划教材·软件工程——高等学校软件工程相关专业的教材。

(5) 21 世纪高等学校规划教材·信息管理与信息系统。

(6) 21 世纪高等学校规划教材·财经管理与应用。

(7) 21 世纪高等学校规划教材·电子商务。

(8) 21 世纪高等学校规划教材·物联网。

清华大学出版社经过三十多年的努力,在教材尤其是计算机和电子信息类专业教材出版方面树立了权威品牌,为我国的高等教育事业做出了重要贡献。清华版教材形成了技术准确、内容严谨的独特风格,这种风格将延续并反映在特色精品教材的建设中。

清华大学出版社教材编审委员会
联系人:魏江江
E-mail:weijj@tup.tsinghua.edu.cn

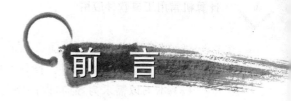
前 言

　　在高效率、快节奏的现代办公和生活环境中,计算机已广泛应用于各个领域,各类工具软件随着时代的进步也在不断产生和更新,对于初次接触工具软件的读者来讲,如何选择适合自己的工具软件,并能快速掌握该软件的使用方法便成为最为关心的问题。为了帮助广大用户在短时间内掌握各类实用工具软件的使用,我们特别编写了本书。

　　对于很多工具软件,初学者都希望有一本书能以基础加实例的方式讲解他们最需要掌握的知识,帮助他们不仅能全面地掌握各类工具软件的相关知识点,还能运用这些知识点在工作、学习和生活中解决各种问题。本书为了满足这类读者的需求,针对不同层次读者的工具软件的使用情况,详细地讲解了目前常见的各类工具软件的知识点以及操作方法,帮助读者在短时间内学习并掌握各种工具软件的应用。

　　全书共分为 11 章,各章节的具体内容如下。

　　第 1 章　绪论,主要介绍本课程学习方法,讲解工具软件的基本知识和基本操作。

　　第 2 章　网络常用工具的应用,主要介绍比较实用的网络工具:浏览工具、搜索引擎、邮件收发、下载工具、FTP 服务器和客户机、远程控制工具等。

　　第 3 章　文件处理工具的应用,主要介绍文件压缩与解压缩、文件加密与解密工具以及格式转换相关软件。

　　第 4 章　文本阅读及文字识别工具的应用,主要介绍 PDF 阅读工具、OCR 文字识别等工具。

　　第 5 章　图形图像处理工具的应用,主要介绍看图软件、抓图软件、图形和图像编辑处理软件。

　　第 6 章　动画制作工具的应用,主要介绍 GIF 动画制作软件 GIF Movie Gear、快速制作 Flash 动画工具 SWiSHmax。

　　第 7 章　音视频处理工具的应用,主要介绍音频和视频处理及转换、视频剪辑处理软件等。

　　第 8 章　计算机安全工具的应用,主要介绍计算机安全的基本常识以及安全防范工具。

　　第 9 章　系统维护与检测工具的应用,主要介绍操作系统的安装、系统启动盘的制作、备份与还原、系统检测、驱动管理等。

　　第 10 章　外存储管理工具的应用,主要介绍数据恢复、硬盘分区与维护、光盘刻录、虚拟光驱与镜像等工具。

　　第 11 章　其他实用工具的应用,主要介绍虚拟机软件、字库软件、PPT 美化大师等拓展知识。

　　本教材具有以下特点。

　　(1) 本书作者全部都是长期从事计算机专业课和公共课教学的一线教师,能够充分理解学生需求、合理安排教学内容和进度。

(2) 本书选用的都是目前最新的(或者最经典的版本)、实用的、具有代表性的、用户评价好并且易操作的工具软件。操作系统平台选用的是目前比较流行的 Windows 7。

(3) 本书以需求为导向,以网络为依托,理论联系实际,注重引导读者举一反三,注重引导读者联系实际,拓展思维,注重引导读者探求计算机软件的学习方法和培养其利用计算机与网络解决实际问题的能力。

(4) 本书大量以图示方式讲解,更加通俗易懂,操作步骤清晰明了,方便读者边学习边实践,可以动态地了解工具软件的整个操作工程。

(5) 本书除第 1 章以外,其余每章自成一体,读者可以选择自己喜欢的章节学习,而不必按照顺序学习。

本书由李林、黄健、苟胜难任主编,由魏冬梅、张波、刘淳任副主编,其中第 1 章、第 2 章、第 10 章由张波编写,第 3 章由刘淳编写,第 4 章由苟胜难编写,第 5 章、第 9 章由魏冬梅编写,第 6 章由李林编写,第 7 章、第 8 章、第 11 章由黄健编写。全书由李林负责策划,由所有编者交叉审稿,最后由李林、黄健负责统稿及定稿工作。秦洪英、杨霞、李彬、杜丽君、蔡宗吟等也参与了全书目录和大纲讨论以及全书审稿工作。

本书在编写过程中参考了大量文献资料,在此向这些文献资料的作者深表感谢。同时也得到了乐山师范学院教务处、计算机科学学院领导和老师的大力支持,在此表示衷心的感谢。

由于计算机技术发展迅猛,教材建设是一项系统工程,书中内容难免有不完善之处,恳请同行专家、教师和广大读者批评指正,并提出宝贵的建议。

编　者

2018 年 8 月

目　录

第 1 章

绪论

1.1 课程介绍与学习实践方法

1.1.1 课程介绍

近年来,信息技术创新日新月异,并广泛渗透到各个行业,与行业发展深度融合甚至改变了这个行业的形态。特别是近几年来,云计算、大数据、物联网、移动互联网、虚拟现实、3D 打印、特别是人工智能等技术的新兴或日臻成熟,可以更多地为社会各行业和普通人群提供更好的综合信息服务。可以说,没有信息化就没有现代化。在信息化时代,每个人都意识到计算机和网络的迅速发展支配着信息时代。信息时代的若干发展趋势已经成为不可逆转的历史潮流,改变着当今世界的面貌和格局,影响到每个人的工作和生活。

本课程旨在提高学生计算机公共技能和水平,而教材主要围绕着"知识"和"技能"两个关键字编写。一方面要帮助读者拓宽知识面,了解现在计算机、计算机软件及应用的基本知识,另一方面要能够使用这些计算机工具帮助解决遇到的实际问题。教材选择的计算机实用工具设定的操作系统环境为 Windows 7 及以上(Windows 8、Windows 8.1、Windows 10),大部分程序也兼容 Windows XP,或者可以选择兼容性模式运行。课程所选软件都是具有代表性的、实用的新版本或者经典版本。

1.1.2 学习实践方法

在使用计算机的过程中,我们往往会遇到很多问题。例如,从网上下载了一篇扩展名为 PDF 或者其他的文档,但你的计算机无法识别和打开它,而你可能又对这种文档格式不了解,怎么办呢? 通过到网上搜索学习(如在百度中输入"PDF 文档打开方式"),你会发现可以使用 Adobe Reader、WPS Office 等软件打开它。只要下载安装了此软件就可以解决这个需求了。解决需求后,下一步可以进行更多的学习和思考,例如:什么是 PDF 文档? PDF 文档有什么好处? PDF 可用在什么场合下? 如何制作 PDF? PDF 可以转换成 Word 文档吗? 等等。带着这些疑问和思考,你可以再去搜索、学习和实践。只要你把这些问题都搞明白了,就基本成为"PDF 专家"了。

根据以上解决问题的思路,本课程采用 RST 模式(以需求为导向的计算机公共技能培养),从需求出发,以问题为导向,通过不断地搜索学习和实践操作来解决这些问题。当然,我们首先会通过实际需求导入课程软件,涉及的名词概念、相关知识你可以通过阅读教材或通过网络搜索来学习了解。在学习软件的下载、安装等相关知识后,你可以根据需求搜索得到的结果,去下载相应的软件并尝试安装和使用以解决你的需求。

计算机工具软件功能相对比较简单、容易上手,如果你只是为了解决你的需求而进行操作,那只需要把软件相应的功能和操作搞明白即可。如果对这个软件有浓厚的兴趣,有更多的时间,可以通过搜索学习,研读软件说明书或相关帮助文档,使用遍历法研究这些软件,发现其更多、更强大的功能。这也是一种知识和技能的积淀。当以后再遇到类似问题的时候,你就能轻松自然地解决问题了。

学习、思考、实践、总结,再学习、再思考、再实践、再总结,通过这样不断的循环,你的知识面将不断扩大,实践操作会越来越娴熟,而头脑也将变得越来越睿智,你也会获得独立思考和解决各类问题的能力。

1.2 公共计算机技能培养

1.2.1 以需求为导向的公共技能培养

以需求为导向,以互联网为依托,让学生尝试性自主学习和研究以解决实际问题是 RST (以需求为导向的计算机公共技能培养)模式的核心内容。这样既培养了学生的自学能力和动手实践能力,又拓宽了学生的视野,让他们能够充分使用现有资源解决学习、生活、工作的实际问题,这必将会大大提高学生素质,增强学生的市场竞争力。这与传统的"填鸭式"教学很不一样。在传统的计算机公共课程教学过程中,很多学生对教学要求的知识掌握还可以,但在技能方面却很缺乏。很多人碰到问题的时候无法自己解决处理,缺乏自学能力和举一反三的能力等。

RST 模式,即定义为以需求为导向的公共计算机技能培养模式,R、S、T 为其中三个重要步骤,分别代表需求(Require)、搜索(Search)和尝试(Try)。其中,需求是我们学习的原动力,也是创造之源,搜索和尝试是两种重要的方法途径,学会自主学习以解决需求是根本目的。

RST 基本思路是:以需求为导向,以互联网为依托,当遇到各种现实需求时,通过对需求的分析和思考,通过使用网络搜索等方式,尝试使用各种方式以解决问题。以常用的 Word 文档举例说明:编辑好的 Word 文档加了密,第二天忘记了密码怎么办?发给别人的 Word 版协议,别人又发回修改稿,但是可能有些地方修改却没有告知,如何精确比较这两个文档哪些地方被修改过?这些都是在使用计算机过程中可能遇到的需求。在现实社会中,需求可以分为个体需求和群体需求。在信息社会中,会有很多计算机程序员为满足群体需求而开发出相应的程序或者软件或寻找出相应的解决办法。只要你按照 RST 模式的方法,很多问题都能通过努力得到解决。使用 RST 学习实践模式,对于工作、学习、生活都会产生积极的影响,也能够提升自学能力、创造能力、创新能力。

RST 模式的学习实践方法主要由两种形式构成,如图 1-1 所示。

两种方式虽然不同,但是解决问题的效果差不多。RST 模式可以分为很多个方面,如 RSTD:RST 文档需求培养模式(Document);RSTS:RST 软件需求培养模式(Software);RSTT:RST 测试模式(Testing);RSTG:基于 RST 以上方面的研究组模式(Group);等等。本课程主要围绕计算机工具软件的应用展开学习实践,所以主要介绍一下 RSTS,即 RST 软件需求培养模式。

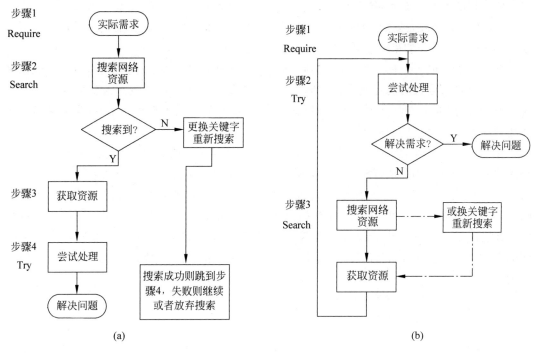

图 1-1 RST 模式基本流程

1.2.2 RSTS 方法及实践

RSTS 主要操作步骤如图 1-2 所示。

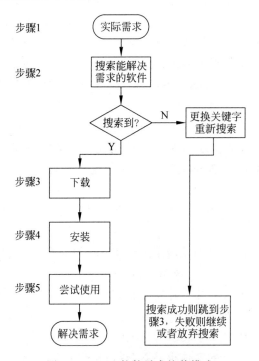

图 1-2 RSTS 软件需求培养模式

从流程图上可以看到,RSTS主要分为以下几个阶段。

从需求(R)出发,搜索(S)相应的解决方案(工具软件),下载(D)和安装(I)相应的软件,尝试(T)解决需求。如果一个软件不行,就再重复这个过程。

举个例子来说明。在一本书上找到一篇文章,你想把它保存在计算机上,以后可能拿来引用。如果自己输入的话得花很长时间,有没有什么好的办法解决呢?这就形成了一个需求,而这样的需求可能会是很多人都遇到的需求。而只要形成了群体需求,就会有很多人想办法帮助大家解决这样的需求。

在百度上搜索类似"如何把书上的文章弄成可编辑的文字",即可查到很多相关的文章和提示。当然,按照RSTS的理念,搜索文字可更改为"将书上的文章直接变成Word的软件",搜索到的结果会大有不同。通过搜索,发现可能有这些解决的方案:直接搜索网上有没有这篇文字;用扫描仪将它扫描到计算机中;用手机拍成照片,复制到计算机中;直接用讯飞等输入法朗读输入等等。在学习过程中,你将发现有一类软件能够解决你的需求:它的名字叫作OCR,当然需要扫描仪、照相机(或带摄像头的手机)等硬件设备的支持。

现在可以梳理一下相关的问题:

(1) OCR是什么?有什么作用?

(2) OCR的原理是什么?

(3) 有哪些OCR的软件?这些OCR软件中哪个好用?

搜索到其中一个OCR软件,并将它下载下来,安装好后进行尝试。大部分的工具软件都不是很复杂,通过简单的尝试后,基本就能实现你的需求了。完成后还可以继续对OCR软件的功能进行研究,你会发现很多OCR软件可以直接通过扫描将书页扫描成Word文档,还能制作PDF文档或者将PDF文档转换为可编辑的Word文档。当然,使用一些手机软件也可以完成这个操作,如扫描全能王等APP,可以直接把文章扫描成可编辑的文本,它也属于OCR软件的范畴。好好总结一下整个过程,你将学习到很多知识,收获不小,并且今后遇到类似问题的时候,你将处理得得心应手。

从刚才的范例中可以了解到,RSTS的基本思想方法能够帮助读者建立RST的思维方式,有了这种思维方式,相信一般性的计算机应用问题读者都有能力很好地解决。

RSTS模式可以培养学生的计算机基础应用能力,培养学生计算机公共技能,培养学生的探知能力,培养学生的自学能力,培养学生使用现有资源解决问题的能力,培养学生举一反三、层层递进的分析能力,培养学生判断、分析和总结的能力。它也是基于网络环境下计算机公共技能培养的重要方法。

有兴趣的读者可以使用RST基本方法,尝试解决以下一些实际工作中可能遇到的问题。

(1) 在Excel中,如何将一张工作表的行变成列,列变换成行?

(2) 利用手机录制了一个MP4视频,插入到PowerPoint 2010中无法播放,如何解决?

(3) 正在热播的电视剧里的片头片尾曲很好听,想保存在手机里欣赏,但是网上没有对应的MP3歌曲可以下载,如何解决?

(4) 如何将一张图片上的文字转换为可编辑的文字?

(5) 如果看到一副广告上的字体很好看,想在自己的PPT中使用该如何处理?

(6) 在 Word 中把一个 DOC 文档加密了,第二天忘记了密码,怎么办?

(7) 已被物理删除的文件还可以恢复吗? 如果能的话该如何恢复呢?

(8) 如何对图片进行统一尺寸大小的裁剪?

(9) 对于一个完全不认识的字怎么输入? 除了手写以外还有什么办法?

(10) 网页上的文字无法复制(复制功能甚至鼠标右键都被限制了),有什么办法?

(11) PPT 中插入的图片太多太大(原图),导致整个 PPT 文件占用空间太大,如何处理?

(12) 把网页上的文字粘贴到 Word 中时,如何去掉文字格式(如颜色、链接等)?

……

读者还可以根据自己的需求去发现和解决更多的问题。

1.3 计算机工具软件基础

1.3.1 工具软件简介

计算机工具软件是计算机软件系统中应用系统的一类,它的特点是体积较小,功能相对简单,但是解决平常使用计算机的常见问题却是非常有利的工具。而且随着计算机信息化的深入,工具软件的范围在不断扩大,是计算机技术中不可缺少的一部分,对工具软件使用的熟练程度,是衡量计算机用户技能水平的一个重要指标。作为成长在信息化时代的我们,应该掌握一些必要的工具软件,以应对使用计算机过程中遇到的各种问题。

1.3.2 工具软件分类

根据软件的功能,这些工具类软件划分为系统类、网络类、安全类、文本类、文件类、图形图像类、多媒体类、其他工具等。

(1) 系统类:系统工具主要包含系统维护与优化工具、系统备份工具、外存储管理(磁盘光盘类)、驱动管理工具等。

(2) 网络类:网络工具主要包含搜索引擎、下载工具、聊天工具、邮件工具等。

(3) 安全类:安全工具主要包含计算机病毒和木马、防火墙等安全防范工具。

(4) 文本类:文本类工具软件包括对电子图书的阅读、文本的编辑和文字处理,以及OCR 工具等。

(5) 文件类:文件类工具主要包括文件的压缩和解压、加密和解密以及格式转换等工具。

(6) 图形图像类:图形图像类工具包括对图形图像进行浏览和编辑的软件,例如图片浏览、图形捕捉、照片处理、图片格式转换工具等。

(7) 多媒体类:多媒体工具软件主要包括多媒体的音频、视频播放、处理工具、不同格式文件的转换工具以及动画制作软件等。

(8) 其他工具:如云盘工具、翻译工具、功能插件软件等。

1.3.3　软件版本相关知识

软件名称后面经常有一些英文和数字,例如:迅雷9.1.37.846。在使用软件的时候,一般在"帮助"菜单"关于"窗口中,也可以看到同样的内容,这些都是软件的版本号。下面介绍一些关于软件版本的信息。

1. 版本号

(1) Version,即版本,通常用数字表示版本号。例如:迅雷9.1.37.846。

(2) Build,内部标号,同一版本可以有多个Build号,通常Build后面的数字越大,表示软件的版本越高,软件就越新。

(3) Service Pack,简称SP,软件升级包。例如:Windows Service Pack 1。

2. 测试版与演示版

(1) Alpha(内部测试版)。又称白盒测试版,是基于程序开发人员测试的版本。此版本表示该软件仅仅是一个初步完成品,通常只在软件开发者内部交流,也有很少一部分发布给专业测试人员。一般而言,该版本软件的Bug较多,普通用户最好不要安装。

(2) Beta(用户测试版)。又称黑盒测试版,是基于用户测试的版本。该版本相对于Alpha版已有了很大的改进,消除了严重的错误,但还是存在着一些缺陷,需要经过大规模的发布测试来进一步消除。这一版本通常由软件公司免费发布,用户可从相关的站点下载。通过一些专业爱好者的测试,将结果反馈给开发者,开发者再进行有针对性的修改。该版本也不适合一般用户安装。

(3) Trial(试用版)。该版本已经相当成熟,与即将发行的正式版相差无几,如果用户实在等不及了,可以装上一试。试用版软件在最近几年里颇为流行,主要是得益于互联网的迅速发展。该版本软件通常都有时间限制,过期之后用户如果希望继续使用,一般得交纳一定的费用进行注册或购买。有些试用版软件还在功能上做了一定的限制。

(4) Unregistered(未注册版)。未注册版与试用版极其类似,只是未注册版通常没有时间限制,在功能上相对于正式版做了一定的限制,例如,绝大多数网络电话软件的注册版和未注册版,两者之间在通话质量上有很大差距。还有些虽然在使用上与正式版毫无二致,但是动不动就会弹出一个恼人的消息框来提醒用户注册。

(5) Demo(演示版)。在非正式版软件中,该版本的知名度最大。Demo版仅集成了正式版中的几个功能,颇有点儿像Unregistered版。不同的是,Demo版一般不能通过升级或注册的方法变为正式版。

以上是软件正式版本推出之前的几个版本,Alpha、Beta、Trial可以称为测试版,但凡成熟软件总会有多个测试版,如360安全卫士的Beta版,每次正式发布前都有发布用户测试。这么多的测试版一方面是为了最终产品尽可能地满足用户的需要,另一方面是为了尽量减少软件中的Bug。而Trial、Unregistered、Demo有时统称为演示版,这一类版本的广告色彩较浓,颇有点儿先尝后买的味道,对于普通用户而言自然是可以免费尝鲜了。

3. 正式版

不同类型软件的正式版本通常也有区别。

（1）Release（发行版）。该版本意味着"最终释放版"，在出了一系列的测试版之后，终归会有一个正式版本，对于用户而言，购买该版本的软件绝对不会错。

（2）Registered（注册版）。很显然，该版本是与 Unregistered 相对的注册版。注册版、发行版和下面所讲的标准版一样，都是软件的正式版本，只是注册版软件的前身有很大一部分是从网上下载的。

（3）Standard（标准版）。这是最常见的版本，不论是什么软件，标准版一定存在。标准版中包含该软件的基本组件及一些常用功能，可以满足一般用户的需求，其价格相对高一级版本而言还是"平易近人"的。

（4）Deluxe（豪华版）。豪华版通常是相对于标准版而言的，主要区别是多了几项功能，价格当然会高出一大块，不推荐一般用户购买。此版本通常是为那些追求"完美"的专业用户准备的。

（5）Professional（专业版）。专业版是针对某些特定的开发工具软件而言的。专业版中有许多内容是标准版中所没有的，这些内容对于一个专业的软件开发人员来说是极为重要的。

（6）Enterprise（企业版）。企业版是开发类软件中的极品。拥有一套这种版本的软件可以毫无障碍地开发任何级别的应用软件。当然这一版本的价格也会贵很多。

（7）Cloud（云端版）。将要使用的软件安装在云端这个虚拟的环境里，而软件完全不能残留在系统里，软件运行时，云端将会创建一个虚拟的文件夹，也会向注册表导入相应的数据，当我们关闭应用的软件时，"虚拟的文件夹"和"导入到注册表里的信息"将会被撤回，系统就跟没有安装应用的软件前一样。使用云端可以使本地系统很干净，不会因为安装的软件多了而变得缓慢。

4. 其他版本

（1）Update（升级版）。升级版的软件是不能独立使用的，该版本的软件在安装过程中会搜索原有的正式版，如果不存在，则拒绝执行下一步。

（2）OEM 版。OEM 版通常是捆绑在硬件中而不单独销售的版本。将自己的产品交给别的公司去卖，保留自己的著作权，双方互惠互利，一举两得。

（3）普及版。该版本有时也会被称为共享版，其特点是价格便宜（有些甚至完全免费）、功能单一、针对性强（当然也有占领市场、打击盗版等因素）。与试用版不同的是，该版本的软件一般不会有时间上的限制。当然，如果用户想升级，最好还是去购买正式版。

1.3.4 获取软件的方法

在个人计算机上要使用某个工具软件，必须要将其安装到计算机上。获取工具软件安装程序的途径有很多，但必须遵循国家的法律法规，为保护计算机软件、打击盗版尽一份自己的义务。一般情况下，可以通过至少 4 种方式来获取工具软件：一是购买正版光盘，二是从软件的官方网站下载，三是从其他相关网站下载，四是使用其他工具软件帮助下载。

1．购买正版光盘

在计算机软件市场的专业软件销售点一般都有常用的工具软件销售,也有一些工具软件的套装出售,用户可以根据自己的需要选择并购买相应的工具软件安装光盘。但是现在提供光盘的已经不是很多了,除非一些重要的行业软件或者占用空间较大的软件,如:学习软件。

2．从官方网站上下载

官方网站是公司为了介绍、宣传和销售公司产品所开通的一个正式的、具有权威性的网络站点,一般都提供软件的下载、用户指南、帮助等。官方网站作为软件发布的正式网站,其软件版本一般都是最新的。这也提醒读者今后要了解一个软件目前的最新版本是什么可以到其官方网站去查询。下面以下载 QQ 为例介绍从官方网站下载软件的操作步骤。

(1)启动浏览器,在地址栏中输入"http://im.qq.com",或者在百度中搜索到 QQ 的官方主页 http://www.qq.com,单击 QQ 软件栏目进入。回车确认后进入 QQ 软件中心首页(如图 1-3 所示)。

图 1-3　腾讯 QQ 官方网站

如果单击"QQ PC 版"中的"立即下载",会进入另一个页面(如图 1-4 所示)。

单击 QQ8.9.3 下面的"立即下载",进入下载页面(示例本机安装的是下载软件迅雷极速版),如图 1-5 所示。

这个时候单击"立即下载"按钮,进入 QQ8.9.3 正式版下载页面,如图 1-6 所示。

(2)在下载对话框中显示了软件的名称、大小和默认的存储路径,在此要特别注意软件的名称和存储路径,这是软件下载后找到软件的关键要素,如果对默认存储的路径不熟悉的话,可以更改到一个自己熟悉的存储路径,然后单击"立即下载"按钮。

(3)此时弹出一个对话框,显示文件下载进度,下载完毕以后到刚才指定的地点就可以找到下载的软件 QQ8.9.3 了。

图 1-4　QQ 正式版下载页面

图 1-5　QQ 迅雷下载页面

图 1-6　QQ8.9.3 正式版下载页面

3．软件相关网站下载

目前大多数的工具软件都是共享或免费软件，可以通过专业提供下载的网站进行下载。目前国内比较著名的提供下载的网站地址有：

太平洋下载　　　http://dl.pconline.com.cn

华军软件园　　　http://www.onlinedown.net

中关村下载　　　http://xiazai.zol.com.cn

天空下载　　　　http://www.skycn.com

好 123 下载　　　http://soft.hao123.com

西西软件园　　　http://www.cr173.com

VeryCD　　　　　http://www.verycd.com

PCHome 下载　　http://download.pchome.net

当然，也可以先通过百度等搜索网站搜索到对应的下载链接去下载，在下载软件前一定要仔细阅读软件的简介和注意事项，有些软件还有软件的安装方法或汉化包的下载，对下载的软件一定要进行杀毒处理以后再进行安装或使用。

4．使用云盘分享和下载软件

随着云技术的发展，在云盘中分享软件成为一种时尚。百度云盘、网易云盘、腾讯微云等都提供了互联网时代快速分享软件、文档等各种资源的服务。当然，也可以自己利用云盘分享资源。在本教材最后一章中将有介绍。

5．使用其他工具软件帮助下载

很多软件都够帮助选择下载需要的工具软件。这里以 360 软件管家为例（如图 1-7 所示）。

360 软件管家不仅提供了软件搜索下载，还提供了一键升级、一键安装、卸载、软件体检等各项服务。

最后再谈谈工具软件的选择。软件市场就像是一个大超市，琳琅满目。如何选择需要的软件呢？工具软件市场中，免费的永远是最受欢迎的，就像 360 软件刚刚宣布免费的时候，很多还在使用收费杀毒软件的用户都转向使用 360 了，而 QQ 软件的永远免费及 QQ 号码的免费注册也是吸引了全国大多数网络用户。当然这些免费背后带来的其他经济效益那就不言而喻了。

抛开是否需要购买这个因素来看，选择软件就类似于生活中选择买商品。一般都会选择人气旺的、下载次数多的，选择好评如潮的、占用空间少的，当然首要条件一定是要满足需求，能帮助你解决实际问题的。

例如，想使用远程控制自己的计算机，在中关村在线网站（http://xiazai.zol.com.cn）中查找：软件分类→系统.网络.安全→安全软件→远程控制，单击"好评软件"，可以找到网页推荐度高的远程控制软件。观察前三个软件，第一个软件是向日葵远程控制软件，第二个软件是 TeamViewer，第三个软件是网络人远程控制软件办公版。后面有相关的说明和用户评价，可以仔细阅读并选择试用。这几个软件都不大，最多只有十多 MB，下载安装都比较方便（如图 1-8 所示）。

图 1-7　360 软件管家

图 1-8　软件的选择

如果有时间的话可以读读这些软件的详细介绍,如:向日葵远程控制是一款阳光的远程控制及远程桌面产品,获得微软认证,界面友好,简单易用,安全放心,且身材迷你小巧,仅2.9MB。配合向日葵开机棒,还可支持数百台主机的远程开机,实现远程开机与控制一体化。通过向日葵,可以在世界上任何地点、任何网络中,轻松实现手机控制手机,手机控制计算机,计算机控制计算机。向日葵的主要功能有远程桌面控制、桌面监控、远程协助、远程文件传输、远程摄像头监控、远程管理、CMD 命令行、桌面直播等,并且支持主控端和被控端聊天功能、消息推送与文件分发等。只需要在两台设备同时下载并安装向日葵即可实现远程操控。

1.4　安装、卸载和汉化

1.4.1　软件安装的方法

所谓安装软件,就是将安装包有规则地安装到硬盘上,以后计算机就可以通过读取硬盘上的程序来运行了,比如:Windows 的安装盘,设备的驱动盘,各种工具软件的安装程序,办公系统软件的安装盘等。

有部分软件复制后就直接能使用(如一些小游戏、绿色版工具软件等),但是大部分软件都需要通过自带的安装程序安装后才能使用。安装程序一般都是打包程序,在安装的时候需要选择安装的路径、安装方式等信息,系统会自动解包安装,并且还会在 Windows 操作系统中注册(可能会在注册表中登记,并在 Windows\System 等目录下生成很多文件,如管理文件、动态链接库 DLL 等),以便操作系统能更好地管理它、能够更方便地和其他程序进行资源共享和互访、能够更好地卸载(又称为删除、反安装)。

现在软件更新的速度非常快。在某些软件安装的时候,需要以下几个 Windows 中已经存在软件的支持,并且可能会出现已安装软件版本较低而无法正常进行的错误提示。

一是 Windows Installer,目前用得比较多的版本是 4.5、5.0 版。微软 Windows Installer 作为 Windows 操作系统的组件之一,是专门用来管理和配置软件服务的工具。如果在安装其他软件的过程中提示 Windows Installer 版本过低或者缺失,需要到网上去下载安装一个新版本。

二是 DirectX。DirectX(Direct eXtension,DX)是由微软公司创建的多媒体编程接口。常用版本为 DirectX 11、DirectX 12 等,当然要看显卡和操作系统能支持什么版本。如果在安装游戏或其他多媒体处理软件的时候提示 DirectX 版本过低,需要到网上去下载并安装一个新的合适的版本。

三是.NET Framework,目前用得比较多的是 2.0、3.0、3.5、4.0、4.5、4.6 及以上版本。.NET Framework 是以一种采用系统虚拟机运行的编程平台,以通用语言运行库为基础,支持多种语言(C♯、VB、C++、Python 等)的开发。.NET 也为应用程序接口(API)提供了新功能和开发工具。如果在安装软件的时候提示需要安装新版的.NET Framework,需要到网上去下载并安装一个新版本。

下面介绍一下软件安装的基本步骤。需要注意的是,如果该软件带有说明文件或者 Readme 等文件,特别是 TXT 文本文件,请一定先阅读。在安装之前,先要找到软件安装包,并确认安装主文件(也就是要双击运行的)。

(1) 如果只有一个文件,扩展名为 EXE,那么安装程序就是它了,只需双击就可以了。

(2) 如果安装包是 RAR、ZIP 等压缩文件扩展名,则需先解压再下一步。如何解压会在第 3 章介绍。

(3) 如果安装的应用程序目录中有很多文件,现在就需要找到安装的主文件,大部分情况下都是扩展名为 EXE,也有部分是扩展名为 BAT 的批处理文件或其他可执行文件。一般来说,安装主文件名为 Setup.exe 或者 Install.exe。

(4) 如果没有上面两个文件,需要找其他的 EXE 文件,例如 Auto.exe 等,或者根据软件的名称找名字相同或者相似的 EXE 文件。

(5) 此外,还可以找一些文件图标比较奇特的应用程序,然后双击试一试。

双击安装主程序后,一般都会出现图形化界面的安装向导(Installation Wizard),在向导的提示下进行操作就可以完成安装。在此过程中,可能需要的步骤如下。

(1) 接受相应的协议(License Agreement)。

(2) 选择授权安装:输入软件用户信息和安装的序列号(如 key、sn 等)或者选择试用。

(3) 选择软件安装的方式,一般会有默认安装(Default)、用户自定义安装(Custom)、最小安装(Minimum)、完整安装(Full)等方式。

(4) 选择安装的目的地,建议不要安装在 C:盘(系统盘)上,可以选择在 D:\Program Files (x86)或者 D:\Program Files。

(5) 单击"下一步"按钮,一直到提示完成。中途计算机会自动完成注册、写文件、配置软件、设置参数,并在"开始"菜单、任务栏、桌面上建立快捷方式(这个在很多软件中会提示选择)。

(6) 部分软件可能需要重启后设置完成。

1.4.2 软件卸载的方法

所谓软件的卸载,就是将已经安装好的某个软件从计算机中彻底删除(凡是和该软件有关的部分都要彻底清除掉,包括软件的快捷方式和对注册表的修改等)。一般通过直接复制就能使用的程序不需要注册(也有例外),但是通过安装的软件大部分都需要在 Windows 中的注册表中登记,并且在安装的时候,释放的压缩包除了会解压到指定的位置外,还会在 windows\System 等目录下释放很多文件(主要是管理文件、DLL、其他系统文件等)。所以通过正常安装的软件,直接删除安装目录是无法完全卸载该软件的。正常的软件卸载一般有以下三种方法可以实现。

1. 通过"开始"菜单进行卸载

大部分软件本身提供卸载功能,一般情况下在"开始"菜单中可以找到软件自带的卸载工具。下面以卸载已经安装的软件"金山词霸"为例进行介绍。

(1) 打开"开始"→"所有程序"→"金山词霸"→"卸载金山词霸",弹出一个确认卸载的提示框,单击"卸载"按钮(如图 1-9 所示)。

(2) 显示卸载进度对话框,卸载完成后给出提示,单击"完成"按钮(如图 1-10 所示)。

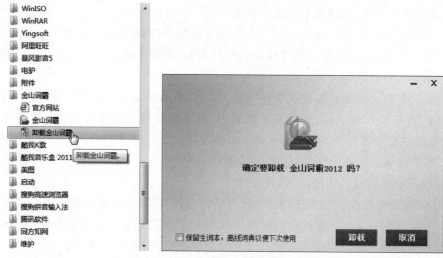

图 1-9　从"开始"菜单卸载软件

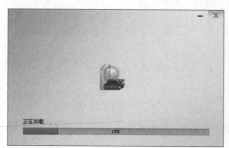 

图 1-10　卸载进度

2. 通过软件所在文件夹中的卸载程序进行卸载

一般软件安装的文件夹中都有一个以 Un 开头的 . exe 文件(部分都是 Uninstll. exe 或者是 Uninst. exe)。在安装文件夹中查找到该目录,双击即可完成删除(如图 1-11 所示)。

图 1-11　安装文件夹中卸载软件

3．通过 Windows"控制面板"进行卸载

　　用户也可以通过计算机中的"控制面板"中的"程序和功能"（在 Windows XP 中叫作"添加或删除程序"）对软件进行卸载。

　　选择"开始"菜单→"控制面板"→"程序和功能"，在窗口中找到需要删除的软件，然后双击即可完成卸载操作（如图 1-12 所示）。

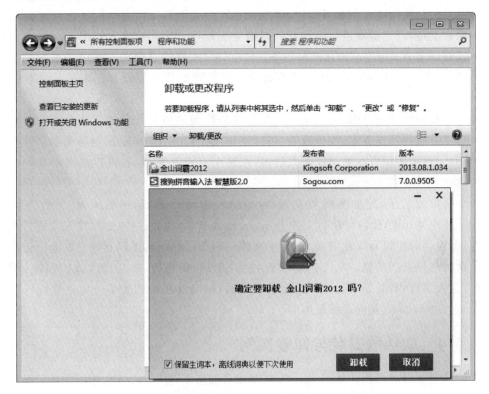

图 1-12　控制面板中卸载软件

　　有一部分软件需要使用安装程序来卸载，例如：某些版本的 Microsoft Office。

　　有一些软件安装后并未提供卸载程序，或者有些流氓软件强行安装到机器上，无法正常卸载。现在有一些系统维护的软件也提供了强大的软件卸载功能，例如 360 安全卫士，还有一些专业的卸载工具软件，如完美卸载等，用户也可以借助这些软件的帮助来卸载程序。

1.4.3　国外软件的汉化

　　工具软件中不少都是国外软件，对于英语不是很好的用户来讲使用非常麻烦。所以在计算机软件领域逐步产生了"汉化"的概念，主要指将国外的软件翻译成中文，一般指简体中文。这里说的汉化主要指软件汉化，原理是使用一些专门的资源编辑器修改程序的资源文件，最终使软件中文化。对于一般的非专业用户，大致可以采用以下一些汉化方法。

　　一些外文软件在下载的时候会有对应的汉化包提供下载（或者根据软件版本号去搜索下载对应的汉化包），有的软件则下载压缩包里已经包含汉化包。用户只需要先安装工具软件，然后在相应的安装目录下安装汉化包，就可以将外文软件汉化为中文软件。

在汉化的时候需要注意两点：一是一般来讲工具软件和汉化包应该安装在同一个目录下才能得到汉化软件。为了保证正常汉化，推荐使用默认路径进行安装。有些网站专门提供软件汉化包的下载，但要注意下载的汉化包的版本和工具软件的版本一定要一致。二是在汉化之前请不要打开该软件，如果已经在运行请先关闭，不然可能出现无法汉化的情况。

如果工具软件没有合适的汉化包，可以利用一些翻译软件进行汉化，这些翻译软件有专门的软件汉化功能模块，能实现工具软件在运行过程中的快速汉化、工具软件的永久汉化，甚至还可以编辑汉化包。例如 Sisulizer(专业的软件汉化工具)。Sisulizer 方便地为软件提供多种语言支持，三个步骤进行本地化：扫描应用程序和定位文本；使用 Sisulizer 可视化编辑工具翻译文本；创建本地化软件版本。Sisulizer 能提供对绝大多数应用程序的良好支持，还支持对各种源代码文件、网页的本地化。有兴趣的读者可以自己去下载安装使用该软件。

除了上面介绍的软件以外，还可以采用直接修改源二进制代码的方法。这种方法需要用到一个二进制代码查看器，如果没有，可以使用 EditPlus、UltraEdit 等编辑器。这些软件比 Windows 自带的记事本的功能强大许多，用法上有点儿类似，也可以自己看看专门介绍它的软件。

举个简单的例子，比如要将英文版 WinRAR 中所有的"file"翻译为"文件"，可以用 EditPlus 打开 WinRAR 的可执行文件 Winrar.exe(当然，在做这些之前，要先备份好要操作的文件，免得到时候没有汉化成功，损坏了文件)。打开以后，就可以看到它的源二进制代码文件。这时选择查找功能。从二进制中查找到"file"，找到后，将它修改成"文件"，然后关闭，执行这个文件，看看是不是已经汉化了。当然，可能这次找到的不一定就是要汉化的菜单，不一定会成功。这就需要反复实验了。

1.4.4　软件的安装与卸载实例

本例使用著名的抓图软件 Snagit 9.0(现在最新版本为 Snagit 13，选择 9.0 只是因为其安装具有代表性)。从网上下载的安装包中有三个内容，一个是安装程序 snagit90.exe，一个是注册机.exe，一个是汉化包，如图 1-13 所示。

图 1-13　Snagit 9.0 安装包文件

1. 软件的安装

双击安装主程序后，一般都会出现图形化界面的安装向导(Installation Wizard，如图 1-14 所示)，在向导的提示下进行操作就可以完成安装。在此过程中，可能需要的步骤如下。

(1) 接受协议(License Agreement)，如图 1-15 所示。

(2) 输入软件用户信息和安装的序列号(密码)。

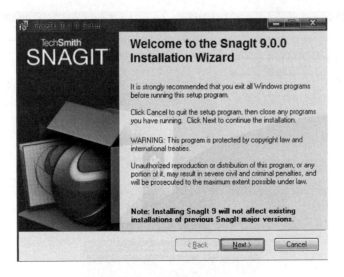

图 1-14　安装向导

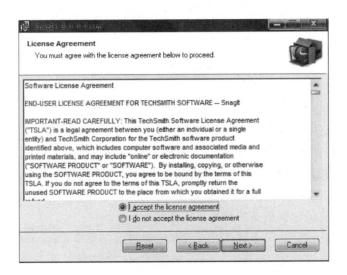

图 1-15　接受协议

正版软件在购买的时候都会提供安装序列号。从网上下载下来的软件很多在安装程序包中可以找到序列号(安装包的说明或者安装包中类似 readme.txt、sn.txt、cd-key.txt、密码、序列号、CN 等文件)。如果没有找到的话可上网查询(搜索对应软件版本的注册号、密码、序列号、注册机、code、key、password 等)。本例中选择使用 30 天的试用期(如图 1-16所示)。

如果该包中提供了注册机软件,可以使用该软件生成相应的注册号,如图 1-17 所示。

注册机是一种能够帮助用户注册的软件,通过一定的算法生成相应的 Key,但并不是每个软件都能在网上搜索到对应注册机。此外,查询软件注册机的时候一定要带上版本号,如"Snagit 9.0 注册机 下载"。当然,这里只是从技术角度说明一下,希望大家都能尊重知识产权,购买正版软件使用。

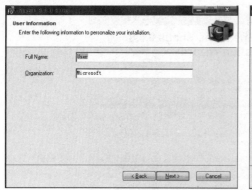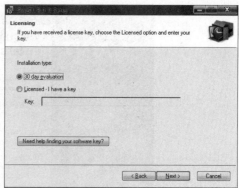

图 1-16　输入用户信息和序列号

图 1-17　使用注册机产生序列号

（3）选择软件安装的方式。

一般占用较小、功能相对简单的软件没有此选择。但是功能强大、占用空间多的软件很多都提供了安装方式的选择，比较常见的有完全安装（全部功能）、标准安装、一般安装（软件商推荐的安装方式，实现大部分功能）、选择安装（用户自定义安装选择哪些功能）、最小安装（实现最基本功能，有的时候则是需要光盘支持）。

在本例中，有两个选项，一个是 Typical（典型安装），一个是 Custom（用户自定义安装）。为了更好地查看本软件功能，选择 Custom，单击 Next 按钮进入下一步（如图 1-18 所示）。本例中，出现组件选择。这里不需要安装 Snagit 打印机，但是希望能够安装 Word 和 IE 的插件（ADD-INS）。选择好后，可以单击 Next 按钮。

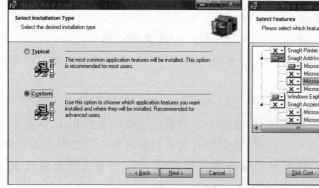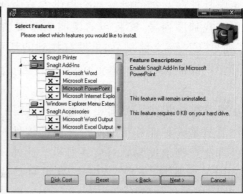

图 1-18　选择 Custom

（4）选择安装的目的地。

需要注意的是，安装时最好先确定软件的大小，再选择空间充足的盘符进行安装（如图 1-19 所示）。默认路径大部分是在 Program Files 下，64 位的 Windows 7 默认安装路径是 Program Files（x86）。建议不要安装在 C：盘。

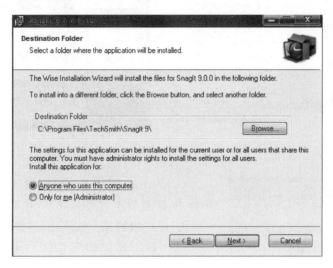

图 1-19　选择安装目录

（5）单击"下一步"按钮一直到提示完成。中途计算机会自动完成注册、写文件、配置软件、设置参数，并在"开始"菜单、任务栏、桌面上建立快捷方式（这在很多软件中会提示用户选择）。在本例中有三个选项，一个是是否当软件安装完成后立即启动该软件；二是是否在桌面上创建快捷方式；三是该软件是否随着操作系统的启动而启动。选好后单击 Next 按钮，开始进入安装过程（如图 1-20 所示）。

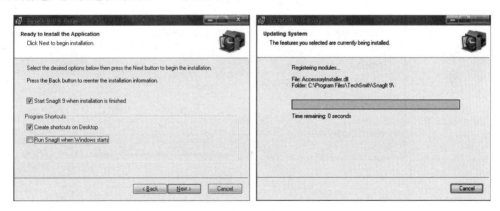

图 1-20　安装附加选项和安装过程

（6）（重启后设置）完成。本例中 Snagit 9 安装完成后，会出现如图 1-21 所示界面。同时，在"开始"菜单、桌面上都会出现 Snagit 的快捷方式。运行 Snagit 后可出现其主界面。

2．软件的汉化

刚才的实例中介绍安装了英文版的 Snagit 9，下面还是以此为例介绍软件的汉化过程。

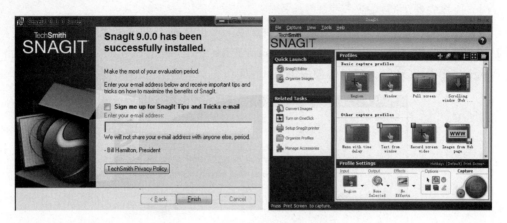

图 1-21　安装完成

图 1-22　下载的汉化文件

　　(1) 从网络下载 Snagit 9 的汉化包(或者称为汉化补丁,注意版本号要相同)。在百度上搜索:Snagit 9 汉化,即可找到并下载汉化包(如图 1-22 所示)。

　　(2) 双击其中的安装文件 HB_SnagIt9_SZL.EXE,开始汉化(如图 1-23 所示),注意汉化包自动检查到了 Snagit 9 的安装路径。有的汉化包需要用户自己选择安装路径。

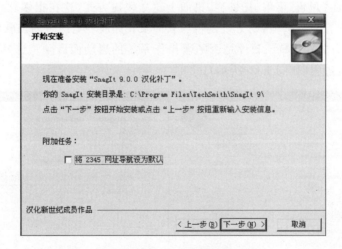

图 1-23　安装汉化包

　　(3) 单击"下一步"按钮后,出现如图 1-24 所示界面。根据此界面的提示信息,得知 Snagit 主程序和 Snagit 编辑器正在使用中,需要将它关闭掉,然后再单击"重试"。

　　(4) 关闭正在运行的 Snagit,单击"重试"后可以看到如图 1-25 所示的安装进度。

　　(5) 汉化结束后,双击桌面上的 Snagit 图标,可以看到汉化结果(如图 1-26 所示),汉化已经成功。

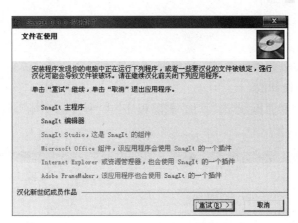

图 1-24　检查到程序未关闭无法汉化

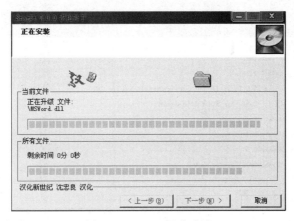

图 1-25　Snagit 汉化进度

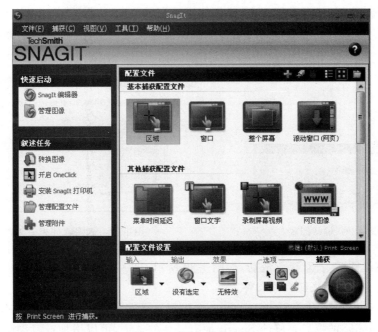

图 1-26　汉化后的效果

3. 软件的卸载

在前面介绍过卸载软件的方法。这里通过两种不同方式来完成卸载任务。

（1）通过控制面板卸载。

打开 Windows 控制面板，单击"添加/删除程序"或"程序和功能"，找到该软件，如图 1-27 所示。

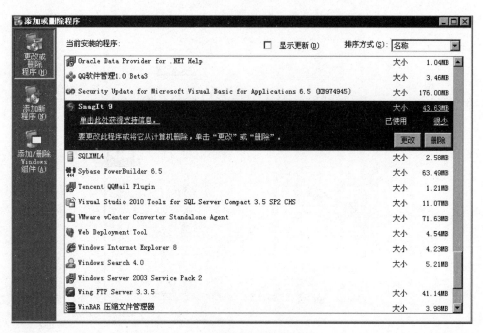

图 1-27　通过控制面板卸载程序

单击"删除"按钮，或者直接双击，弹出相应的提示信息，选择"是"，如图 1-28 所示。

中途可能会出现以下提示，询问是否保留以前捕获过的文件，这里选择删除，如图 1-29 所示。

图 1-28　确认卸载

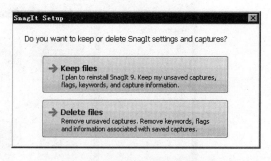

图 1-29　删除软件相关文档

系统会继续卸载，直至提示成功，如图 1-30 所示。

（2）通过安装程序来卸载该软件。

双击该软件的安装程序 Snagit90.exe，会出现选择安装方式的对话框，如图 1-31 所示。

第一项 Modify 的意思是修改 Snagit 原有安装的选项，可以增加或者删除一部分功能；

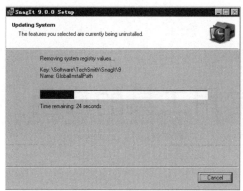

图 1-30　卸载及完成

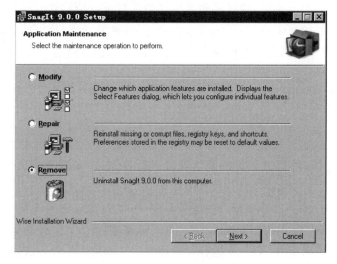

图 1-31　使用安装程序卸载

第二项 Repair 是修复，如果机器上的 Snagit 运行有问题，可以选择此项。本例主要演示的是卸载，也就是第三项 Remove，也就是 Uninstall。选择此项，单击 Next 按钮，以进入下一步。

（3）随后类似上面的情况，会弹出一些卸载信息提示，如图 1-32 所示。

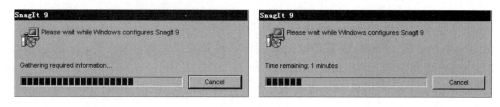

图 1-32　卸载过程

（4）最后提示成功卸载，至此可完成整个卸载工作。由此可见，有些软件的卸载程序就是它的安装程序，Microsoft office 也是这样。

第2章

网络常用工具的应用

随着网络的快速发展和普及,越来越多的人意识到网络的重要性。作为新一代的网民,通过网络进行浏览、搜索、下载、通信、传输、交流等就成为几乎每天都要进行的"网络生活",随之而生的网络工具也非常多,通过这些常用网络工具可以帮助我们实现各种各样的需求。本章主要针对网络的浏览工具、常见的搜索引擎、邮件收发管理、流行的下载方式、网络传输等方面,介绍一些常用的网络工具以及它们的应用。

2.1 网络相关知识

计算机网络是由地理位置分散的、具有独立运行能力的多个计算机系统,利用通信设备和传输介质互相连接,并通过相应的网络软件进行控制,以实现数据通信和资源共享的系统。计算机网络可以按照拓扑结构、数据传输带宽、网络的交换方式、传输介质和网络的覆盖范围等进行分类。按照计算机网络的覆盖范围,可以将其划分为局域网、城域网、广域网。广域网中以 Internet 为代表。Internet 提供了很多的服务,常用的服务包括信息浏览WWW 服务、DNS 域名服务、Telnet 远程登录服务、FTP 文件传输服务、BBS 电子公告板服务、电子邮件服务(E-Mail)、网络新闻服务(Usenet)、名址服务(Finger、Whois、X.500、Netfind)、文档查询索引服务(Archie、WAIS)和其他信息服务(Talk、IRC、MUD)等。

计算机网络中涉及的相关概念有很多,比如说:域名、IP 地址、相关协议和服务等,很多在基础课程中也已经介绍过。下面就几个和本教材相关的重点概念做简单描述。

1. 计算机网络协议

计算机网络协议可定义为:为计算机网络中进行数据交换而建立的规则、标准或约定的集合。Internet 协议中,最重要的就是 TCP/IP 协议簇了。簇,就是聚集之意,也就是由很多个协议组成的。TCP/IP 是 Transmission Control Protocol/Internet Protocol 的简写,中文译为传输控制协议/因特网互联协议,又名网络通信协议,是 Internet 最基本的协议、Internet 国际互联网络的基础,由网络层的 IP 协议和传输层的 TCP 协议组成。TCP/IP 定义了电子设备如何连入因特网,以及数据如何在它们之间传输的标准。TCP/IP 协议簇包含很多协议,如超文本传输协议 HTTP、文件传输协议 FTP、电子邮件协议 SMTP、传输控制协议 TCP、用户数据报协议 UDP、域名服务协议 DNS、远程登录协议 Telnet 等。每个协议的具体概念、解释和内容请自己在网上搜索学习。

2．端口

这里主要了解的是网络技术中逻辑意义上的端口，一般是指 TCP/IP 中的端口，端口号的范围为 0～65 535。例如：http://www.skitp.com：3312/index.aspx，这里的 3312 就是一个端口。如果把 IP 地址比作一间房子，端口就是出入这间房子的门，不过这个房子的门有 6 万多个。每个门像是一个出口，可以定义一个限定网络通信的功能。例如，用于浏览网页服务的 HTTP 默认端口 80，用于 FTP 服务的端口 21，用于 SMTP 邮件发送的 25 号端口等。按端口号可分为以下三大类。

(1) 公认端口(Well Known Ports)：从 0 到 1023，它们紧密绑定于一些服务。通常这些端口的通信明确表明了某种服务的协议。

(2) 注册端口(Registered Ports)：从 1024 到 49 151。它们松散地绑定于一些服务。也就是说有许多服务绑定于这些端口，这些端口同样用于许多其他目的。例如，许多系统处理动态端口从 1024 左右开始。

(3) 动态和/或私有端口(Dynamic and/or Private Ports)：从 49 152 到 65 535。理论上，不应为服务分配这些端口。实际上，机器通常从 1024 起分配动态端口，但也有例外。

计算机木马通常在计算机和计算机之间相互通信的时候产生破坏性，它们都需要占用一定的端口才能工作。例如，木马 ICQTrojan 就开放使用了 4590 端口。防火墙软件可以手动对端口进行控制，如果强行关闭了 4590 端口，此木马程序也无法正常工作，在一定程度上保护了计算机安全。

3．统一资源定位符

统一资源定位符(Uniform Resource Locator,URL)也被称为网页地址，是因特网上标准的资源地址。URL 是对可以从因特网上得到的资源的位置和访问方法的一种简洁的表示。URL 给资源的位置提供一种抽象的识别方法，并用这种方法给资源定位。只要能够对资源定位，系统就可以对资源进行各种操作，如存取、更新、替换和查找其属性。

URL 的一般形式是：< URL 的访问方式>：//<主机>：<端口>/<路径>

例如：http://news.sina.com.cn/o/2017-08-27/doc-ifykiurx2116753.shtml。

URL 的访问方式有：http——超文本传输协议、https——用安全套接字层传送的超文本传输协议、ftp——文件传输协议、mailto——电子邮件地址、ldap——轻型目录访问协议搜索、file——当地计算机或网上分享的文件、news——Usenet 新闻组、gopher——Gopher 协议、telnet——Telnet 协议等。

4．HTTP

HTTP(Hypertext Transport Protocol,超文本传输协议)是一种详细规定了浏览器和万维网服务器之间互相通信的规则，通过因特网传送万维网文档的数据传送协议。它允许将超文本标记语言(HTML)文档从 Web 服务器传送到 Web 浏览器。HTML 是一种用于创建文档的标记语言，这些文档包含到相关信息的链接。用户可以单击一个链接来访问其他文档、图像或多媒体对象，并获得关于链接项的附加信息。

　　有人在观察 URL 的时候还曾经看到过 HTTPS,如当输入 www. baidu. com 的时候,会自动变成:https://www. baidu. com。那什么是 HTTPS? 它和 HTTP 有什么联系和不同? 可上网搜索答案并学习。

5. FTP

　　FTP(File Transfer Protocol,文件传输协议)是 Internet 用户在计算机之间传输文件所使用的协议,用于文件的"下载"和"上传"。FTP 是目前使用 Internet 资源常用的方法之一,用户可通过设置账号或匿名方式对远程服务器进行访问,查看和索取所需要的文件。也可以将本地主机或节点机的文件传输到远程主机上。

2.2　网页浏览工具的使用

　　在信息时代的今天,人们越来越意识到通过网络进行浏览查看资源已经成为生活的一部分,怎样选择和使用浏览工具就是本节所要介绍的内容。

2.2.1　网页浏览工具介绍

　　网页浏览工具也就是人们常说的浏览器,是打开网页所使用的一种必需的工具。随着互联网的迅速普及,网络用户在网上冲浪访问网站时,享受着网络带来的各种体验,浏览工具也越来越成为这种体验不可或缺的重要组成部分。网页浏览工具可以显示网页服务器或者文件系统的 HTML 文件内容,并让用户与这些文件交互。通过网络浏览工具,用户可以迅速及轻易地浏览各种资讯。

1. 浏览器的分类

　　浏览器的种类非常多,国内外至少有上百种。比较出名和通用的浏览器根据它们的核心大致可以分为以下 4 种:Trident、Gecko、WebKit 和 Presto(当然还有双核的,也就是同一个浏览器拥有两个内核)。这些名词似乎都很陌生,不过只要上过网,就至少用过其中一种浏览器核心的浏览器软件。

　　(1) Trident 核心,代表产品 Internet Explorer,也常被称为 IE 内核。Trident(又称为 MSHTML),是微软开发的一种排版引擎。它在 1997 年 10 月与 IE4 一起诞生,虽然它相对其他浏览器核心还比较落后,但 Trident 一直在被不断地更新和完善。而且除 IE 外,许多产品都在使用 Trident 核心,比如 Windows 的 Help 程序、RealPlayer、Windows Media Player、Windows Live Messenger、Outlook Express 等都使用了 Trident 技术。而国内外的很多双核浏览器都使用了 IE 内核,如 Maxthon 遨游、世界之窗、腾讯 TT、Netcapter、Avant 等,但 Trident 只能应用于 Windows 平台,且是不开源的。

　　(2) Gecko 核心,代表作品 Mozilla Firefox。Gecko 也是一个陌生的词,但人们对 Firefox 的名声应该已经有所耳闻,Gecko 是一套开放源代码的、以 C++编写的网页排版引擎。它的最大优势是跨平台,能在 Microsoft Windows、Linux 和 Mac OS X 等主要操作系统上运行,而且它提供了一个丰富的程序界面以供互联网相关的应用程序使用,例如网页浏览器、HTML 编辑器、客户/服务器等。

（3）WebKit 核心，代表作品 Safari、Chrome，也被称为谷歌内核。WebKit 是一个开源项目，包含来自 KDE 项目和苹果公司的一些组件，主要用于 Mac OS 系统，它的特点在于源码结构清晰、渲染速度极快。尽管 WebKit 内核是一个非常好的网页解析机制，但是由于以往微软把 IE 捆绑在 Windows 里（同样，WebKit 内核的 Safari 捆绑在 Apple 产品里，Google Chrome 捆绑在 Google 产品里），导致许多网站都是按照 IE 来架设的，很多网站不兼容 WebKit 内核，比如登录界面、网银等网页均不可使用 WebKit 内核。目前，几乎所有网站和网银已经逐渐支持 WebKit，未来可能将取代 IE 内核的浏览器。

（4）Presto 核心，代表作品 Opera。Presto 是 Facebook 开发的数据查询引擎，可对 250PB 以上的数据进行快速的交互式分析。该项目于 2012 年秋季开始开发，目前该项目已经在超过 1000 名 Facebook 雇员中使用，运行超过 30 000 个查询，每日数据在 1PB 级别。Presto 在推出后不断有更新版本推出，使不少错误得以修正，以及阅读 JavaScript 效能得以最佳化，并成为速度最快的引擎，这也是 Opera 被公认为速度很快的浏览器的基础。

目前，国产浏览器大部分选用的都是谷歌＋IE 内核，如搜狗浏览器、360 浏览器等。下面着重介绍几个常用的浏览器。

2. 常用浏览器

个人计算机经常使用的网络浏览工具有很多，比如 IE 浏览器（Windows 10 新推出 Edge 浏览器）、Firefox（火狐浏览器）、Opera 浏览器、谷歌浏览器（Chrome）、傲游浏览器、360 安全浏览器、搜狗浏览器、UC 浏览器等。这些浏览器各有千秋，也使用一种或多种内核。建议一台计算机上再安装一个以上除了 IE 浏览器以外的其他内核的浏览器。

因为个人计算机上用 Windows 操作系统比较多，而 IE 浏览器集成在 Windows 操作系统中作为默认安装浏览器，拥有比较大的市场占有率，所以本章的浏览工具主要介绍 IE 浏览器。

2.2.2 IE11 的基本设置

Internet Explorer，全称 Windows Internet Explorer，简称 IE，是 Microsoft 公司设计开发的一个功能强大，很受欢迎的 Web 浏览器。从 IE4 开始，IE 集成在 Windows 操作系统中作为默认浏览器。在 Windows 7 操作系统中内置了 IE 浏览器的升级版本 IE8.0，最高支持到 IE11，而在 Windows 10 里的 IE11（可运行 iexplore. exe）与微软新一代浏览器 Edge 并存。

使用 IE 浏览器，用户可以将计算机连接到 Internet，从 Web 服务器上搜索需要的信息，浏览 Web 网页，收发电子邮件，上传网页等。这里简介 IE 最后一个版本 IE11 的设置和使用。IE11 的基本界面如图 2-1 所示。可以看到，IE 默认空白页面干净清爽，隐藏了菜单栏、收藏夹等传统内容。如果要使用菜单栏，可以在 IE11 窗口上面的空白处右击，选择"菜单栏"即可出现并启用菜单项，如图 2-2 所示。当然也可以直接按 Alt 键来临时开启菜单，鼠标再单击菜单即消失。

单击"帮助"菜单中的"关于"，可以查看当前版本号，如图 2-3 所示。

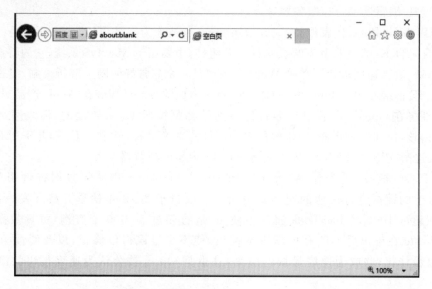

图 2-1　IE11 基本界面

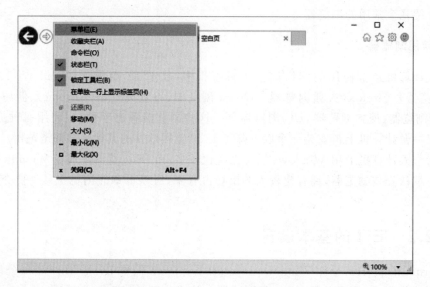

图 2-2　右击启用菜单栏

下面介绍一下 IE 浏览器的一些常用的功能。这里都需要开启 IE 的菜单栏。

1. 关于 IE 首页的设置

打开 IE 浏览器,单击菜单栏中的"工具"→"Internet 选项",如图 2-4 所示。在"常规"选项卡中的主页栏,输入要设为首页的网址,单击"应用"或"确定"按钮。

在"主页"栏下面有以下三个按钮。

(1) 使用当前页:指 IE 当前窗口页面的 URL 链接,单击后自动填充此链接。

(2) 使用默认值:单击后地址变为微软的页面。

(3) 使用新选项卡:单击后地址变为 about:NewsFeed,即微软推出的集搜索和常用链

图 2-3 通过帮助查看当前 IE 版本号

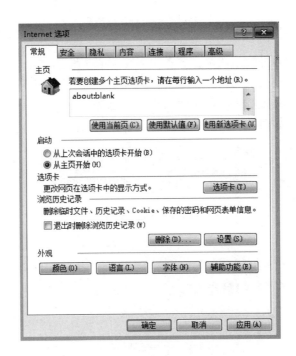

图 2-4 Internet 选项的"常规"选项卡

接于一体的首页,如图 2-5 所示。

　　如果主页无法设置,或者显示为灰色,则很可能是一些恶意程序对首页进行了锁定,可以用 360 安全卫士等软件来修复。

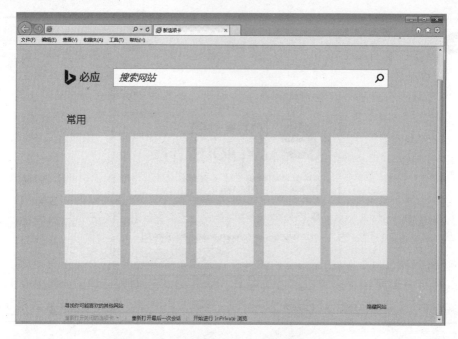

图 2-5　使用新选项卡呈现的页面

2．清理 IE 临时文件

当浏览各个网页的时候，系统都会缓存很多相应的文件和信息，养成定期清理的习惯可以帮助用户节约空间，提高系统运行速度，保障系统安全。需要清理的信息包括：删除临时文件、历史记录、Cookie、保存的密码和网页表单信息等。单击图 2-4 中的"浏览历史记录"栏的"删除"按钮，弹出如图 2-6 所示的对话框，即可选择删除相应的记录。

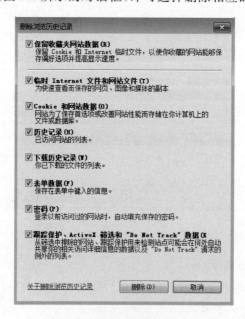

图 2-6　删除浏览的历史记录

1）Cookie

Cookie 主要是登录网站时，网站在本地记录的一些信息，包括登录名和密码、一些个性化设置等。选中"Cookie 和网站数据"，单击"删除"按钮以后即可清除 Cookie。当清除 Cookie 后，你在某一网站的登录状态也就随之失效了，因为相应的 Cookie 被清除后，网站检测不到本地的登录信息，就会自动退出或提示需要重新登录。

2）临时文件夹内容

IE 临时文件夹是做什么用的呢？举个简单的例子，当你第一次打开某一网站时，发现速度可能会有些慢。但当你第二次打开这个网站时，会发现速度要比之前快，这是为什么呢？原因就是因为这个临时文件夹。临时文件夹存储的内容包括：网站的文字、图片、音乐、Flash、JS 脚本、CSS 文件等。第一次打开某网站时，网站中的这些内容就自动被存储在临时文件夹中，第二次再打开此网站时，IE 就会先从此文件夹读取网站信息，而不必再从网站服务器中获取这些内容，所以第二次打开时速度就比较快了。

临时文件夹的路径是 C：\Users\Administrator\AppData\Local\Microsoft\Windows\Temporary Internet Files。单击图 2-1 中"浏览历史记录"→"设置"按钮，弹出如图 2-7 所示的对话框，便可以设置该文件夹存储文件的大小。

图 2-7　Internet 临时文件和历史记录设置

3）历史记录

图 2-4 中的"浏览历史记录"栏便是 IE 历史记录的相关设置。如果要删除历史记录，单击"删除"按钮，弹出如图 2-6 所示的对话框，进行相应选择，单击"删除"按钮即可删除历史记录。如果想设置历史记录保留的天数，请在图 2-4 中单击"设置"按钮，弹出如图 2-7 所示的对话框，打开"历史记录"选项卡，设置好网页保存在历史记录中的天数，单击"确定"按钮即可。

此外，在图 2-4 中的"内容"选项卡中，还有一个复选项"退出时删除浏览记录"，这有什么用途呢？当我们在登录网站的时候填写一些用户名和密码，IE 会弹出一个对话框，询问是否需要记住用户名和密码，如果记住了，那么下次登录时，IE 就会自动填充这些内容，自动完成就是这个作用。如果想把这些清理掉，在"退出时删除浏览记录"前面打上勾，即可实现。

如果想每次都自动清理 IE 的这些内容,不想每次都一个一个单击,可以使用 360 安全卫士等软件的自动清理功能来进行清理,这样,每次关闭 IE 后,就可以自动清理这些内容了。

3. IE 的安全及隐私设置

在图 2-8 中"安全"选项卡是 IE 浏览器中安全设置的重要部分。可以看到有不同的安全级别设置,如果这里设置的安全级别过高,可能会导致某些网站需要的 ActiveX 控件的安装提示无法弹出或一些网站的脚本无法正常运行等现象,此时就不能正常浏览或使用该网站,所以一般设置成"默认级别"就可以了。单击"安全"→"自定义级别"按钮后,出现如图 2-8 所示的设置。

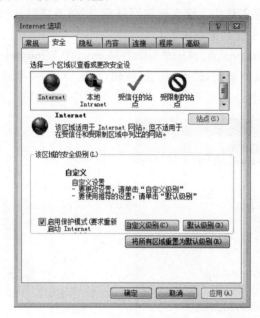
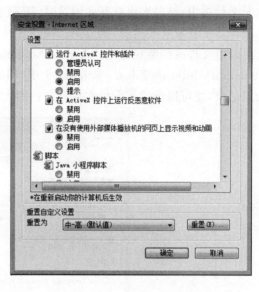

图 2-8 IE 浏览器安全设置

图 2-9 中的第三个选项卡"隐私"是设置 Cookie 的。同样,如果设置过高,会导致网站无法将 Cookie 存储到本地计算机,最常见的就是总也登录不上网站。所以,这里也设置为"默认"就好了。此外,一般用户在浏览网站时,往往对无数的广告弹出窗口感到厌烦,可以勾选上"启用弹出窗口阻止程序",如果需要添加信任站点,可以单击"设置"弹出窗口阻止程序设置,添加信任的网站(允许弹框)。在这个对话框中,还允许管理相应的信任站点,设置弹框阻止的安全级别,如图 2-9 右边对话框所示。

4. 代理服务器设置

单击图 2-10 中第一个对话框倒数第三个选项卡标签"连接",打开后,页面下面有个"局域网设置",这里面的"局域网设置",可以设置上网的代理服务器。

代理服务器(Proxy)就是个跳板,可以通过代理服务器去访问其他的网站。比如我们上一些国外网站时打不开或者打开的速度非常慢,这时,代理服务器就派上用场了。在网上搜一些免费的代理服务器地址,然后填写在这里就可以了。填写时包括地址和端口两个内

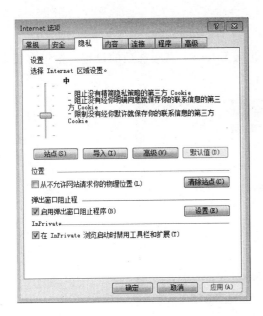

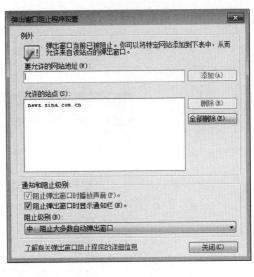

图 2-9　隐私设置

容,分别填进去就好了。免费的代理服务器有很多,比如西刺代理 http://www.xicidaili.com 中就可以找到。

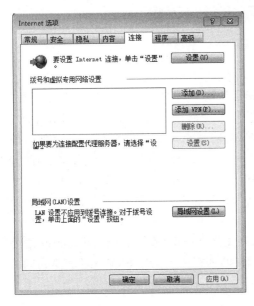

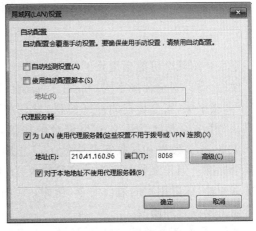

图 2-10　代理服务器设置

单击图 2-10 中的"局域网设置"按钮,可以选择代理服务器的类型,一般默认就是 HTTP 类型的,端口是 80 或 8080 的居多,可以按照搜到的代理服务器地址的类型、端口号填写即可。本例中假设的代理服务器地址为 210.41.160.96,端口号为 8068。

5．Internet 高级选项

单击图 2-11 最后一个选项卡标签"高级"，进入 Internet 高级选项的设置。这里有很多的设置，也很重要。

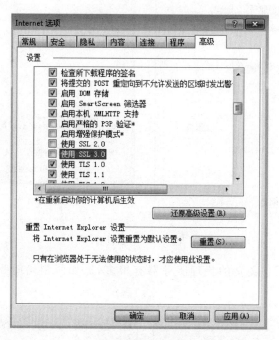

图 2-11　Internet 选项的"高级"选项卡

下面介绍几个可能会用到的。

使用 SSL（安全套接字层）和 TLS（安全传输层协议）：指定是否要通过 SSL 2.0 或 3.0（安全套接字层，安全传输的标准协议）发送和接收安全信息。几乎所有网站均支持该 2.0 协议。SSL 3.0 是比 SSL 2.0 更安全的协议，但某些站点不支持该协议。指定是否使用 TLS 1.0～1.3 发送和接收安全信息。TLS 是一种类似于 SSL 3.0（安全套接字层）的开放式安全标准。但是某些站点不支持该协议。TLS 安全传输协议和 SSL 安全套接字，实现信息加密传输，保障用户的通信安全，例如，在访问 VPN（虚拟专用网络）、部分银行的网站等时可能需要设置和修改。

此外，还有两个关于 FTP 的设置：启用 FTP 文件夹视图（在 Internet Explorer 之外）、使用被动 FTP（为防火墙和 DSL 调制解调器兼容性）值得关注。当 FTP 无法正常访问的时候可能需要设置和调整此选项。

2.2.3　IE 浏览器的使用

1．IE 界面的组成

双击桌面上的 Internet Explorer 图标或单击"开始"菜单→"所有程序"→Internet Explorer，即可启动 IE 浏览器，打开系统默认的主页，界面如图 2-12 所示。这是一个标准的 Windows 窗口，IE11 默认是极简的，隐藏了很多菜单栏和很多工具栏。

图 2-12　IE 浏览器主界面

　　如果想要打开它们,需要在顶层的空白处单击鼠标右键进行选择,如图 2-13 所示。从图上可以看到,目前只打开了状态栏,想要打开菜单栏,需要单击"菜单栏"选项,就会实现。

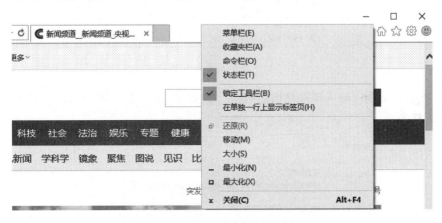

图 2-13　IE 右键菜单

2. 上网浏览

1) 输入网址并访问

　　要浏览某个网站,首先要知道它的网址或 IP 地址,并在地址栏中输入(如 www. sina. com 或者省去 www 直接输入 sina. com),按回车键或单击地址栏右边的 → 按钮,即可进入该网站的主页。

　　此外,IE11 的 URL 里除了支持传统域名外,还支持中文域名,如:http://人民网.

中国/。

2）由主页进入其他网页

网页是通过链接的方法进入其他页面的，我们把它称为"超级链接"，当我们移动光标箭头时，如果光标改变为手形，则此点为"超级链接"的入口，也称为"链接热点"。

3. 收藏夹的使用

如果觉得浏览过的网站很好，以后可能会经常访问，希望能快速访问该网站，但是又不希望以后每次访问该网站都要重新输入网站地址，而且有些地址又长又难记，那么就可以使用收藏夹，让浏览器记录这个网址。

若要将网页添加到收藏夹，可以选择"收藏夹"菜单栏中的"添加到收藏夹"选项，如图 2-14 所示。

图 2-14　将网站添加到收藏夹

在弹出的对话框中输入该网站的名称，单击"添加"按钮便可将当前站点存放在收藏夹中，如图 2-15 所示。

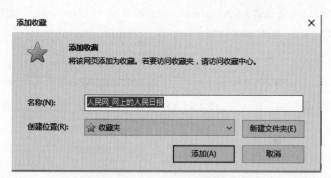

图 2-15　添加到收藏夹

如果要管理收藏夹，或者使用收藏夹快速打开网站，可以单击 IE 工具栏上的"收藏夹"按钮，如图 2-16 所示。通过鼠标右键单击相关网站，可以实现对收藏夹网站的管理，如添加、排序、删除、更名等操作。

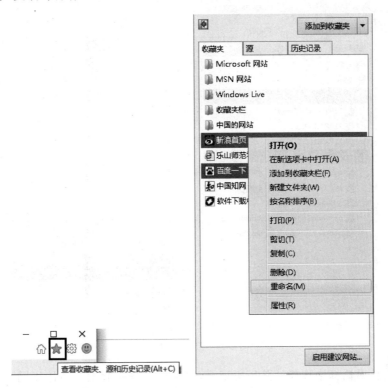

图 2-16 查看和使用 IE 收藏夹

学会收藏夹的使用后,在日常的网页浏览中,可将有价值的网页及时纳入到收藏夹中并加以整理,方便以后快速访问对应的网站。

4. 历史记录

用户浏览过的网站都会被记录在 IE 的历史记录中。单击菜单栏的"收藏夹"中的选项卡标签"历史记录",就会出现历史记录窗口,如图 2-17 左边所示。这里可以选择不同的查看方式,如按日期查看、按站点查看、按访问次数查看和按今天的访问顺序查看。当然还可以选择搜索历史记录,如图 2-17 右边所示。

如果要重新访问历史记录中的某项,直接单击该项即可浏览其内容。

历史记录还可以被清除。选择菜单栏的"Internet 选项"中的"常规"选项卡,单击"删除"按钮,便可快速清除所有先前浏览过网站的记录。还可以单击"设置"按钮,在弹出的对话框中设置好网页保存在历史记录中的天数。

5. 其他 IE 使用技巧

1) 不记录输入的网址记录

上网时在地址栏内输入网址,系统会记录下来,再次登录时,不需要重复输入,只需要单击选择就可以。这在比较安全的地方,比如家里,会给我们带来很大的便捷,但是在公用的机器上使用时,这样做显然会暴露你的隐私,别人很容易就知道你曾经去过哪些网站。虽然

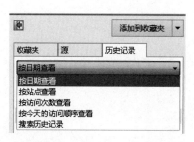

图 2-17　历史记录浏览

可以在 IE 属性对话框中选择清除历史记录,但这种方法一般无法适用于网吧机器,因为你没有更改系统设置的权限。其实使用 Ctrl＋O 组合键,在弹出的"打开"对话框中输入网址,就不用担心网址被 IE 记录下来了。

2)突破网页文字无法复制

在某些网页上,按住鼠标左键不停地拖动,但是无论如何也无法选中需要的文字,这时该怎么办呢? 按 Ctrl＋A 组合键将网页内容全部选中,按 Ctrl＋C 组合键进行复制,然后从中选取需要的文字即可。另外,单击 IE 的"工具"→"Internet 选项"菜单,进入"安全"选项卡,选择"自定义级别",将所有脚本全部禁用,然后按 F5 键刷新网页,这时就会发现那些无法选取的文字可以选取了。

注意:在采集到了自己需要的内容后,记得要给脚本解禁,否则会影响到浏览网页和安全。

3)IE 恶意修改防护大法

(1)打开"安全"选项卡,进行相关设置;

(2)利用超级兔子魔法大师、Windows 优化大师、360 安全卫士等软件修复;

(3)如果不小心浏览了含有恶意代码的网页,IE 的设置常常会被修改,选择"Internet 选项"中"高级"选项卡,单击"重置"按钮就可以把 IE 变为最初的设置。

4)浏览页面的放大和缩小

在右下角状态栏中,单击如图 2-18 所示向下的小箭头,可以调整网页大小。此外,使用键盘＋鼠标也能完成这个操作,方法是:

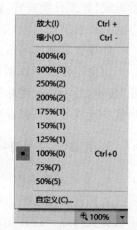

图 2-18　放大和缩小网页

按住 Ctrl 键,再向上(放大)或者向下(缩小)滚动鼠标中键,可以非常方便地实现页面大小的改变。这个方法也适用于 Office 等诸多软件。

2.3　搜索引擎

搜索引擎无疑是现在信息化互联网生活中一个最重要的组成部分。网络是一个丰富的资源宝库,大家要充分利用互联网为自己服务,无论是学习、生活还是在现实生活中遇到的各种问题,都可以尝试在网络上利用搜索引擎工具查找到相应答案。

2.3.1　搜索引擎工作原理

搜索引擎,通常指的是收集了互联网上几千万到几十亿个网页并对网页中的每一个词(即关键词)进行索引,建立索引数据库的全文搜索引擎。当用户查找某个关键词的时候,所有在页面内容中包含该关键词的网页都将作为搜索结果被搜出来。在经过复杂的算法进行排序(或者包含商业化的竞价排名、商业推广或者广告)后,这些结果将按照与搜索关键词的相关度高低(或与相关度毫无关系),依次排列。

搜索引擎派出一个能够在网上发现新网页并抓文件的程序,这个程序通常称为蜘蛛(Spider)。搜索引擎从已知的数据库出发,就像正常用户的浏览器一样访问这些网页并抓取文件。搜索引擎通过这些爬虫去爬互联网上的外链,从这个网站爬到另一个网站,去跟踪网页中的链接,访问更多的网页,这个过程就叫爬行。这些新的网址会被存入数据库等待搜索。所以跟踪网页链接是搜索引擎蜘蛛(Spider)发现新网址的最基本的方法,所以反向链接成为搜索引擎优化的最基本因素之一。搜索引擎抓取的页面文件与用户浏览器得到的完全一样,抓取的文件存入数据库。对蜘蛛抓取的页面文件分解、分析,并以巨大表格的形式存入数据库,这个过程即是索引(Index)。在索引数据库中,网页文字内容,关键词出现的位置、字体、颜色、加粗、斜体等相关信息都有相应记录。用户在搜索引擎界面输入关键词,单击"搜索"按钮后,搜索引擎程序即对搜索词进行处理,如中文特有的分词处理,去除停止词,判断是否需要启动整合搜索,判断是否有拼写错误或错别字等情况。搜索词的处理必须十分快速。对搜索词处理后,搜索引擎程序便开始工作,从索引数据库中找出所有包含搜索词的网页,并且根据排名算法计算出哪些网页应该排在前面,然后按照一定格式返回到"搜索"页面。

再好的搜索引擎也无法与人相比,这就是为什么网站要进行搜索引擎优化。没有 SEO(搜索引擎优化)的帮助,搜索引擎常常并不能正确地返回最相关、最权威、最有用的信息。

2.3.2　常用搜索引擎

1. 谷歌

谷歌(Google)是一家位于美国的跨国科技企业,业务包括互联网搜索、云计算、广告技术等,同时开发并提供大量基于互联网的产品与服务,其主要利润来自于 AdWords 等广告服务,被公认为全球最大的搜索引擎,Google 在全球市场一直排名第一。用户可以使用谷歌来搜索 HTML、Docs、PDF、XML、MP3、MP4、音频、视频等数十亿页面。

2. 必应

必应(Bing)是由微软开发的网页搜索引擎,是微软公司推出的用以取代 Live Search 的搜索引擎,也是被全球用户广泛认可和使用的搜索引擎,在过去几年中使用率大幅增长。使用 Bing 可以很方便地搜索国内外资源,包括强大的图片分类搜索等。

3. 百度

中文网络服务公司百度(Baidu)在 2000 年 1 月 1 日创建,它是中国最受欢迎和使用最广泛的网络搜索引擎。百度致力于为用户提供"简单可依赖"的互联网搜索产品及服务,其中包括:以网络搜索为主的功能性搜索,以贴吧为主的社区搜索,针对各区域、行业所需的垂直搜索,以及门户频道、IM 等,全面覆盖了中文网络世界所有的搜索需求。根据第三方权威数据,在中国,百度 PC 端和移动端市场份额总量达 73.5%,覆盖了中国 97.5% 的网民,拥有 6 亿用户,日均响应搜索 60 亿次。此外,百度还提供出搜索引擎外的诸多服务,百度大数据、云平台、知识库、人工智能等为广大用户提供着服务。

4. 雅虎搜索

雅虎搜索(Yahoo Search)是由美国跨国技术公司雅虎推出的网络搜索引擎,总部设在美国加州。雅虎搜索是美国第三大流行的网络搜索引擎。雅虎是最老的"分类目录"搜索数据库,也是最重要的搜索服务网站之一。用户使用雅虎搜索来搜索各种网页,其中包括大多数网页格式,以及 PDF、Office 文档、图片资源等。

在众多的搜索引擎中,大家可以根据自己要查询的内容选择不同的搜索引擎,当用某个搜索引擎查不到相关资料时,可试着换换其他搜索引擎查询。如果查询中文信息,一般习惯用百度;如要查询外文信息,一般用谷歌、必应、雅虎等。鉴于平时人们查询资料大多是中文信息,所以在本章中,就重点介绍百度搜索引擎的使用方法。

2.3.3　百度搜索引擎

1. 百度的基本界面

百度搜索引擎的检索界面非常干净,整个界面简洁清晰,如图 2-19 所示。

2. 百度的网页检索功能

首先在搜索框中输入要查询的关键词,关键词可以是任何中文、英文、数字或是中英文和数字的混合体,可以输入一个关键词,也可输入两个、三个等,甚至可以输入一句话。输入好关键词后,单击"百度一下"按钮,就会自动找出相关的网站和资料。百度会寻找所有符合查询条件的资料,并把最相关的网站或资料排在前列。

注: 多个关键词之间要留一个空格,输入关键词后,直接按回车键,百度也会自动找出相关的网站或资料。如果对搜索结果不满意,建议检查输入文字有无错误,并尝试换用不同的关键词进行搜索。

图 2-19 百度搜索引擎的主界面

例如,请查询乐山师范学院的主页内容。

在百度的搜索框中输入"乐山师范学院"后回车(或单击"百度一下"按钮),出现如图 2-20 所示页面。

图 2-20 百度的网页检索功能

在该搜索结果中,搜索出来的第一个条目是"乐山师范学院欢迎您!"的链接,后面有百度认证了的"官网"字样。并且我们可以观察到,在右边还智能推送了和"乐山师范学院"词条相关的站点推荐。单击即可打开如图 2-21 所示的乐山师范学院的官方网站。

图 2-21　乐山师范学院官方主页

3. 百度的搜索设置和高级搜索

在百度主页的右上角有一个"设置",鼠标指向它后,会出现一个菜单,如图 2-22 所示。设置项主要包括搜索设置、高级搜索、关闭预测和搜索历史。

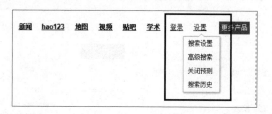

图 2-22　百度设置选项

"搜索设置"(如图 2-23 所示)主要提供用户搜索界面配置及相关选项。

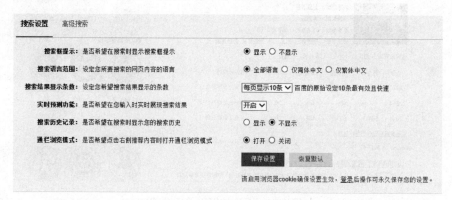

图 2-23　百度搜索设置

　　此外,如果需要同时对多个条件进行限制,就需要使用到"高级搜索"(如图 2-24 所示)。在高级搜索中,可以对搜索的关键词做更进一步的设置,对搜索的时间、语言、文档格式、关键词位置等进行设定,使得查询的结果更加准确。

图 2-24　百度高级设置

4. 利用百度查找新闻、图片、音乐、视频等资料

　　打开百度主页进行搜索,默认的搜索内容是网页,如果想具体查找某方面的新闻、图片、音乐、视频等信息时,就可以在输入关键词后,选择关键词上方的搜索分类,搜索的方法与网页搜索相同,但返回结果为自己选择的搜索分类。

　　例如,想搜寻乐山师范学院的相关新闻信息,那么就可以在搜索框中输入"乐山师范学院"之后,单击上方的"新闻",进入百度新闻搜索。搜索结果如图 2-25 所示,这个结果与图 2-20 的搜索结果是不同的,一个搜索的是有关乐山师范学院的网页信息,一个是仅关于乐山师范学院的新闻信息。

Baidu新闻　乐山师范学院　　　　　　　　　　百度一下

网页　**新闻**　贴吧　知道　音乐　图片　视频　地图　文库　更多»

找到相关新闻约4,340篇　　　　　●新闻全文　○新闻标题 | 按焦点排序▾

日本东京都立大学Hayashi教授一行访问乐山师范学院

中国高校之窗 2017年07月31日 10:02
7月20-27日,受乐山师范学院生命科学学院资源昆虫养殖基地曹成全教授的邀请,日本东京都立大学(Tokyo Metropolitan University,亦译为首都大学东京)的Fumio Hayashi... 百度快照

乐山师范学院省级在线开放课程建设取得良好成绩

中国高校之窗 2017年07月31日 10:39
根据《四川省教育厅关于开展第二批高等学校精品在线开放课程认定工作的通知》(川教函〔2017〕236号)精神,乐山师范学院以省级精品资源共享课为基础,积极开展在线开放... 百度快照

乐山师范学院沫若艺术团闪耀央视3套"群英汇"

中国高校之窗 2017年07月27日 10:51
7月25日晚18:30,在CCTV-3《群英汇》(乐山特辑)节目上,由乐山师范学院沫若艺术团表演的舞蹈《阿妈的歌谣》,以优美的舞姿、利落的动作闪耀全场,引得现场观众阵阵... 百度快照

图 2-25　百度的新闻搜索功能

　　例如,想查找有关乐山大佛的图片资料,那么就可以在搜索框中输入"乐山大佛"之后,单击上方的"图片",进入百度图片搜索,搜索结果如图 2-26 所示。所有符合搜索条件的图片以缩略图的形式显示。鼠标指向相应图片,即会显示这张图片的出处、大小、格式等信息。

图 2-26　百度的图片搜索功能

　　同样,对某些特定图片(如对图片格式或大小有明确要求)的搜索也可以利用高级图片搜索功能。百度一下后,右边有个"收起筛选",包含全部尺寸、全部颜色、全部类型(如头像、卡通、简笔画等),如图 2-27 所示。

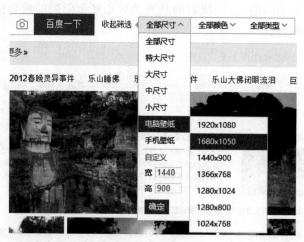

图 2-27　图片高级筛选

　　百度的音乐搜索也是百度的一个特色。在搜索框中输入要查询的关键字,单击网页上方的"音乐",即可进行百度音乐搜索。在搜索结果中可以看到文件的列表,命中记录的顺序按照歌曲被单击下载成功的次数进行排列,排在前面的记录下载成功率较高。如果需要下载,直接单击"下载"按钮即可进行下载。如果需要在线试听,也可以单击"播放"按钮,试听下效果。当然也可以直接访问百度音乐的主页:http://music.baidu.com。

百度的视频搜索方法同上面类似,直接在搜索框中输入要查询的关键字,单击网页上方的"视频",即可进行百度视频搜索。

5.百度的"知道"搜索

百度的"知道"搜索类似一个论坛系统,如图 2-28 所示。用户可以在这里提出问题,其他用户看到问题后都可以跟帖回答,至于回答的答案是否正确需要用户自己来甄别。

图 2-28　百度的"知道"搜索

2.4　电子邮件收发

电子邮件是一种用电子手段提供信息交换的通信方式,是 Internet 应用最广的服务。电子邮件主要包括收发两个操作,对应着不同的协议。目前主要使用的是 POP3/IMAP 和 SMTP。

SMTP 的全称是 Simple Mail Transfer Protocol,即简单邮件传输协议。它是一组用于从源地址到目的地址传输邮件的规范,通过它来控制邮件的中转方式。SMTP 属于 TCP/IP 协议簇,它帮助每台计算机在发送或中转信件时找到下一个目的地。SMTP 服务器就是遵循 SMTP 的发送邮件服务器。SMTP 认证,简单地说就是要求必须在提供了账户名和密码之后才可以登录 SMTP 服务器,这就使得那些垃圾邮件的散播者无可乘之机。增加 SMTP 认证的目的是为了使用户避免受到垃圾邮件的侵扰。

POP3 是 Post Office Protocol 3 的简称,即邮局协议的第 3 个版本,它规定怎样将个人计算机连接到 Internet 的邮件服务器和下载电子邮件的电子协议。它是因特网电子邮件的第一个离线协议标准,POP3 允许用户从服务器上把邮件存储到本地主机(即自己的计算机)上,同时删除保存在邮件服务器上的邮件,而 POP3 服务器则是遵循 POP3 协议的接收邮件服务器,用来接收电子邮件。

　　IMAP全称是Internet Mail Access Protocol,即交互式邮件存取协议,它是跟POP3类似的邮件访问标准协议之一。不同的是,开启了IMAP后,在电子邮件客户端收取的邮件仍然保留在服务器上,同时在客户端上的操作都会反馈到服务器上,如删除邮件、标记已读等,服务器上的邮件也会做相应的动作。所以无论是从浏览器登录邮箱还是从客户端软件登录邮箱,看到的邮件以及状态都是一致的。

　　POP3协议允许电子邮件客户端下载服务器上的邮件,但是在客户端的操作(如移动邮件、标记已读等)不会反馈到服务器上,比如通过客户端收取了邮箱中的三封邮件并移动到其他文件夹,邮箱服务器上的这些邮件是没有同时被移动的。而IMAP提供Webmail与电子邮件客户端之间的双向通信,客户端的操作都会反馈到服务器上,对邮件进行的操作,服务器上的邮件也会做相应的动作。同时,IMAP像POP3那样提供了方便的邮件下载服务,让用户能进行离线阅读。IMAP提供的摘要浏览功能可以让用户在阅读完所有的邮件到达时间、主题、发件人、大小等信息后才做出是否下载的决定。此外,IMAP更好地支持了从多个不同设备中随时访问新邮件。总之,IMAP整体上为用户带来更为便捷和可靠的体验。POP3更易丢失邮件或多次下载相同的邮件,但IMAP通过邮件客户端与Webmail之间的双向同步功能很好地避免了这些问题。

　　我们一般收取邮件(如QQ邮箱)都是直接登录到Web界面上进行邮件收发,但是很多人在使用电子邮件的客户端软件。为什么要使用这些工具呢? 使用邮件客户端有很多好处,例如,可将信件收取到本地计算机上,离线后仍可继续阅读信件,配置好后可直接收发、速度快,可成批次下载并统一管理(邮件归类),可使用多个邮件账户(如QQ、163、Sina、Hotmail、MSN……),可做事项提醒(可绑定日历),可提高工作的安全性(如一些公司、企业内),某些操作更方便快捷,如发送文件、附件提醒,方便的账号分类及管理,可做转发分享等。

　　常用的邮件客户端主要包括Outlook、Foxmail等工具软件。

2.4.1　Outlook工具简介

　　Office Outlook Express是Microsoft Office套装软件的组件之一,它对Windows自带的Outlook Express的功能进行了扩充。Outlook的功能很多,可以用它来收发电子邮件、管理联系人信息、记日记、安排日程、分配任务。

　　Outlook不是电子邮箱的提供者,它是Windows操作系统的一个收、发、写、管理电子邮件的自带软件,即收、发、写、管理电子邮件的工具,使用它收发电子邮件十分方便。通常我们在某个网站注册了自己的电子邮箱后,要收发电子邮件,须登入该网站,进入电邮网页,输入账户名和密码,然后进行电子邮件的收、发、写操作。使用Outlook后,这些顺序便一步跳过。只要打开Outlook界面,Outlook程序便自动与你注册的网站电子邮箱服务器联机工作,收下你的电子邮件。发信时,可以使用Outlook创建新邮件,通过网站服务器联机发送,而且所有电子邮件可以脱机阅览。另外,Outlook Express在接收电子邮件时,会自动把发信人的电邮地址存入“通讯簿”,供你以后调用。此外,当你单击网页中的电邮超链接时(如本网上的“联系我们”按钮)会自动弹出写邮件界面,该新邮件已自动设置好了对方(收信人)的电邮地址和你的电邮地址,只要写上内容,单击“发送”按钮即可。

　　这些是最常用的Outlook Express功能,它还有许多附加功能。用户可通过Outlook

的"帮助"菜单和其他教学资料进一步学习,以便更熟练地使用 Outlook。

在"开始"菜单中找到 Outlook(属于 Microsoft Office),单击启动。第一次使用会直接进入到一个欢迎界面,如图 2-29 所示。

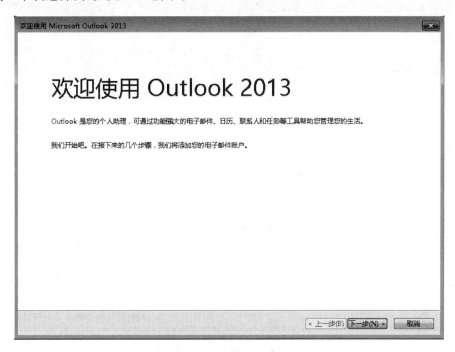

图 2-29　Outlook 欢迎界面

单击"下一步"按钮,出现添加电子邮件账户的设置向导界面,如图 2-30 所示。

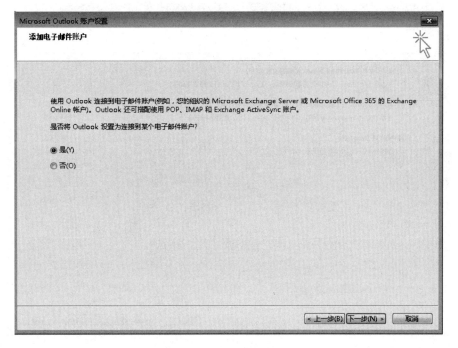

图 2-30　添加电子邮件账户

选择"是",然后单击"下一步"按钮,如图 2-31 所示,选择"手动设置或其他服务器类型"。

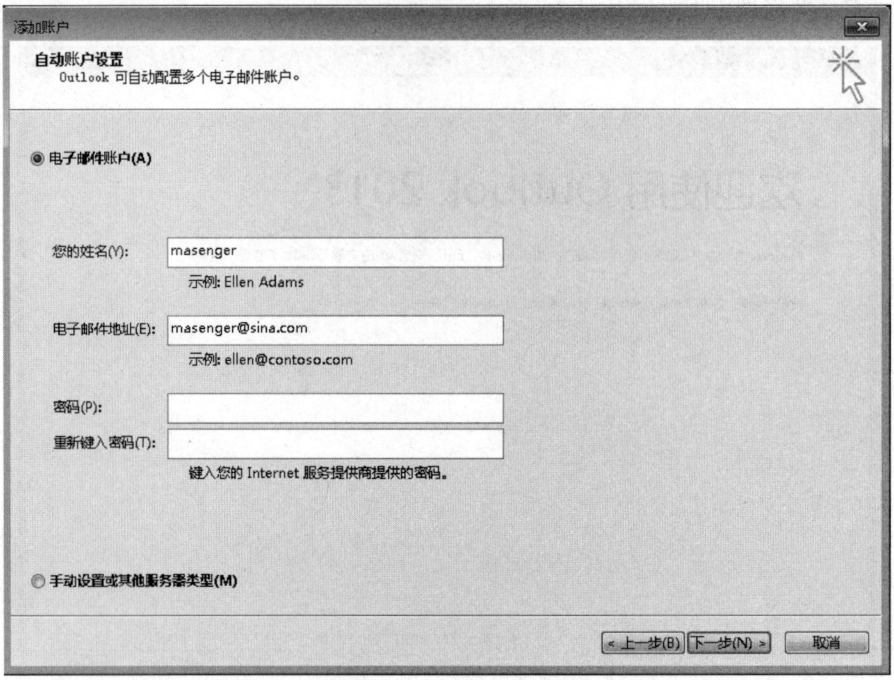

图 2-31 选择手动设置

选择"POP 或 IMAP",如图 2-32 所示,然后单击"下一步"按钮。

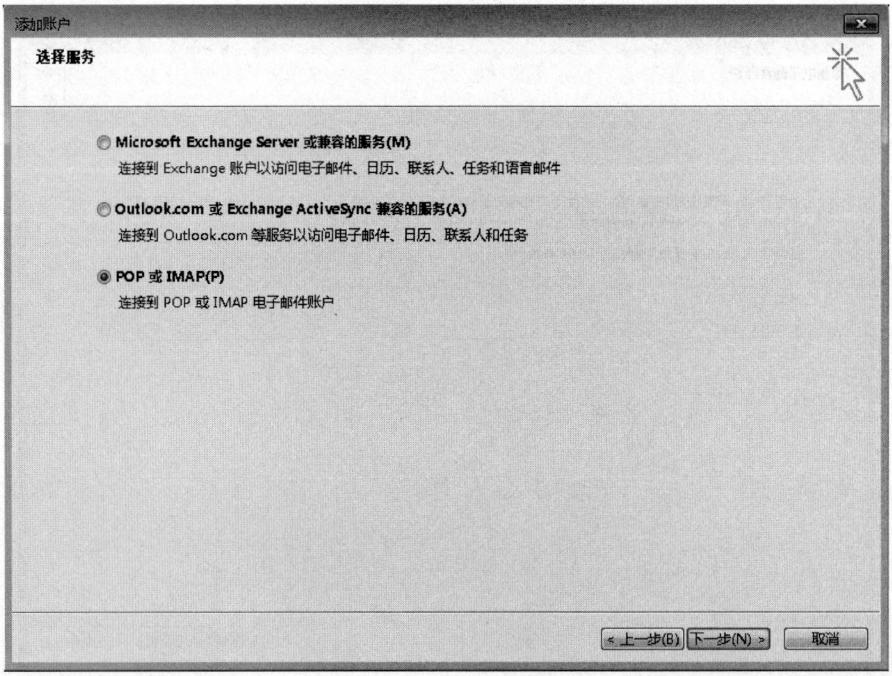

图 2-32 选择邮件账户协议

进入账户设置界面。这个界面非常重要,信息必须填写准确才能实现电子邮件的收发。设置界面如图 2-33 所示。

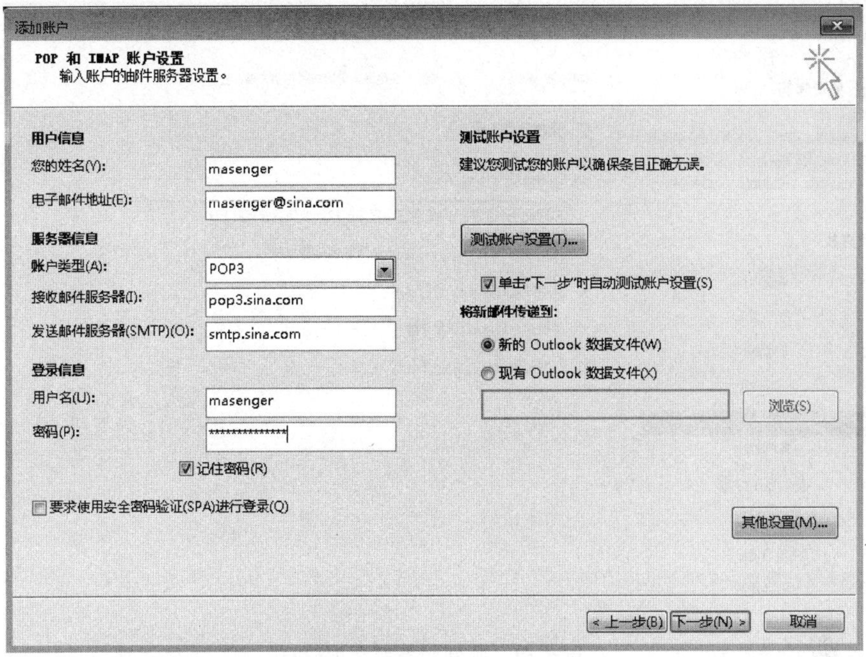

图 2-33　添加账户设置界面

这里需要填写和修改的重点注意内容包括以下两个方面。

(1) 接收邮件的服务器(地址)、发送邮件的服务器(地址);

(2)"其他设置"按钮。

至于这些内容怎么填写,应该去查询你所使用的邮件服务提供商提供的帮助说明。例如,腾讯 QQ 的邮箱(mail. qq. com)、新浪邮箱(mail. sina. com. cn)、网易邮箱(mail. 163. com)等这些官方邮件网站首页上都有"帮助"栏,单击"帮助",查找"客户端设置"的内容,可以看到相关的说明材料。例如,新浪的官方帮助信息如图 2-34 所示。

其中最值得关注的部分如下:

① 选择 pop3 服务器,并输入新浪免费邮箱邮件服务器的地址。

@sina. com 邮箱,接收服务器地址为:pop. sina. com 或 pop3. sina. com,发送服务器地址为:smtp. sina. com。

@sina. cn 邮箱,接收服务器地址为:pop. sina. cn 或 pop3. sina. cn,发送服务器地址为:smtp. sina. cn。

输入新浪免费邮箱邮件服务器地址。

② 单击"发送服务器"选择卡,单击选中"我的发送服务器(SMTP)要求验证"选项,此选择必须选择,否则将无法正常地发送邮件(如图 2-35 所示)。

如果您同时想在页面也保留邮件,单击"其他设置",选择"高级"选择卡,选中"在服务器保留邮件副本"。为了账号及邮件信息安全,建议您设置 SSL 加密传输设置,首先开启 SSL,然后设置服务器端口,IMAP 服务的加密端口为:993,POP 服务的加密端口为 995,

图 2-34　邮件服务商帮助信息

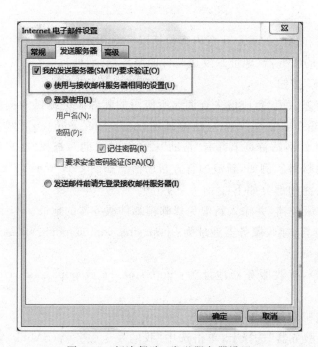

图 2-35　新浪帮助：发送服务器设置

SMT 服务的加密端口为 465（如图 2-36 所示）。

③ 单击"完成"保存设置。单击"完成"按钮完成全部设置。此时您即可利用 Outlook Express 工具软件对您的新浪免费邮箱进行邮件的收发了！

图 2-36 邮箱高级设置

按照官方的帮助信息,进行配置。完成后单击图 2-33 中的"测试账号设置"按钮,可以进行连接测试,如图 2-37 所示。

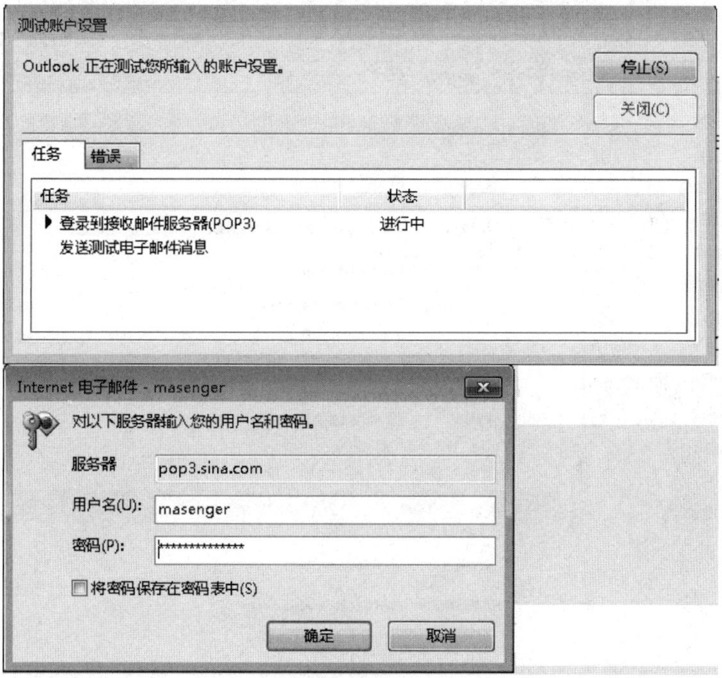

图 2-37 测试账号设置

在测试中,可能会出现错误提示,如图 2-38 所示。出现错误的可能性很多,主要包括:POP、IMAP、SMTP 等服务器的地址和端口没有设置正确、用户的邮件地址输入错误、用户的密码输入错误(如大小写错误)、发送服务器和高级设置没有正确设置等。如果以上检查都没有任何问题,但还是报如图 2-38 所示的错误,那可能就与邮件设置有关系。

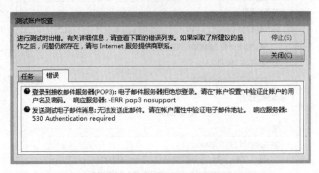

图 2-38　测试账户设置错误提示

这时需要使用 IE 等浏览器登录你的 Web 版邮箱,单击邮箱的"设置",如图 2-39 所示。

图 2-39　官方邮件登录后设置

在设置区中,选择类似于"客户端 pop/imap/smtp"等选项,选择开启相应的服务(建议可以全部开启),如图 2-40 所示。

图 2-40　开启邮件收发的服务

开启的过程中，可能会出现手机短信的验证信息。完成后单击"保存"按钮，稍后再次尝试 Outlook 的账号测试设置，应该就没有什么问题了，如图 2-41 所示。

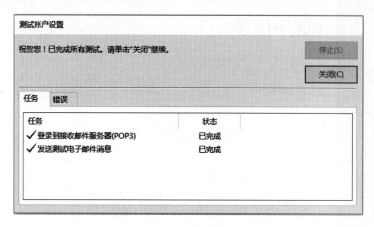

图 2-41　测试通过

测试完成后关闭对话框，单击"下一步"按钮，到此为止设置全部完成。

进入后，单击界面左上角的第二个按钮 ，或者按下 F9 快捷键，即可开始发送和接收所有邮件，中途可以选择暂停。Outlook 的整个界面和 Office 其他几款产品的操作几乎一样，学习过 Office 的人很容易上手操作，如图 2-42 所示。

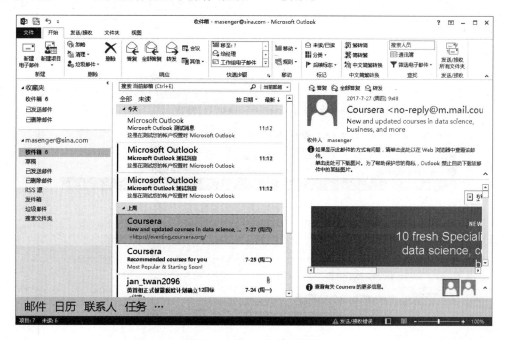

图 2-42　Outlook 使用界面

如果要修改账号相关信息，可以单击左上角的"文件"菜单，然后进行账户设置、邮箱清理、管理规则和通知等各项操作，如图 2-43 所示。

Outlook 提供了多账号管理，你可以将不同服务商的电子邮件账号集成在这里，方便查阅使用，如图 2-44 所示。当然，默认账号只有一个，可以重新进行设置。

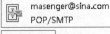

图 2-43 账号管理

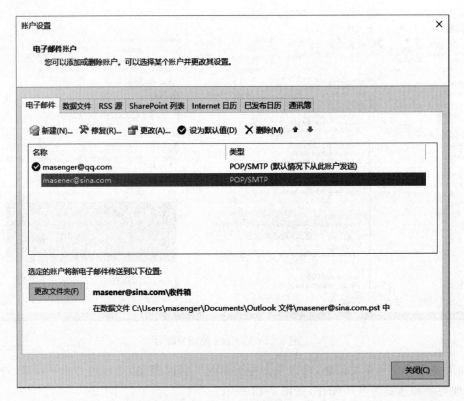

图 2-44 多账号管理

此外,Outlook 还提供了很多强大的功能,如日历、联系人(管理)、任务、导航选项、便签、文件夹、快捷方式等,这些都能为用户操作和管理提供各种方便。

2.4.2 实例:收发新浪邮件

本节以 Outlook 2013 为例,简单介绍一下新浪邮箱收发的基本方法。

(1) 配置并测试好新浪邮箱账号。前面已经进行了详细的描述,这里不再赘述。再次提醒两个方面的问题,一是一定要看看新浪邮箱官方网站的帮助中关于客户端设置的帮助文档,二是如果所有都设置好还是登录不了的,请登录 Web 版新浪邮箱后修改设置,开启POP3、IMAP 等功能。

(2) 进入 Outlook 后,单击界面左上角的第二个按钮，或者按下 F9 快捷键,输入邮箱密码(如果你选择将密码保存在密码表中,今后就可以不再输入,但是出于安全考虑,不建议这样做),并单击"确定"按钮,即可开始发送和接收新浪账号相关的所有文件夹,如图 2-45 所示。

图 2-45 登录新浪邮箱

在收取过程中,中途可以选择暂停(取消),如图 2-46 所示。

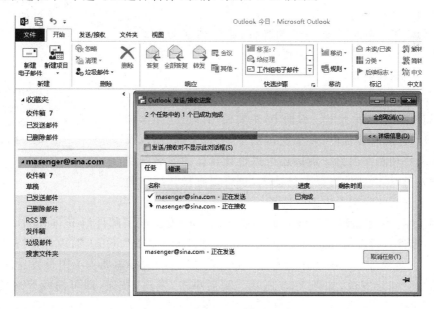

图 2-46 暂停/取消邮件收发

（3）收到邮件后，出现如图 2-47 所示界面。

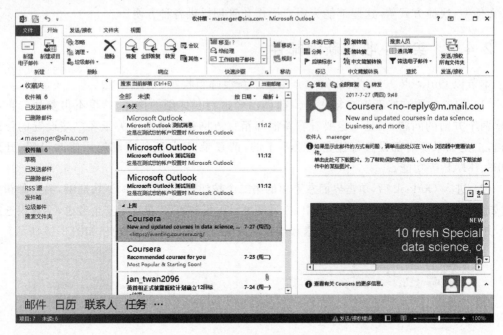

图 2-47　收件箱列表

可以观察这个界面分为以下三列。

第一列显示了目前收件箱、草稿、已发送邮件和已删除邮件的梳理提示，以及垃圾邮件、搜索文件夹等功能提示。

第二列是邮件列表，包括可以选择是全部邮件还是未读邮件。同时，可以将这些邮件按照日期、收件人、发件人、类别、大小、主题、附件、账号开始日期、截止日期等进行排序，如图 2-48 所示。

鼠标单击第二列中想要阅读的邮件，第三列就会自动呈现出邮件的内容，这些内容包括邮件的标题、发件人信息、正文、附件信息、回执信息等。

（4）新建电子邮件：单击主界面上的"新建电子邮件"按钮，弹出如图 2-49 所示界面。界面中，主要使用部分包括添加收件人地址、抄送人地址（可多个发送）、主题、正文部分，以及添加附件文件和附件项目。最后还可以设计自己的签名并引用。收件人、抄送人地址可以自己输入，也可以直接从通讯簿地址列表中已有的联系人中进行选择。

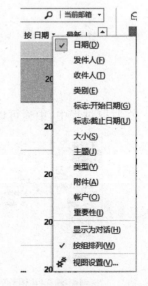

图 2-48　邮件列表排序选择

举例说明：使用新浪账号 masenger@sina.com 发送电子邮件给 masenger@sina.com（也就是本邮件），抄送给 masenger@qq.com。邮件的主题是"hello！"，内容是"Hi! This is a test."。此处添加 5 个图片作为附件。单击附加文件，选择需要作为附件发送的图片，单击"插入"按钮即可完成，如图 2-50 所示。最后单击"发送"按钮，即可向两个地址发送此邮件。

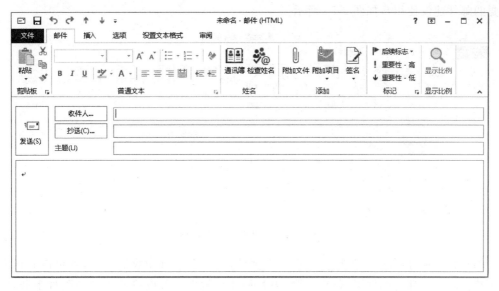

图 2-49 新建电子邮件界面

图 2-50 编辑、发送邮件

此外,还可以打开"插入"选项卡,插入其他内容,如名片、图片、截图、日期时间、文本框、
公式、符号等。单击"选项",可以选择设置邮件主题、密件抄送,以及是否请求已读回执(对

重要的邮件建议使用),如图 2-51 所示。

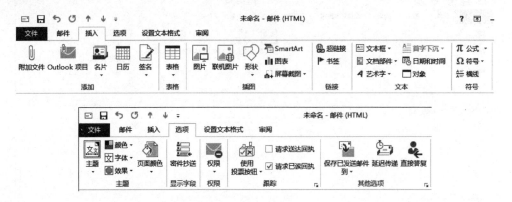

图 2-51　新建邮件其他选项

(5) 发送成功后,过一会儿重新收一次邮件,或者设置自动收取邮件,就可以看到刚才自己给自己发的那封邮件了,包括主题、内容和几个附件。可以将此邮件的附件下载,也可以将此邮件进行转发或保存在本地,如图 2-52 所示。

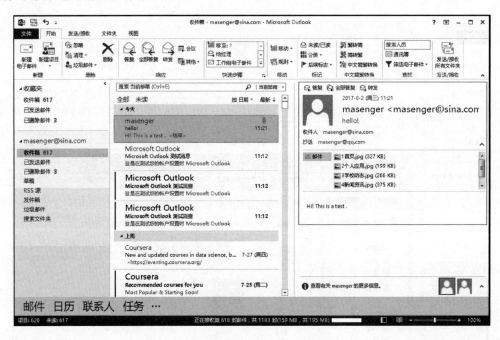

图 2-52　查看邮件

2.5　下载工具

现在的信息社会,网络资源非常多,如何把自己需要的资源下载下来是大家经常需要面对的问题,本节主要介绍网络资源下载工具的基本使用方法。

2.5.1 网络下载的概念和方式

1. 下载的概念

下载(Download),就是通过网络进行传输文件保存到本地计算机上的一种网络活动,即把信息从互联网或其他电子计算机上输入到某台电子计算机上(跟"上载"或"上传"(Upload)相对),也就是把服务器上保存的软件、图片、音乐、文本等下载到本地机器中。

下载也可以说是一种"网络复制",它和普通的复制相比,唯一的区别就在于,我们不是在一台计算机内部进行复制,而是在两台不同的(也许远隔万里)计算机之间复制。之所以称其为"下"载,是因为从收取文件的一方来看,这些文件好像是从网络上"下"来的,故此得名。

2. 下载的方式

1) 使用浏览器下载

这是许多上网初学者常使用的方式,它操作简单方便,在浏览过程中,只要单击想下载的链接(一般是 rar、exe、mp4 之类),浏览器就会自动启动下载,只要给下载的文件找个存放路径即可正式下载了。若要保存图片,只要右击该图片,选择"图片另存为"即可。而 Flash 的下载可以通过专门的 Flash 下载小工具来完成。

这种方式的下载虽然简单,但也有它的弱点,那就是功能太少,不支持断点续传,很多时候老感觉下载速度太慢,建议初上网的网友选择这种方式。不过现在很多浏览器也对这些普通下载进行了优化,比如说搜狗浏览器就启动了多线程下载和 P2P 功能,以提高下载的速度。

2) 使用专业软件下载

专业软件下载工具使用文件分切技术,就是把一个文件分成若干份同时进行下载,这样下载软件时就会感觉到比浏览器下载的快多了。更重要的是,当下载出现故障断开后,下次下载仍旧可以接着上次断开的地方下载,这就是所谓的多线程下载和断点续传功能。

3. 常见的网络下载分类

常见的网络下载包括 HTTP 类(使用 HTTP 直接下载)、FTP 类、P2P 类、RTSP 和 MMS 类以及网盘下载等。这里重点说明一下 P2P 类。

P2P(Peer-to-Peer)软件,从早期的 PP 点点通、Napster、Reallink,到现在流行的"电驴"eDonkey、BT、迅雷,都是 P2P 软件。P2P 的理念是:网络上每个机器都可以成为服务器,只要它为其他机器提供服务(包括下载、共享服务)。所以,在下载的时候是多点对多点分散下载,也就是说当你下载一个东西时并不是从一个单一的服务器上下载的,而是同时从拥有这个文件的多台个人的机器上下载下来再进行组合的。听起来有点儿类似于网络蚂蚁的多线程下载,但由于并不是单从一台服务器上下载的,所以完全不存在大家的冲突问题。同一个资源,下载的人越多,那么大家的速度就越快。

2.5.2 迅雷

迅雷下载软件是迅雷公司开发的互联网下载软件。该软件是目前应用最为广泛的下载软件之一,主要提供下载和自主上传功能(共享)。迅雷是一款基于多资源超线程技术的下载软件,作为"宽带时期的下载工具",迅雷针对宽带用户做了优化,并同时推出了"智能下载"的服务。迅雷的官方网站是 http://www.xunlei.com,用户可以选择在官方网站上下载最新的、免费的版本使用。目前,迅雷最新版本为9.0。作为普通用户使用迅雷下载软件,更关心的是能够很方便地下载网络资源,而迅雷另一个版本极速迅雷能非常方便地实现用户的需求,且极简易操作、速度快。虽然官方网站上不提供直接下载,但是通过百度或在各大软件网站库里搜索都能找到免费的极速迅雷。极速迅雷的安装非常简单,安装完成后双击运行,即可看到以下极简、清爽的界面,如图 2-53 所示。

图 2-53　极速迅雷界面

通过界面可观察到,极速迅雷极简无广告,界面功能简单。上面的常用工具栏主要包括新建下载、下载控制(如开始、暂停、多选、删除等)、系统设置,以及一些会员功能。左边即是一些服务:如正在下载、已完成、私人空间、垃圾箱和离线空间。其中,私人空间和离线空间(如图 2-54 所示)是为迅雷会员提供服务的。想要成为会员很简单,只需要登录迅雷官方网站注册并缴费即可完成。成为会员后还可以享有加速下载和离线下载等功能。

1. 使用极速迅雷下载

安装好以后,在使用浏览器浏览网络资源的时候,默认在系统鼠标右键菜单中嵌入了"使用迅雷下载"和"使用迅雷下载全部链接"菜单功能。例如,在太平洋电脑网软件园中下载软件：影音先锋 9.9.7 P2P 云 3D 版，进入相应页面后，鼠标右键单击"本地下载"中的"本地电信 2"，在弹出的菜单中选择"使用迅雷下载"，如图 2-55 所示。也可以选择"使用迅雷下载全部链接"，效果如图 2-56 所示。

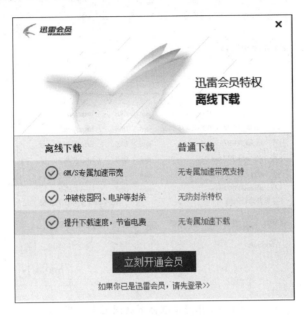

图 2-54　迅雷会员离线下载

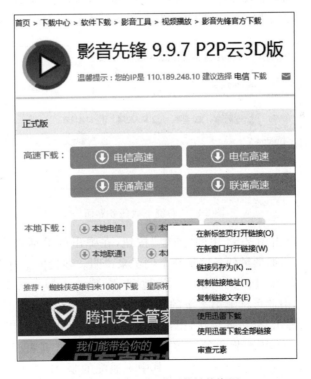

图 2-55　使用迅雷下载链接资源

选择下载地址

任务类型过滤: ○全选 ○全不选 ○图片 ○音频 ○视频 ◉自定义

☐ png ☑ jpg ☐ gif ☐ html
☐ jsp ☐ 未知 ☑ exe ☐ do
☐ php

通过URL关键字过滤:

选择下载的文件:

名称	类型	大小	URL
☑ xfplay9.997_5200000475849...	exe	0KB	http://dlc2....
☑ xfplay9.997_5200000475849...	exe	0KB	http://dlc2....
☑ xfplay9.997.exe	exe	0KB	http://dlc2....
☑ xfplay9.997.exe	exe	0KB	http://dlc2....
☑ xfplay9.997.exe	exe	0KB	http://dlc2....
☑ xfplay9.997.exe	exe	0KB	http://dlc2....

☐ 合并为任务组　　　　　　　　　总共58个文件(2.72MB)

保存到　🗎迅雷下载　🖥桌面　🔒私人空间　🗂其他目录

T:\xldown\　　　　　　　　　剩余:5.94GB

立即下载 ▾

图 2-56　使用迅雷选择下载网页中全部资源

单击"使用迅雷下载"后,出现如图 2-57 所示界面。也可以将需要下载资源的相关链接地址(URL)复制后,单击图 2-53 中的"新建",在任务框中粘贴 URL,如图 2-58 所示。

新建任务　http://dlc2.pconline.com.cn/filedown_47584 ...

xfplay9.997.exe　　　　　　　　　　未知大小

保存到　🗎迅雷下载　🖥桌面　🔒私人空间　🗂其他目录

T:\xldown\　　　　　　　　　剩余:5.94GB

立即下载 ▾

图 2-57　右键下载任务界面

批量下载资源。单击图 2-53 中的"新建"按钮,在弹出的对话框中选择"添加批量任务",如图 2-59 所示。添加批量任务这里举个例子来说明。建设网上有个叫"将改革进行到底"的视频资源,共有 10 集。第 1 集地址是 http://www. aimovie. com/2017/ChinaReform01. mp4,由此可推测第 2 集的 URL 地址是…02. mp4(前面部分相同)。根据新建系统的帮助信息提示,分析此链接,得出的结论是,变化的部分就是集数,从 01 到 10。所以,根据系统范例,可以推测出第 1 集到第 10 集的链接通配地址为 http://www. aimovie. com/2017/ChinaReform(*). mp4,其中 * 通配的是 01 至 10,长度为 2,如图 2-59 所示。

图 2-58　新建任务粘贴 URL 下载相关资源

图 2-59　添加批量任务

单击"确定"按钮后，即可开启下载页面，如图 2-60 所示。

如果不需要这些任务，可以将它们删除。方法是选择需要删除的下载，单击鼠标右键，即可弹出菜单。选择菜单中的"删除任务"或者"彻底删除任务"，可完成删除，如图 2-61 所示。如果选择了彻底删除任务，请注意"同时删除文件"的勾选项，如果选中了该项，已经或者正在下载的资源也将在本地被删除。

2．迅雷的设置

"系统设置"是一个软件配置的重要地点，极速迅雷的系统设置主要包括基本设置和高级设置。基本设置只是常规设置、下载设置和外观设置，高级设置内容较多，有些也比较专

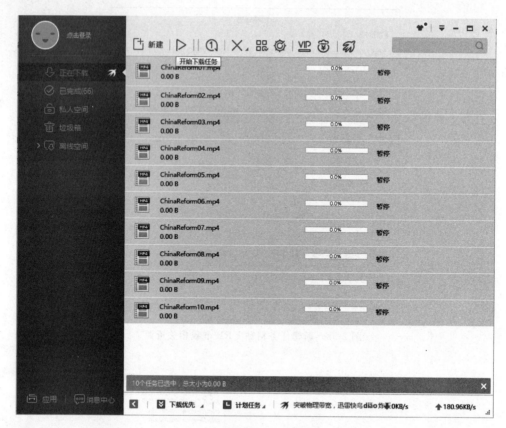

图 2-60 批量下载效果图

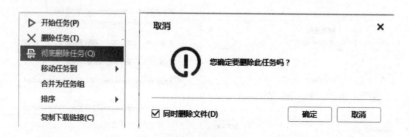

图 2-61 删除任务

业,如任务默认属性、监视设置、代理设置等。通过观察,系统中包括 BT 设置和 eMule 设置,说明极速迅雷还支持 BT(2.5.3 节将介绍)和 eMule(电驴,有兴趣的读者可以访问网站http://www.verycd.com 获取相关信息和资源)。

1) 常规设置

"常规设置"和其他软件差不多,包括是否开机启动、指定下载目录、指定快捷键等,如图 2-62 所示。

"下载设置"可以对最大任务数、下载网速等进行控制。其中,选择"模式设置"中的自定义模式,可以设置最大下载速度和最大上传速度(如图 2-63 所示),也可以选择默认的下载优先模式或者网速保护优先模式。图 2-63 中所示设置最大下载速度为 4096KB/s,上传速度为 10KB/s。

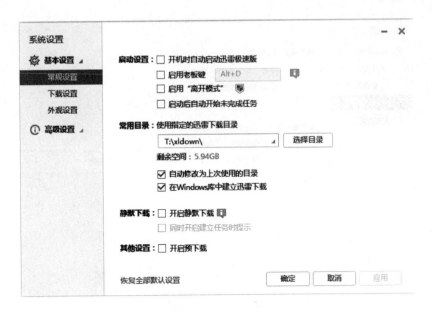

图 2-62　常规设置

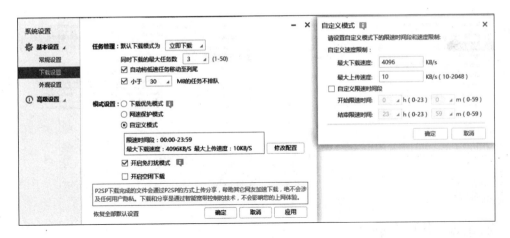

图 2-63　下载设置

"外观设置"主要是设置一些字体样式、悬浮窗等,如图 2-64 所示。如果需要修改皮肤,可以直接单击图 2-53 中工具栏上的 ,即可实现。

2) 高级设置

"高级设置"主要是极速迅雷的一些其他设置项目,包括设置剪贴板和浏览器的监控、缓存大小的设置、原始线程数的设置等,如图 2-65 所示。这里关于硬盘缓存需要做一下说明。由于迅雷和其他下载软件一样,采用了 P2P 技术,使得对下载的资源既有读也有写,频繁的读写大大增加了磁盘这个物理设备的负担,容易造成硬盘损坏。所以,设置一定的缓存,当下载、分享的资源达到一定数量的时候再进行一次读写,以减少磁盘的繁忙程度(整个操作借助于内存来完成),达到保护硬盘的目的。

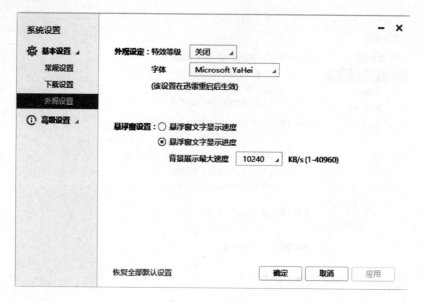

图 2-64　外观设置

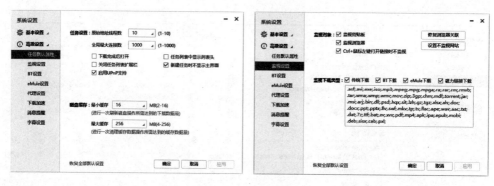

图 2-65　高级设置

2.5.3　BT 下载

BT，是 Bit Torrent 的缩写，翻译成比特流（俗称 BT 下载、变态下载）。BT 下载是一种基于 P2P 技术的下载方式，是网络下载技术的一次革命。BT 软件使用非常方便，就像一个浏览器插件，很适合新发布的热门下载。该软件相当的特殊，一般我们下载档案或软件，大都由 HTTP 站点或 FTP 站点下载，若同时间下载人数多时，基于该服务器频宽的因素，速度会减慢许多，而该软件却不同，恰巧相反，同时间下载的人数越多下载的速度便越快，因为它采用了多点对多点的传输原理。前面也介绍过 P2P，其特点简单地说就是：下载的人越多，速度越快。迅雷等下载软件也支持 BT 的方式。

BT 的下载依赖于扩展名为 .torrent 的文件。进行 BT 下载时，开始链接的地址都是以 .torrent 结尾的文件。其实只要下载此文件，在本机运行此文件一样可以进行 BT 下载工作。而网上的 BT 下载链接都是由广大用户自己发布提供的，这样使得下载资料非常广。

无论何种 BT 客户端程序，默认设置都未对下载速度和上传速度进行限制，这是因为

BT 软件会给上传速度较快的用户优先提供服务,也就是说上传速度越快,下载速度可能也越快。当下载结束后,如果未关闭 BT 客户端程序,这时机器将成为一个传递共享者,即"种子"(Seed)。换句话说,如果一个文件被分成 10 个部分,但拥有第 9 部分的人只有一个,即只有一个种子,如果这位用户由于某种原因断线或关机,那么其他用户就只能下载到 90% 了,在进行 BT 下载时这是令人最为苦恼的。

在搜索引擎中输入"BT 资源下载",可以搜索到很多关于 BT 资源的网站,如图 2-66 所示。

图 2-66　BT 资源网站搜索

要下载这些资源,可以使用专业的 BT 下载软件。在软件下载网站上搜索 BT 下载软件,可以找到很多,如图 2-67 所示。根据用户评分情况,选择用户评价较好的 BitTorrent 7.10为例简要说明一下。

下载运行该软件,界面如图 2-68 所示。

(1) 使用.torrent 下载资源。本例中从网上搜索电影《异星觉醒》,并下载了相关的.torrent 文件。单击"文件"菜单中的"添加 Torrent",或者单击工具栏上的"＋",选择下载的.torrent 文件,出现如图 2-69 所示界面。设置好保存路径和名称,即可单击"确定"按钮开始下载,下载界面如图 2-70 所示。

图 2-67　BT 下载软件

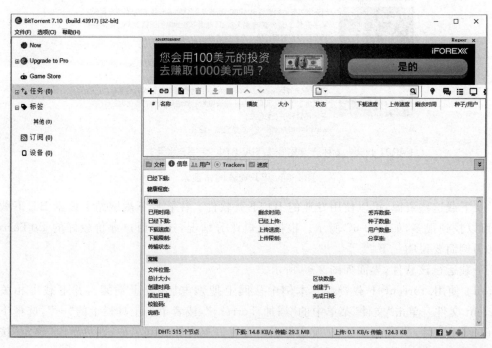

图 2-68　BitTorrent 7.10 界面

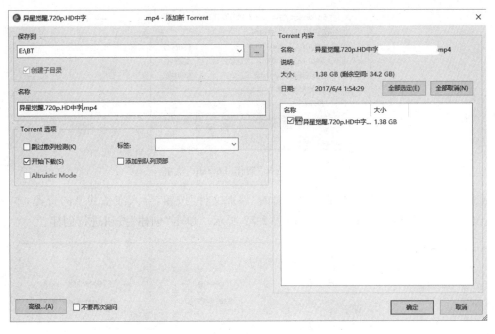

图 2-69　添加新的.torrent 并下载

图 2-70　开始下载资源

（2）分享本机资源。如果要将本地资源利用 BT 进行分享，操作方式如下。

① 打开"文件"菜单，选择"制作 Torrent"，如图 2-71 所示。

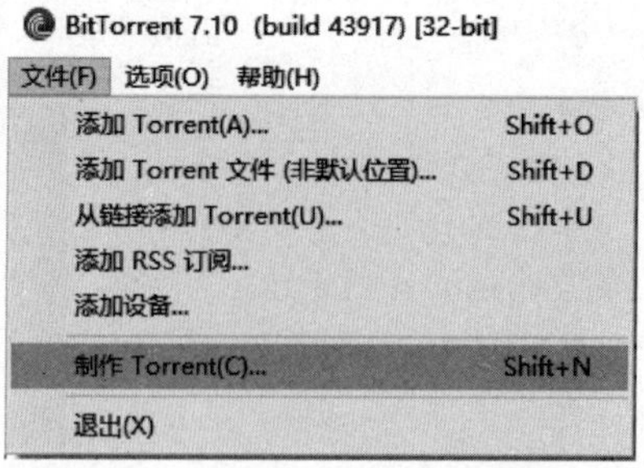

图 2-71　选择"制作 Torrent"菜单

② 打开对话框后,单击选择来源下面的"添加文件"按钮,导入准备共享的资源,本例中为 Foxmail 的安装程序 foxmail.exe,如图 2-72 所示。单击"创建"按钮进行创建。

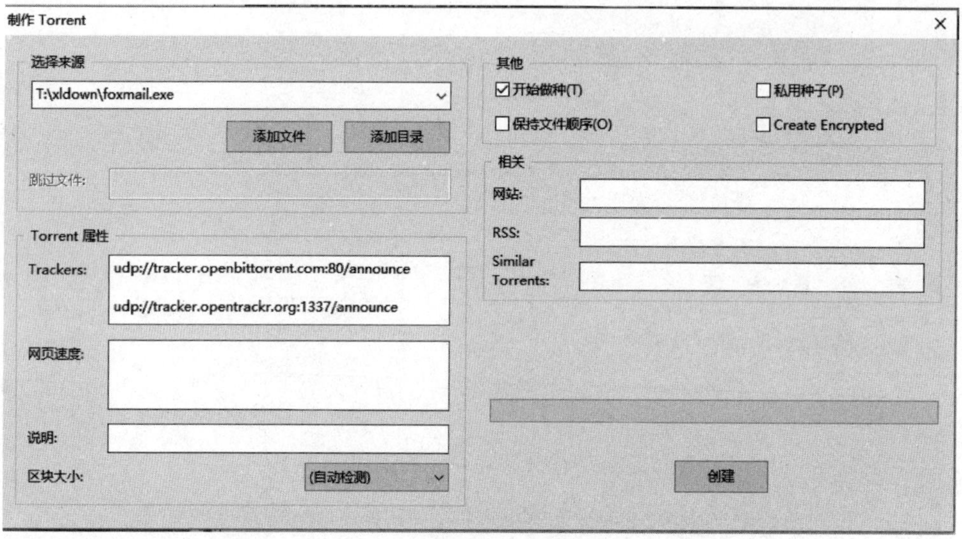

图 2-72　制作 Torrent

③ 选择创建生产的路径,这里选择"桌面",可以看到,自动生成了.torrent 文件,如图 2-73 所示。

④ 在图 2-72 中默认勾选了"开始做种",如果没有更改的话,会自动开始做种,为其他网络用户提供资源,如图 2-74 所示。如果关闭了本机,正连接到本机的网络用户就无法访问你的种子资源,下载就会受到影响。观察图 2-74,《异星觉醒》几乎没有种子资源,下载速度为 0,《一条狗的使命》种子资源较多,有近 80KB/s 的速度下载。

最后,我们来讨论一下种子的发布问题。要共享相关的资源,使用软件生产.torrent 文件后,可访问相关的 BT 下载网站,浏览其种子上传网页,并按要求填写有关项,最后单击"上传"按钮将 Torrent 文件传至 BT 服务器上。稍候片刻,即可在种子发布网页上看到刚才上传的 BT 发布项目。

由于此时只发布了 Torrent 文件,尚无 Seed(种子)提供,相当于挑起了酒旗,却未开店。作为该共享资源的发布者,提供初始 Seed 供其他对该共享资源感兴趣的下载者使用自然是责无旁贷,而且需要保持足够长的时间,直到其他下载者单独或共同将共享资源的所有块全

图 2-73 生成.torrent 种子文件

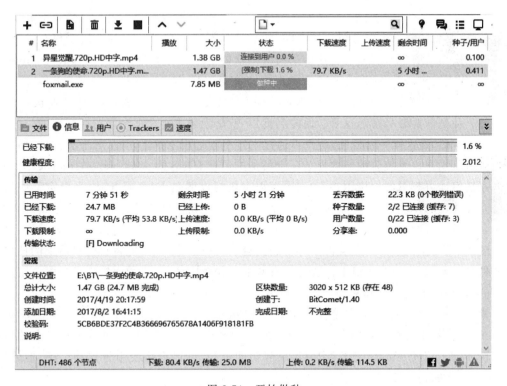

图 2-74 开始做种

部下载完毕为止,至此发布者才能功成身退。否则,要么因无 Seed 提供而成"空壳"项目致使完全不能下载,要么因初始 Seed 供给时间不够,而使某些块尚未转移到其他下载者的计算机上,从而造成下载不全。

2.6　FTP 服务器和客户机

FTP 是 File Transfer Protocol 的英文简称,中文翻译为"文件传输协议",简称为"文传协议",它是 TCP/IP 协议簇中的重要一员。为互联网提供上传和下载的文件传输的方便快捷服务。网络上有大量的 FTP 资源,也可以自己建立 FTP 服务器,让其他用户通过登录到你的 FTP 服务器上,进行资源下载。本节将介绍 FTP 服务器和客户机的配置和相关操作。

2.6.1　FTP 服务器和客户机原理

FTP 是一个客户/服务器系统。用户通过一个支持 FTP 的客户机程序,连接到在远程主机上的 FTP 服务器程序。用户通过客户机程序向服务器程序发出命令,服务器程序执行用户所发出的命令,并将执行的结果返回到客户机。比如说,用户发出一条命令,要求服务器向用户传送某一个文件的一份拷贝,服务器会响应这条命令,将指定文件送至用户的机器上。客户机程序代表用户接收到这个文件,将其存放在用户目录中。

FTP 的主要功能包括:下载(Download)和上传(Upload)。"下载"就是从远程主机复制文件至自己的计算机上;"上传"就是将文件从自己的计算机中复制至远程主机上。

使用 FTP 时必须首先登录,在远程主机上获得相应的权限以后,方可上传或下载文件。也就是说,要想同哪一台计算机传送文件,就必须具有哪一台计算机的适当授权。换言之,除非有用户 ID 和口令,否则便无法传送文件。这种情况违背了 Internet 的开放性,Internet 上的 FTP 主机何止千万,不可能要求每个用户在每一台主机上都拥有账号。FTP 服务器可以以两种方式登录,一种是匿名(Anonymous)登录(即不需要密码就可以直接访问资源),另一种是需要账号密码登录。而匿名 FTP 就是为解决刚才那个问题而产生的。

匿名 FTP 是这样一种机制,用户可通过它连接到远程主机上,并从其下载文件,而无须成为其注册用户。系统管理员建立了一个特殊的用户 ID,名为 anonymous,Internet 上的任何人在任何地方都可使用该用户 ID。当远程主机提供匿名 FTP 服务时,会指定某些目录向公众开放,允许匿名存取。系统中的其余目录则处于隐匿状态。作为一种安全措施,大多数匿名 FTP 主机都只允许用户从其下载文件,而不允许用户向其上传文件,也就是说,用户可将匿名 FTP 主机上的所有文件全部复制到自己的机器上,但不能将自己机器上的任何一个文件复制至匿名 FTP 主机上。要想拥有其他操作权限的话,必须由管理员分配一定的权限,并且以相应的用户名和密码登录才可以。

常见的 FTP 服务器软件包括:Serv-U、FileZilla Server、TFTP Server、WING FTP Server 等,当然也有很多小的甚至是迷你型的 FTP 服务器。FTP 客户端比较出名的包括 CuteFTP、AceFTP、WinSCP 等。当然,一般访问 FTP 可以直接使用管理器。在"地址栏"上输入 FTP 的地址即可访问。

例如,使用 IE 浏览器访问一个带匿名访问的 FTP 网站 ftp://210.41.160.60,默认会出现如图 2-75 所示界面。

这不便于我们上传和下载资源,所以建议都在资源管理器中来完成。使用资源管理器打开,会看到如图 2-76 所示的界面。这个界面和我们日常操作资源管理器几乎差不多,所

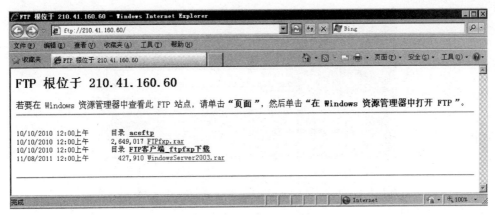

图 2-75 IE 访问 FTP 资源

以操作也就变得非常方便。要下载资源，只需要选择相应的文件或文件夹，单击"复制"，在需要的地方进行粘贴即可，也可以直接把资源拖放到桌面上。要上传的话，先"复制"本地的文件或者文件夹，在 FTP 的窗口空白处进行粘贴即可。

这个 FTP 除了提供匿名账号外，还同时提供了其他账号，如一个叫 software 的账号。要登录访问这个账号提供的资源，可以在空白处单击鼠标右键，选择"登录"选项，如图 2-76 所示。

图 2-76 资源管理器中打开 FTP

在弹出的对话框中输入相应的账号和密码，单击"登录"按钮，即可登录，如图 2-77 所示。

登录后，可以看到不同的账号提供了不同的下载资源，如图 2-78 所示。

如果在 IE 浏览器中要访问 software 账号资源，在页面上没有登录选项。方法是直接在地址栏上输入账号密码来访问。输入的格式是：

ftp://用户名:密码@服务器 IP 地址

本例中假设 software 密码是 123456，则应该输入 ftp://software：123456@210.41.160.60。

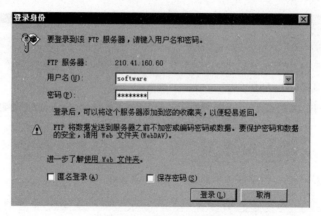

图 2-77 登录 FTP 账号

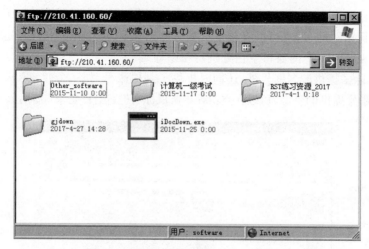

图 2-78 使用不同账号看到的不同资源

输入完后回车确认,可以看到如图 2-79 所示结果。

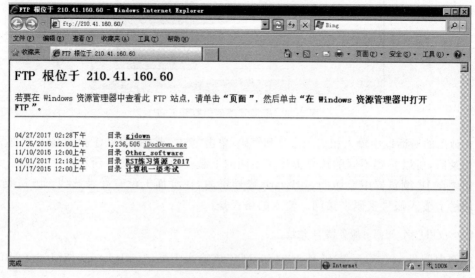

图 2-79 使用 IE 访问带访问权限的 FTP 资源

如果看到的还是原来的资源，请单击"刷新"按钮，或者按 Ctrl＋F5 组合键，即可看到最新资源。

2.6.2　Serv-U 的功能特点

Serv-U 是目前使用最多的一款比较专业的 FTP 服务器软件。可以设定多个 FTP 服务器，限定登录用户的权限、登录主目录及空间大小等，功能非常完备。它具有非常完备的安全特性，支持 SSL FTP 传输，支持在多个 Serv-U 和 FTP 客户端通过 SSL 加密连接保护数据安全等。

通过使用 Serv-U，用户能够将任何一台 PC 设置成一个 FTP 服务器，这样，用户或其他使用者就能够使用 FTP，通过在同一网络上的任何一台 PC 与 FTP 服务器连接，进行文件或目录的复制、移动、创建和删除等。这里提到的 FTP 是专门被用来规定计算机之间进行文件传输的标准和规则，可以使人们通过不同类型的计算机，使用不同类型的操作系统，对不同类型的文件进行相互传递。

Serv-U 由两大部分组成：引擎和用户界面。Serv-U 引擎（ServUDaemon. exe）其实是一个常驻后台的程序，也是 Serv-U 整个软件的心脏部分，它负责处理来自各种 FTP 客户端软件的 FTP 命令，也是负责执行各种文件传送的软件。在运行 Serv-U 引擎也就是 ServUDaemon. exe 文件后，看不到任何的用户界面，它只是在后台运行，通常我们无法影响它，但在 ServUAdmin. exe 中可以停止和开始它。Serv-U 引擎可以在任何 Windows 平台下作为一个本地系统服务来运行，系统服务随操作系统的启动而开始运行，之后就可以运行用户界面程序了。

Serv-U 用户界面（ServUAdmin. exe）也就是 Serv-U 管理控制台，它负责与 Serv-U 引擎之间的交互。它可以让用户配置 Serv-U，包括创建域、定义用户，并告诉服务器是否可以访问等。启动 Serv-U 管理控制台最简单的办法就是直接单击系统栏中的"U"形图标，当然，也可以从"开始"菜单中运行它。

在此有必要把 Serv-U 中的一些重要的概念讲清楚：每个正在运行的 Serv-U 引擎可以被用来运行多个"虚拟"的 FTP 服务器，在管理员程序中，每个"虚拟"的 FTP 服务器都称为"域"，因此，对于服务器来说，建立多个域是非常有用的。每个域都有各自的"用户""组"和设置。一般说来，"设置向导"会在你第一次运行应用程序时设置好一个最初的域和用户账号。

2.6.3　Serv-U 的设置

使用 Serv-U 建立一个 FTP 的服务器，除了 2.6.2 节介绍的域以外，需要几个基本元素的设置。

（1）IP 地址或者域名。一般将本机的 IP 地址或域名作为 FTP 的服务器名称。如：本机地址是 192.168.1.102，那建立的 FTP 服务器地址默认为 ftp://192.168.1.102。本机 IP 地址可以在建立的时候设置（选择），也可以先通过网络的本地连接属性查看本机 IP 地址。

（2）端口号。FTP 默认的端口号是 21，在建立的时候可以修改，一般可以修改为高端端口，如 2100、8888 等，但是不能超过 65 535（计算机最大的端口号）。在访问的时候，如果设置了非 21 端口，则需要在 FTP 的地址后带上端口号（中间用英文的：隔开），如 ftp://192.168.1.102：2100。

（3）账号及权限。一个 FTP 服务器可以设置多个用户，每个用户账号可以拥有不同的权限。这些权限包括：列表、读、写、删除、重命名、追加、创建文件夹等。一个用户账号中不同的文件夹还可以进行不同的权限设置。

需要说明的是，一个文件夹可以设置对应不同的用户账户管理。这在现实中很实用。以学生利用 FTP 上交作业为例。教师设置了一个 FTP，对应一个交作业的文件夹，分配给学生一个只能上传不能下载和阅读的账号。教师可给自己设置一个账号，这个账号对应的文件夹和学生交作业的文件夹是同一个文件夹，但是账号的权限不一样，对这个交作业的文件夹具有下载的权限，这样老师就能远程收学生的作业了。

（4）账号对应的文件夹。每个账号必须对应一个文件夹，以便访问用户资源。文件夹中可以放多个子文件夹。如果在一个用户账号中访问不同盘符的不同文件夹（如 d:\ftp、e:\ks），就需要启用虚拟目录来解决（必须先设置一个目录为主目录）。

如果需要建立匿名用户的，方法和建立普通用户一样，只不过用户名必须是 anonymous。也可以设置密码，不过设置了密码也没有什么作用。

（5）其他还可以设置访问控制。主要包括如 IP 段限制访问限制、上传下载速度控制、用户空间大小设置等、允许访问的时间段等。

这些工作都需要在使用 Serv-U 建立网站的时候进行，不过还好，部分设置特别是访问控制部分系统都已经有默认了，只需要部分调整即可。

安装好 Serv-U 后，启动 Serv-U 的管理控制台（如图 2-80 所示）。管理服务器的界面内容较多，除了刚才介绍的基本设置外，还包括群组、全局属性、域活动等。这些在了解了 Serv-U 的基本操作后有兴趣的读者可再慢慢研究。

图 2-80　Serv-U 的管理控制台

2.6.4　Serv-U 建站实例

本节中拟建立一个 FTP 服务器,地址是本机地址 192.168.1.102,对应文件夹是 e：\ftp (最后再添加一个虚拟目录)。设置用户 lb,密码 123456,权限是读、写、列表,不能删除和重命名。

1. 建立域

启动 Serv-U 的管理控制台,开始配置 Serv-U。第一次运行管理控制台,会弹出一个向导窗口,引导新建一个域,如图 2-81 所示。

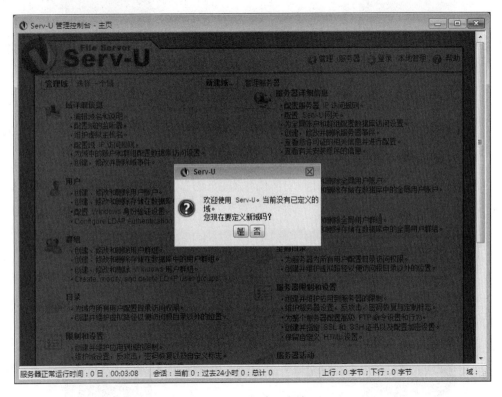

图 2-81　新建一个域

如果现在不想新建域,可以单击"否"按钮,以后要新建域,就在如图 2-80 所示的控制管理台窗口中单击"新建域"按钮来创建一个新域。

这里单击"是"按钮来创建新域,在弹出的对话框中输入你分配给 FTP 的域名以及说明,同时勾选"启用域",如图 2-82 所示。

单击"下一步"按钮,会出现端口配置对话框(如图 2-83 所示),根据你的需要来选择协议。如果你需要 FTP 服务,可以只勾选 FTP。这里的参数保持默认 FTP 端口默认的 21,如果你有其他需要也可以选择其他端口。

单击"下一步"按钮,弹出如图 2-84 所示的对话框,选择服务的 IP 地址,可以输入本机的 IP 地址,如 192.168.1.102。但是一旦指定了 IP 地址,则只能通过指定 IP 地址访问 Serv-U 服务器,如果你的 IP 地址是动态分配的,或是内网使用,最好选择默认的所有可用 IP 地址。

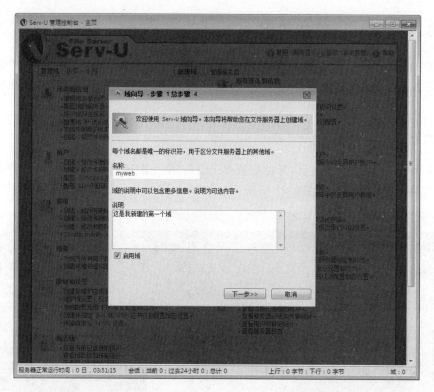

图 2-82　域的名称和说明设置

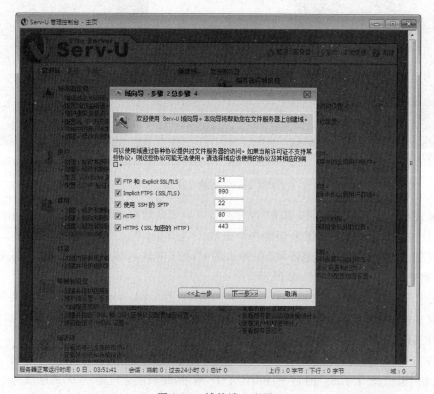

图 2-83　域的端口配置

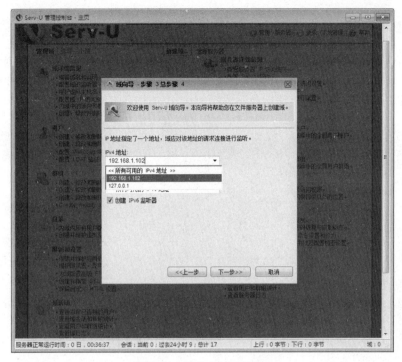

图 2-84　域的 IP 地址配置

　　单击"下一步"按钮，弹出如图 2-85 所示的对话框，进入服务器安全设置，默认使用服务器设置，即单向加密，比较安全，如果允许用户自己修改和恢复密码，勾选"允许用户恢复密码"，设置好后，单击"完成"按钮。

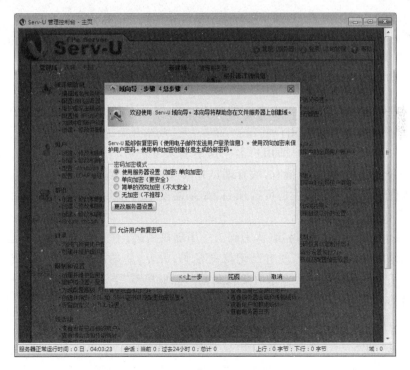

图 2-85　域的服务器安全设置

2. 新建用户账号

完成了域的创建,要想去访问 FTP 服务器,当然需要创建用户。

在创建好域之后,如果系统中没有创建用户,会弹出如图 2-86 所示的对话框,询问是否建立新的用户账号。

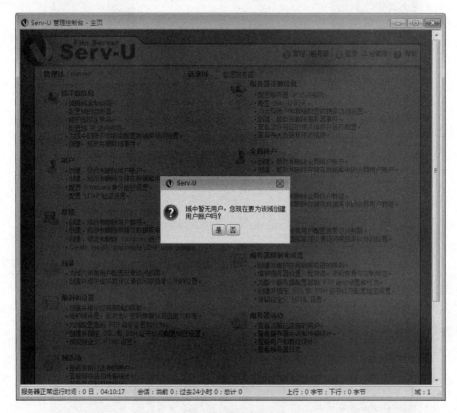

图 2-86　新建用户账号

单击"是"按钮,出现如图 2-87 所示的对话框,询问是否利用向导来创建用户,如果没有使用过,建议使用该向导进行用户的建立,单击"是"按钮开始进行向导建立用户。

在图 2-88 中输入登录 ID,即用户名。这里输入范例"lb"。这里的用户名是作为访问 FTP 用户身份的,为访问者所持有,域管理员有修改的权限,可以对该用户的权限进行修改和限制。其他全名和电子邮件是可选项目,如果需要也可以填写,填写完成后,单击"下一步"按钮。

在图 2-89 中输入用户密码,默认密码为一串随机密码,不大方便记忆,但是安全性能相对较高。你也可以随意输入方便自己记忆的密码,另外,如果需要用户下次登录时修改密码,就勾选"用户必须在下一次登录时更改密码",然后单击"下一步"按钮。

在弹出的对话框中(图 2-90)设置根目录,也就是用户登录以后停留在的物理目录位置,这个目录最好事先手动创建好,然后直接选择。这里我们事先在 E:\盘下建立了 FTP 这个目录,所以直接选择,设置好后单击"下一步"按钮。

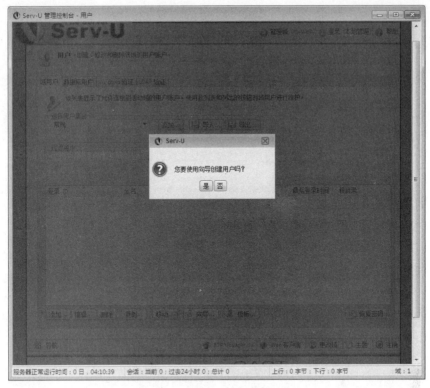

图 2-87 使用向导创建用户提示

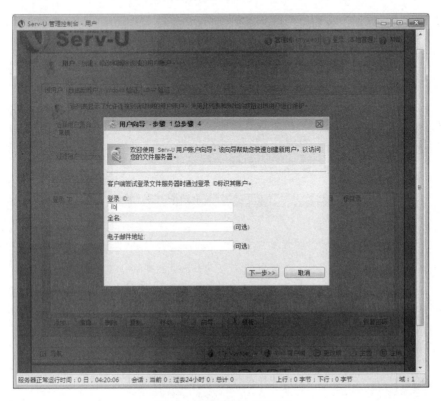

图 2-88 用户登录 ID 设置

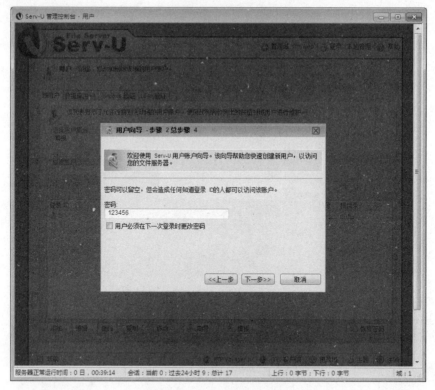

图 2-89　用户登录密码设置

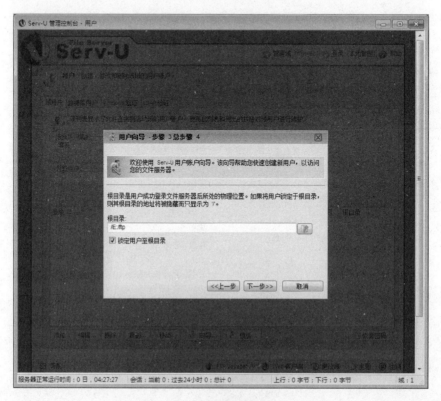

图 2-90　根目录设置

　　最后弹出如图 2-91 所示的对话框,这里是对用户的访问权限的设定,有只读和完全访问两种。只读的话用户就不能修改目录下的文件信息,将以只读的方式访问。如果用户要下载、上传修改目录下的文件的话,就要将权限设置为完全访问。单击"完成"按钮完成用户的创建。

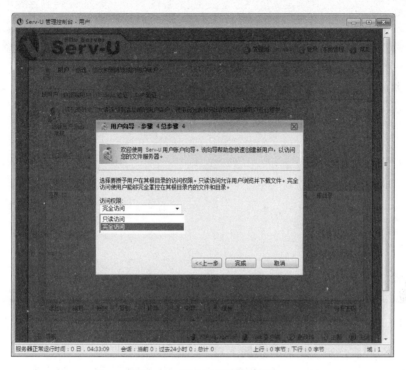

图 2-91　用户访问权限设置

3. FTP 的访问

　　到此我们的用户已经建立好了。现在测试一下 FTP 是否可以用我们刚才建立的用户访问。

1) 利用浏览器登录访问 FTP

　　在 IE 浏览器地址栏中输入要访问的 FTP 地址,如 ftp: //192.168.1.102,然后在对话框中输入用户名和密码进行登录,如图 2-92 所示。

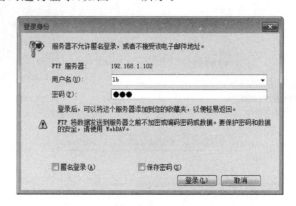

图 2-92　输入用户名和密码登录

单击"登录"按钮,成功进入 FTP 服务器设定的目录下(如图 2-93 所示),查看到 FTP 中的文件。根据设置的权限我们能够对其实现下载到本地和上传文件,可以通过相关文件操作测试 FTP 服务器的配置是否成功。

图 2-93 成功登录 FTP 服务器

2) 利用 FTP 客户端应用软件访问 FTP

启动前面所学的 FTP 客户端应用软件 CuteFTP,单击"文件"菜单中的"连接",在弹出的对话框中输入主机地址、用户名和密码等信息,如图 2-94 所示。

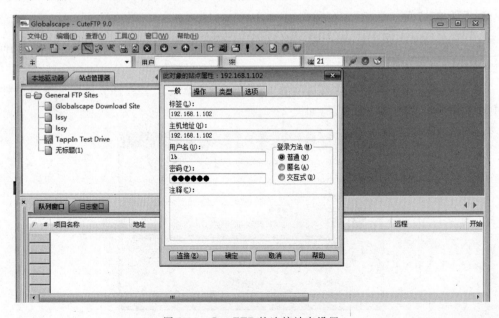

图 2-94 CuteFTP 的连接站点设置

登录后看到如图 2-95 所示的界面，这时可以在 CuteFTP 中进行 FTP 的访问，对文件进行相应权限的操作。

图 2-95　使用 CuteFTP 进行 FTP 访问

4．用户权限的设置

利用向导创建的用户的权限只有"只读"和"完全"。创建用户后可以对用户进行详细的设置。在 Serv-U 的管理控制台窗口中，单击"用户"，弹出如图 2-96 所示的窗口。

图 2-96　"用户"窗口

如果开始没有利用向导创建用户账号，现在想新添加一个用户，就可以单击图 2-96 中的"添加"按钮来完成新用户的创建。如果想修改编辑已经创建好用户的属性，先选中要编辑的用户账号,单击"编辑"按钮,或双击要编辑的用户账号,都会弹出如图 2-97 所示的窗口,在此可以对该用户的各个属性进行修改编辑。

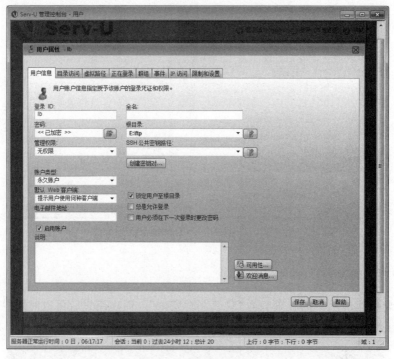

图 2-97　编辑用户属性

打开"目录访问"选项卡,如图 2-98 所示。

图 2-98　"目录访问"选项卡

单击"添加"按钮,在弹出的窗口中根据需要设置用户访问文件和目录的权限,如图 2-99 所示。

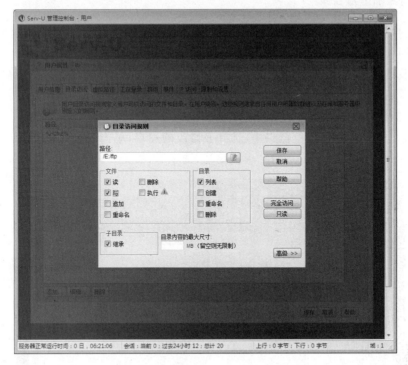

图 2-99 用户访问文件和目录的设置

单击"保存"按钮,完成对文件和目录的访问权限设置,如图 2-100 所示。

图 2-100 完成用户访问权限设置

5．如何添加虚拟目录

所谓虚拟目录是把多个目录映射到FTP用户的主目录中，让用户看起来这个目录好像是主目录的一个子目录一样。

例如，我的FTP主目录是"E：\ftp"，想把"d：\下载专区"映射到这个目录（E：\ftp）中来，并建立子目录为"软件下载"，让用户可以访问这个虚拟目录。

添加虚拟目录具体操作方法如下。

（1）在图2-96中的"用户"窗口中，选择要修改的用户，单击"编辑"按钮，弹出用户属性设置对话框（如图2-97所示）。选择"虚拟路径"选项卡，如图2-101所示，单击"添加"按钮。

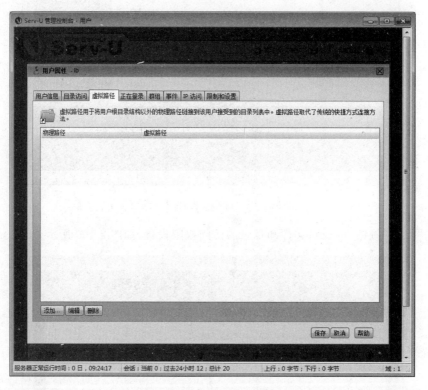

图2-101　"虚拟路径"选项卡

弹出路径选择对话框，在对话框中指定计算机中的物理路径及用户的虚拟目录。这里物理路径设置应指向计算机的物理路径，也就是计算机中实际存在的目录，如"d：\下载专区"。虚拟路径设置应指向用户的目录中的虚拟路径，如用户的根目录为e：的FTP目录，我们可以输入"e：\ftp\软件下载"。完成设置后，单击"保存"按钮会显示你建立的路径和目录（如图2-102所示）。

（2）设置好虚拟路径后，选择"目录访问"选项卡（图2-103）。

单击"添加"按钮，弹出如图2-104所示的对话框，选择我们设置虚拟目录的物理路径，然后设置权限，设置好后单击"保存"按钮，返回目录访问界面，最后单击"保存"按钮。

保存后，关闭软件界面，至此我们的虚拟目录已经建立好了。大家可以利用资源管理器或FTP客户端访问软件测试一下用户是否能访问建立的虚拟目录。

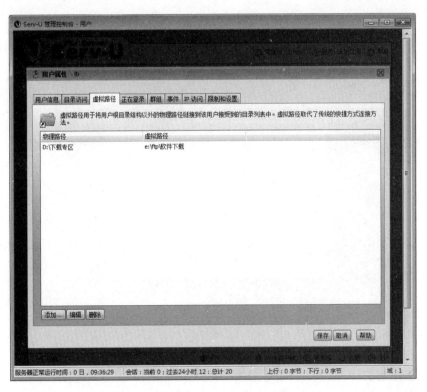

图 2-102　虚拟目录的设置

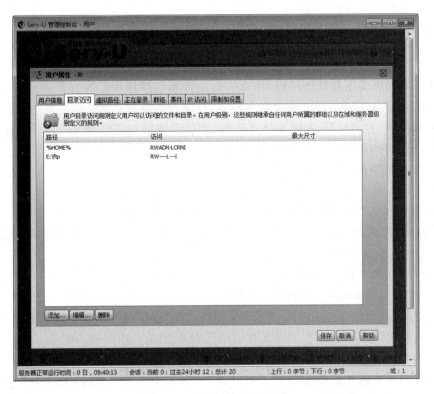

图 2-103　"目录访问"选项卡

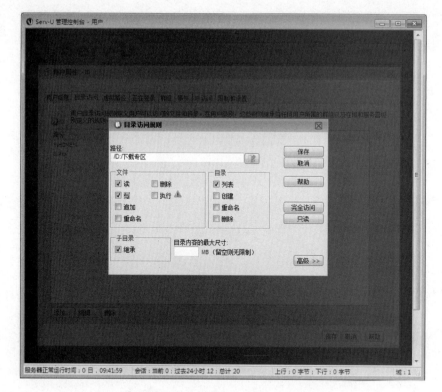

图 2-104　虚拟目录的物理路径的位置和权限设置

2.6.5　FTP 客户端 CuteFTP

CuteFTP 是一个应用较广的 FTP 客户端软件,强大的文件传输系统能够满足用户的应用需求。和迅雷等下载软件一样,该软件也支持断点续传和多线程下载。CuteFTP 中,文件通过构建于 SSL 或 SSH2 安全认证的客户/服务器系统进行传输。此外,CuteFTP 还提供了目录同步、自动排degree、同时多站点连接、多协议支持(FTP、SFTP、HTTP、HTTPS)、智能覆盖、整合的 HTML 编辑器等功能以及更加快的文件传输。

这里以经典的 9.0 版为例说明。

下载安装 CuteFTP 9.0,运行后出现如图 2-105 所示主界面。

鼠标右键单击"站点管理器"中的 General FTP Site,弹出一个菜单。可以通过菜单中的"连接向导"连接 FTP 站点,也可以选择"新建"→"FTP 站点"来完成,如图 2-106 所示。

本例中访问的 FTP 服务器为 ftp：//210.41.160.60,一个账号是 anonymous,只能读不能写,一个账号是 masenger,拥有全部权限。

(1) 使用连接向导设置访问。单击图 2-106 中的"连接向导",弹出连接向导,输入主机地址为 ftp：//210.41.160.60,站点名称也默认变成 ftp：//210.41.160.60,你可以选择修改成其他的名称,如图 2-107 所示。

在连接向导中输入匿名,选择默认打开的本地地址为 d:\myftp,如图 2-108 所示。

单击"下一步"按钮完成配置,出现如图 2-109 所示对话框,单击"完成"按钮。

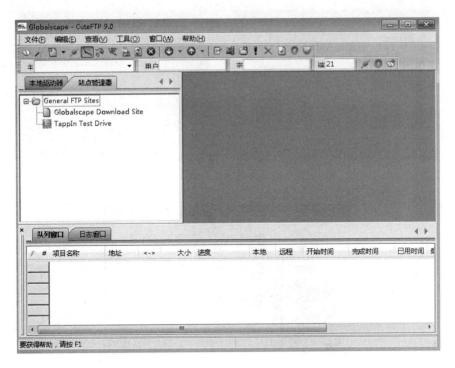

图 2-105 CuteFTP 主界面

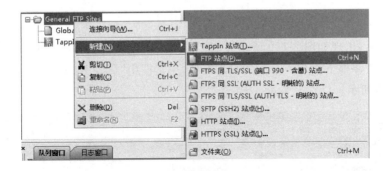

图 2-106 新建 FTP 站点

图 2-107 使用连接向导

图 2-108　连接匿名用户并设置默认文件夹

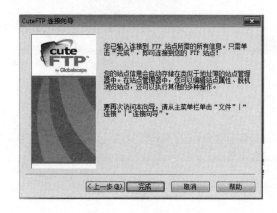

图 2-109　完成连接向导配置

连接完成后,出现如图 2-110 所示界面。左边为本地文件夹 d:\myftp,右边为 FTP 服务器的资源。资源框下面是一个小的日志窗格,单击图中"属性"上面的 图 可以将它隐藏起来,如图 2-111 所示。

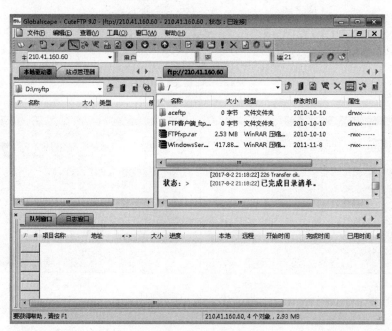

图 2-110　连接成功界面

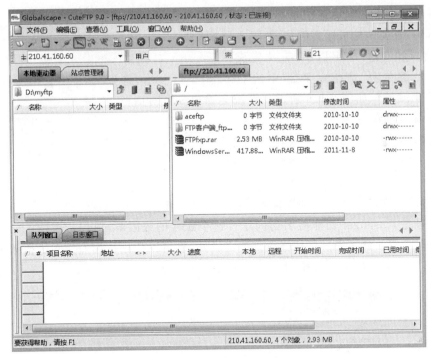

图 2-111 隐藏日志窗格效果图

如果想从 ftp：//210.41.160.60（匿名账号）中下载 FTPfxp.rar 到本地 d：\myftp，直接用鼠标拖放操作就可完成，或者鼠标右键单击 FTPfxp.rar，选择"下载"。下载完成后，出现如图 2-112 所示效果。

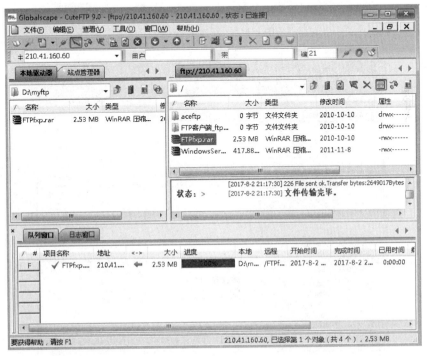

图 2-112 下载文件

如果想调整下载到本地的目标文件夹,可以单击本地驱动器下面的小箭头,重新调整目标文件夹,如图 2-113 所示。

(2) 使用"新建"→"FTP 站点"来完成。

鼠标右键单击"站点管理器"中的 General FTP Site,选择"新建"→"FTP 站点",如图 2-106 所示。系统会弹出一个对话框,填写好相应的内容即可。

填写标签(主机名字,自定义)、主机地址(ftp：//210.41.160.60)、用户名(本例为 masenger)和密码、注释(可不填写)和对应的本地文件夹(d:\myftp),如图 2-114 所示。

单击"确定"按钮后,会自动连接到 ftp：//210.41.160.60,不过此时的账号是 masenger 而非匿名访问了。这个账号的权限既可以上传也可以下载。除了通过鼠标拖放直接完成外,也可以使用鼠标右键单击需要操作的文件(或者多文件和文件夹),选择"上传",如图 2-115 所示。

图 2-113　修改下载的
目标文件夹

图 2-114　新建 FTP 站点

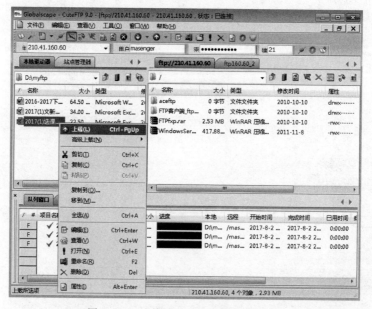

图 2-115　连接成功并实现上传和下载

此外,通过观察可以看到,刚才匿名访问的连接还在,并且可以单击切换,如图 2-116 所示。

图 2-116 单击切换 FTP 站点

这个时候,打开"站点管理器",可以看到刚才建立的两个 FTP 站点信息。鼠标右键单击这些站点,可以进行维护(连接、重命名、删除、修改属性等),如图 2-117 所示。

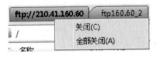

图 2-117 FTP 站点及维护

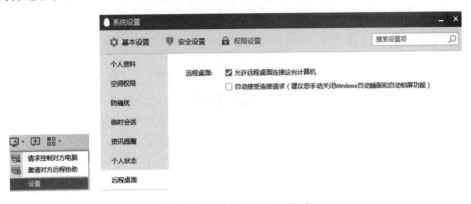

图 2-118 关闭 FTP 站点

如果不想查看某个连接 FTP 站点,可以鼠标右键单击其选项卡标签,选择"关闭"。单击"全部关闭"则会断开所有 FTP 的连接,而非关闭远程的 FTP 服务器,如图 2-118 所示。

2.7 远程控制

如果我们需要一些朋友帮忙解决计算机问题,或者在家里远程登录到办公室的计算机查找资源,就需要用到远程控制。远程控制的方法很多,针对不同的环境、不同的操作系统有着不同方法。腾讯 QQ 软件中有一个远程协助功能,可以选择请求控制对方计算机或者邀请对方远程协助(需在聊天对话框中设置运行远程桌面连接这台计算机,如图 2-119 所示)。

图 2-119 腾讯 QQ 远程协助

本节中再介绍几种常用的、应用在不同场合的远程控制方法。

2.7.1 Windows 远程共享

说起远程控制,其实 Windows 本身就附带一个功能"远程桌面连接"可以实现远程共享,对应的程序为 mstsc.exe。其实它的功能、性能等一点儿都不弱,而且它比很多第三方的远程控制工具好用得多,安全、简单,在同一网段内随处可用(计算机上)、传输性能好。

1. 在目标主机上设置允许远程协助

在远程桌面连接实现远程共享之前,先要保障远程的主机允许进行远程协助。具体操作方法为:在你想今后远程访问的计算机上(Windows 系统),鼠标右键单击桌面上的"计算机"(也就是"我的电脑")图标,在弹出的菜单中选择"属性",会出现系统设置窗口。单击左边的"高级系统设置",选择"系统属性"的最后一个选项卡"远程"。在这里,选中"允许远程协助连接这台计算机"前面的钩,并在远程桌面下面的设置中选择第二项。在"允许远程协助连接这台计算机"右边有一个按钮叫作"高级",单击后可以设置访问的最长时间。整个操作如图 2-120 所示。

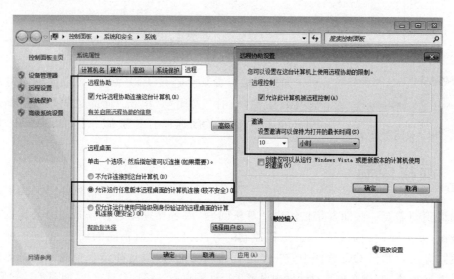

图 2-120 在目标主机上设置远程协助

2. 设置远程桌面连接

远程主机设置好后,如果我们在本机要连接到远程主机,可以在本机的"开始"菜单中找到"附件"中的"Windows 远程桌面连接" ![远程桌面连接]。也可以选择"开始"菜单中的"运行"(或者按 Windows+R 组合键运行):mstsc,可以打开远程桌面连接。不同的 Windows 版本远程桌面连接功能可能会有差异。打开后效果如图 2-121 所示。

单击左下角的"选项"按钮,可以对远程桌面连接进行设置。在"常规"选项卡中,可以设置远程连接的计算机 IP 地址、用户名,在"显示"选项卡中可以设置显示配置(建议默认都为全屏)和颜色(默认为增强色 16 位),如图 2-122 所示。

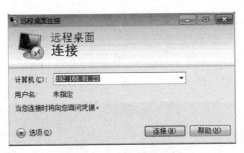

图 2-121 远程桌面连接

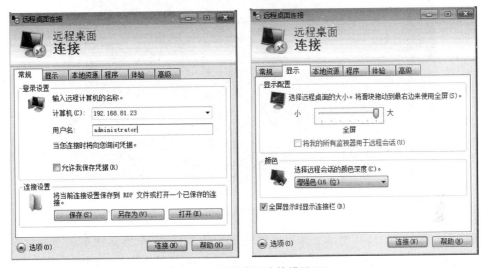

图 2-122 远程桌面连接设置(1)

第三个选项卡叫作"本地资源",也是非常有用的一个设置。在这个设置中,可以选择:是否将远程音乐带到本地,是否在远程应用 Windows 组合键,是否访问远程的打印机,是否使用剪贴板从而实现在本地和远程桌面之间实现文字、图片的复制、粘贴,是否在远程服务器上加载本地驱动器,以实现网络驱动器映射,从而实现文件、文件夹的共享和管理。设置界面如图 2-123 所示。

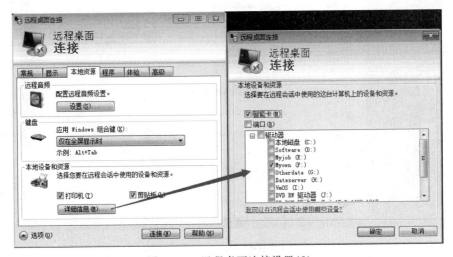

图 2-123 远程桌面连接设置(2)

3. 远程桌面访问

设置好这些后，就可以连接登录到远程的目的主机了。单击"连接"按钮后，出现如图 2-124 所示的界面，单击相应的连接用户，输入远程主机用户的密码，即可登录。

图 2-124　远程桌面访问登录界面

连接后效果如图 2-125 所示。如果网络速度很快的话，完全感觉就是在本地计算机上操作一样，非常方便。此外，利用本地资源中的驱动器映射成远程共享的网络映射盘，可以非常方便地进行文件的管理（包括复制、重命名、删除等操作）。

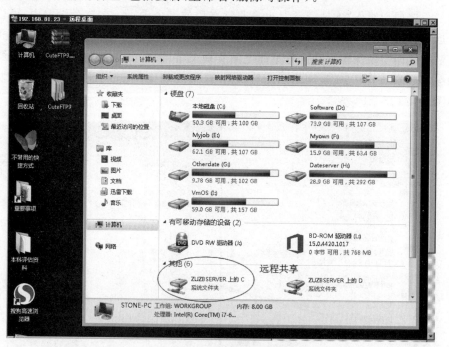

图 2-125　远程连接效果

2.7.2　TeamViewer

Windows 远程桌面共享功能非常强大,但是也有局限性。如果你的计算机和远程主机不在一个网段上,可能就无法访问。现在大部分用户的计算机 IP 地址都是运营商动态分配的 IP 地址,也在不断变化。想做到随时随需访问远程计算机,可以用到一个专业级的远程访问软件:TeamViewer。

TeamViewer 可以实现 PC 间、移动设备到 PC、PC 到移动设备甚至移动设备间的跨平台连接,支持 Windows、Mac OS、Linux、Chrome OS、iOS、Android、Windows Universal Platform 和 BlackBerry。从最先进的系统软件到旧版操作系统,TeamViewer 可在种类广泛的操作系统上运行。该软件无须配置,可立即开始和使用 TeamViewer。TeamViewer 甚至可在防火墙后台工作,并自动检测任何代理配置。TeamViewer 采用 RSA 2048 公钥/密钥交换算法和 AES (256 位)会话端对端加密技术,每次访问均生成随机密码,支持可选的双重验证,并且通过受信任设备以及黑白名单功能实现访问控制。TeamViewer 供免费试用,无须提交任何个人信息。可在家中将其免费地用于个人用途。

从官方网站上免费下载 TeamViewer(出于安全性考虑,建议不要到其他地方下载),运行出现如图 2-126 所示界面。

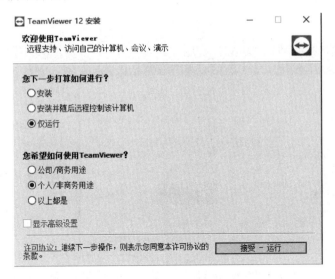

图 2-126　TeamViewer 运行界面

如果需要经常性访问,可以单击"安装"或"安装并随后远程控制计算机"。推荐使用仅运行。下面需要选择"个人/非商务用途",除非你有其他需求。选择后,单击"接受 - 运行"按钮,会出现一个帮助界面,如图 2-127 所示。

需要提醒的是,如果主机上安装了防火墙,需要允许通过,并且建议打上钩,否则今后再连接可能会被防火墙阻止,你没有在远程主机旁也无法进行修改。

单击"关闭"后,出现主控界面。根据前面的帮助可以看到系统帮助生成了一个 ID 号和密码,如图 2-128 所示。通过这个 ID 和密码,就可以使用 TeamViewer 来进行远程访问了。

图 2-127　TeamViewer 帮助界面

图 2-128　TeamViewer 生成远程控制 ID 和密码

　　现在使用另外一台计算机(也可以是手机,不过也需要安装官方正版 TeamViewer 的 APP),采用同样的方法运行。运行后在伙伴 ID 中输入远程机器的 ID 号,本例中是 775 892 938,然后单击"连接到伙伴"按钮,开始进行连接。连接的时间可能会有点儿长,需要耐心等待。连接成功后,会弹出密码输入框,输入 1129,单击"登录"按钮,如图 2-129 所示。再次提醒一下,第一次安装使用时,在远程主机上要设置防火墙允许通过,并且保障今后都默认为允许。

　　连接成功后,出现远程访问主机控制界面,如图 2-130 所示。

　　可以看到,如果网速较快的话,效果还是很不错的(当然没有网内 Windows 远程桌面的效果那么好),速度也比较流畅。在顶上有几个工具菜单项,可以浏览这些工具菜单,选择需

图 2-129　通过 ID 访问远程主机

图 2-130　远程连接效果图

要的操作。

　　"查看"菜单工具中,主要包括访问远程主机的显示匹配、分辨率大小、质量设置、是否全屏等,效果如图 2-131 所示。

图 2-131　TeamViewer"查看"菜单工具

　　"动作"菜单工具中,可以设置对远程主机的控制锁定、重启、通过按 Ctrl＋Alt＋Del 组合键启动任务管理器,以及发送留言等。这里还可以选择结束会话,如图 2-132 所示。

　　"通信"菜单工具中,可以实现网络呼叫、聊天和视频功能,还可以使用注释,类似于远程协助和互动,如图 2-133 所示。

图 2-132　TeamViewer"动作"菜单工具栏

图 2-133　TeamViewer"通信"菜单工具栏

"文件与其他"工具栏可以实现截屏与会话记录功能,还可以进行文件传输和共享,如图 2-134 所示。

图 2-134　TeamViewer"文件与其他"菜单工具栏

单击工具栏中的"打开文件传送"工具栏,可以进行本机到远程主机之间的文件传输,非常方便,类似于前面介绍的 CuteFTP 软件功能,如图 2-135 所示。

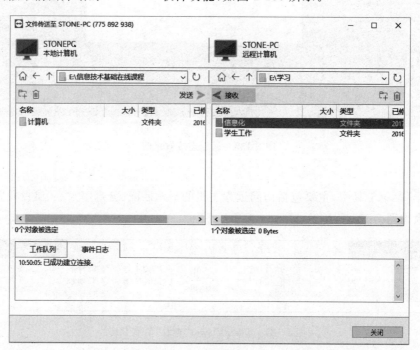

图 2-135　使用 TeamViewer 进行网络文件传输

当然,为了保证个人计算机的安全性,建议经常性、长期性地使用 TeamViewer 的用户购买商业版本,提高安全度。如果计算机上有特别特别重要的文档,建议谨慎使用 TeamViewer。

文件处理工具的应用

文件是信息转换为数据保存在计算机存储器后的结果,即以计算机硬盘等为载体存储在计算机上的信息集合。文件通常具有三个字母的文件扩展名,用于指示文件类型,可以是各种文本、图片、音频、视频、程序等。通过 Windows 操作系统可以对文件进行复制、移动、删除、重命名等各种操作,但要实现对文件的一些特殊处理,如压缩、加密、分割、格式转换等,就要借助于其他专用的工具软件了。

本章将介绍几种常用的文件管理和处理工具软件,它们涉及压缩与解压缩、分割、加密、格式转换等方面的内容。灵活运用这些软件可以解决用户遇到的很多问题,提高相关工作效率。

3.1 文件压缩与解压缩

文件压缩与解压缩是一种重要的计算机应用技术。文件因容量太大,会占用过多存储空间甚至无法存放其中,在网络上传输时速度也将受到影响。同时,从互联网上下载文件时,许多文件也是压缩文件。这些,都会面临文件压缩与解压缩的问题。

3.1.1 文件压缩与解压缩基本原理

文件压缩,是将文件的存储容量变得更小,形成压缩文件,以利于存储和传输。解压缩是因为压缩过的文件不能直接使用,须将压缩文件进行还原。

有些文件存储时,通过选择特定存储格式使其成为压缩形式的文件,如在图像处理软件中对图像"另存为"时选择 JPG 格式进行保存。

一般所讲的文件压缩,通常是指通过压缩软件,利用压缩原理对一个或多个文件进行压缩。压缩后所生成的文件称为压缩包(Archive),体积只有原来的几分之一甚至更小。文件的压缩包已经具有另外一种文件格式,如果想使用其中的数据,还得用压缩软件把数据解压还原,这个过程称作解压缩。

3.1.2 常见的压缩格式

1. ZIP 格式

ZIP 格式的压缩文件是一种最常见的压缩格式,在 Windows 下压缩和解开 ZIP 格式的压缩文件可以用 WinZIP、WinRAR、ZipMagic 等压缩/解压工具。

2．RAR 格式

RAR 格式是由 DOS 下采用图形界面的压缩软件 RAR 压缩而成的，其具备方便的图形化操作和极高的压缩率。可以使用工具 RAR 或 WinRAR 对其进行解压。

3．CAB 格式

CAB 格式是 Microsoft 公司在发布 Windows 95 时采用的一种全新的压缩格式，是公认压缩率最大的压缩格式，但是解压缩速度比较慢。

4．ARJ 格式

原 DOS 下的压缩软件 ARJ 压缩而成的文件格式，它具有功能强大、压缩率高等优点。我们可使用 WinARJ、WinZIP 等软件对其进行解压。

5．ACE 格式

ACE 格式的压缩率在某些情况下比 CAB 格式的文件还要大许多，但其对系统的要求比较高，软件运行速度也比较慢。可以使用 WinACE 来支持 ACE 格式。

3.1.3　文件压缩与解压缩工具 WinRAR

1．WinRAR 简介

WinRAR 是 Windows 环境下强大的文件压缩管理工具，是应用广泛的常用工具软件。它提供了对 RAR、ZIP 格式的完整支持，还能解压 ARJ、CAB、LZH、ACE、TAR、GZ、UUE、BZ2、JAR、ISO 等格式的文件，具有创建固定压缩、分卷压缩、自释放压缩等多种方式，可以选择不同的压缩比例，实现最大化地减少存储占用。

WinZIP 是应用较早的另一经典压缩管理工具，早期的 WinZIP 不支持 RAR 格式的压缩包，但这一问题现在已经得到改进。WinZIP 的操作与 WinRAR 类似。

2．WinRAR 的基本操作

1）界面简介

下载安装好 WinRAR，启动之后的界面如图 3-1 所示，工具栏上的命令按钮功能已经注明。可通过单击"添加"按钮将选中的文件或文件夹生成压缩包或加进已有的压缩包；单击"解压到"按钮为压缩包解压设置存放目录等参数；单击"测试"按钮测试压缩包有无错误等。

2）压缩文件

（1）右键快速压缩

在要压缩的文件或文件夹（如"学习资料"）上右击，弹出如图 3-2 所示的右键快捷菜单，注意与 WinRAR 压缩相关的选项有 4 个。

① 添加到压缩文件：弹出如图 3-3 所示的"压缩文件名和参数"对话框，在这里选择压缩之后的文件存放的位置和文件名，以及对一些参数进行更详细的设置，比如压缩之后的文件格式、是否加密等。

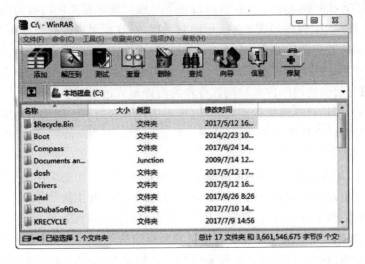

图 3-1 WinRAR 主界面

图 3-2 右键压缩快捷菜单选项

图 3-3 压缩文件参数设置

② 添加到"学习资料.rar"：可在当前目录下生成与被压缩文件同名的压缩文件。

③ 压缩并 E-mail：弹出如图 3-3 所示的对话框，在这里可以进行压缩选项设置，但是压缩完后会使用邮件客户端软件作为附件形式进行邮件发送。

④ 压缩到"学习资料.rar"并 E-mail：直接在当前目录下生成与被压缩文件同名的压缩文件，但是压缩完后会使用邮件客户端软件作为附件形式进行邮件发送。

一般情况下，如果对压缩文件不发邮件，可不选择后面两项。如果对压缩文件存放的位置和一些参数没有什么特殊要求，最好选择"添加到'学习资料.rar'"，即可快速在当前位置上生成选中文件或文件夹的压缩文件。

需注意的是，如未安装 WinRAR 压缩工具，在要压缩的文件或文件夹上右击，出现的快捷菜单中将不会出现与压缩相应的 4 个选项。另外，如果右键快捷菜单中没有出现"添加到压缩文件"和"添加到学习资料.rar"等选项时，可以打开 WinRAR，选择"选项"→"设置"→"集成"选项卡，如图 3-4 所示。如果没有安装其他压缩软件，建议将"WinRAR 关联文件"下的所有压缩格式都选择上，再选择"外壳集成"中的"集成 WinRAR 到外壳"等选项，单击"确定"按钮即可完成。

图 3-4　压缩选项设置的"集成"选项卡

（2）利用主界面压缩

启动 WinRAR 主界面，在界面中查找并选择将要压缩的文件或文件夹，如图 3-5 所示。单击工具栏上的"添加"按钮，弹出如图 3-3 所示的"压缩文件名和参数"设置对话框，同样在这里可以设置压缩之后的文件存放的位置和文件名，以及一些参数，完成后单击"确定"按钮开始压缩。

3）解压文件

（1）快速解压

在压缩包文件上右击，弹出如图 3-6 所示的快捷菜单，与解压缩相关的有以下三个选项。

① 解压文件：会弹出如图 3-7 所示的"解压路径和选项"对话框，可以设置解压之后的文件存放位置和一些参数。

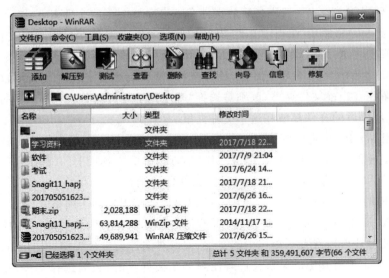

图 3-5 利用 WinRAR 主界面压缩

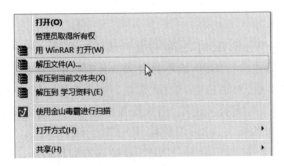

图 3-6 右键解压快捷菜单选项

图 3-7 解压路径和选项设置

② 解压到当前文件夹：解压之后的文件会直接存放在当前文件夹下。

③ 解压到学习资料\：在当前文件夹下创建一个与压缩文件名相同的文件夹，解压之后的文件都存放在这个新建的文件夹下。

如果解压之后的文件不改变路径，最好选择"解压到当前文件夹"或者"解压到学习资料"，两者都解压在当前文件夹下，区别是选择"解压到学习资料"，会在当前位置新建一个文件夹，所有解压之后的文件都放在这个文件夹里。

（2）利用 WinRAR 主界面解压

双击要解压的压缩文件，打开 WinRAR 主界面，单击工具栏上的"解压到"按钮，出现如图 3-7 所示对话框，设置好后，单击"确定"按钮开始解压。

WinRAR 的解压缩非常简单，只要是 WinRAR 能够识别的压缩格式（RAR、ZIP、CAB、ARJ、LZH、ACE、TAR、GZIP、UUE），该压缩包的图标就是 WinRAR 程序的图标，双击就可以打开。此时还可以查看压缩包中的文件，就像对文件夹进行操作一样，不过这并不是真正的解压缩，如果想将其中的某些文件解压到某个文件夹时，只需选择文件，然后单击工具栏上的"解压缩"按钮，选择文件夹的路径，或者用鼠标直接将待解压的文件拖到目标文件夹中。

4）创建自解压文件

当计算机未安装有 WinRAR 时，压缩包文件将无法解压。因此，必要时需要创建自解压文件，这样可以随时随地自行解压，而不需要 WinRAR 的支持。

在"压缩文件名和参数"对话框中，选择"常规"选项卡，在"压缩选项"下选择"创建自解压格式压缩文件"，如图 3-8 所示。这样，当执行压缩后，生成的文件类型结果不再是"学习资料.RAR"，而变成了可执行文件"学习资料.EXE"。

对自解压格式压缩文件"学习资料.EXE"，直接双击即可解压。

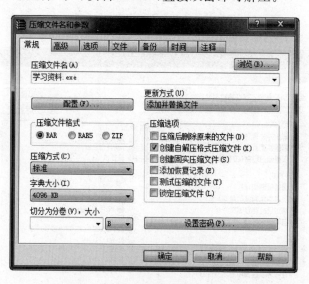

图 3-8　创建自解压格式压缩文件

5）生成分卷压缩文件

在进行数据备份或大文件交换时，通常用压缩软件进行分卷压缩的方法。

打开 WinRAR 主界面,选择要压缩的文件(夹),单击工具栏上的"添加"按钮,弹出如图 3-9 所示的对话框,在"压缩文件格式"下选择 RAR,"压缩方式"下选择"标准",在"切分为分卷(V),大小"的下拉列表框中,输入想设定的数值,如输入"10",选择单位大小 MB,单击"确定"按钮,则开始进行分卷压缩。

分卷压缩结束后,生成的第一个压缩包文件名为"学习资料.part1.rar",第二个为"学习资料.part2.rar",第三个为"学习资料.part3.rar",以此类推。

解压时,所有分卷压缩包必须放于同一目录,解压其中的任意一个,系统将自动对其余压缩包文件进行解压,并还原到同一个文件夹中。

6) 生成加密压缩文件

在如图 3-9 所示的对话框中,单击"设置密码"按钮,弹出如图 3-10 所示的对话框,输入密码并确认后,单击"确定"按钮,即可生成加密压缩文件。

图 3-9 分卷压缩文件设置

图 3-10 加密压缩文件设置

加密压缩文件在解压时必须正确输入密码，这样就对文件内容起到了保护作用。但如果双击加密压缩文件，或在 WinRAR 主界面中双击加密压缩文件，可以查看到加密压缩包中的所有文件名。为了避免这种情况，可在图 3-10 中选择复选框"加密文件名"，实现对文件名的隐藏保密。

3.1.4　文件压缩和解压缩实例

软件 Snagit11_hapi 容量共为 61.5MB，现按 25MB 大小进行分卷加密压缩，并对生成的分卷压缩包进行解压缩操作。可如下操作。

（1）选择文件夹"Snagit11_hapi"，右键单击，出现如图 3-11 所示快捷菜单，单击"添加到压缩文件"，弹出如图 3-12 所示对话框。

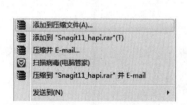

图 3-11　右键压缩快捷菜单选项　　　　图 3-12　分卷压缩文件设置

（2）在左下方"切分为分卷（V），大小"下输入"25"，单位选择 MB。

（3）单击"设置密码"，出现密码设置界面，如图 3-13 所示。输入密码"123456"，并选择复选框"加密文件名"，最后单击"确定"按钮，开始进行分卷压缩。

图 3-13　分卷压缩密码设置

（4）压缩结果如图 3-14 所示，生成三个分卷压缩包，注意前两个压缩包容量均为 25MB，后一个为 10.9MB。

图 3-14　分卷压缩结果

（5）将三个分卷压缩包一并或分别复制至新的目录中，注意三个压缩包必须放于同一目录中！如图 3-15 所示。选中"Snagit11_hapi.part1.rar"，单击右键，在出现的快捷菜单中选择"解压到当前文件夹"选项，开始解压，最终结果如图 3-16 所示。

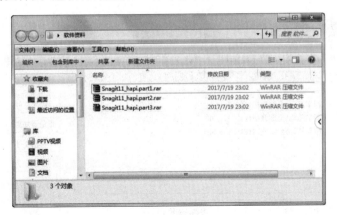

图 3-15　分卷压缩解压前

图 3-16　分卷压缩解压后

3.2　文件加密与解密

在计算机信息处理工作中,文件的安全存放是共识,已受到全社会的广泛重视。个人隐私、公司核心资料、政府机密文件等,都需要得到很好的保护。对重要资料的安全来讲,对文件进行加密处理是一种特殊而十分重要的应用技术。目前,计算机信息安全方面的加密软件较多,如易通文件夹锁、文件夹加密超级大师、神盾加密等。下面介绍实用、方便的万能加密器 Easycode Boy Plus! 的使用。

3.2.1　万能加密器 Easycode Boy Plus！简介

万能加密器 Easycode Boy Plus! 是一款功能强大、小巧、高速的加密软件,加密文件大小不限,文件类型不限。采用高速算法,加密速度快,安全性能高,界面美观,有加密、解密功能,也具有独有的密码查询功能,忘记密码不再发愁。也可将加密文件编译为可执行文件,脱离 Easycode Boy Plus! 环境独立运行。还可对自解密文件进行分割。可以对程序设置访问密码,具有更高安全性,拥有加密历史列表功能。

运行 Easycode Boy Plus!,出现如图 3-17 所示的主界面。

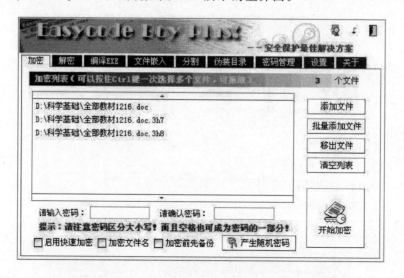

图 3-17　Easycode Boy Plus! 主界面

3.2.2　加密文件

操作步骤:

(1) 打开主界面如图 3-17 所示,选择"加密"选项卡。

(2) 单击"添加文件"按钮,在出现的"打开"对话框中选择需要加密的文件,单击"打开"按钮,将文件导入"加密列表"中;也可将需要加密的文件直接拖进"加密列表"。

(3) 如要加密多个文件,重复上一步骤,添加其他需要加密的文件。

(4) 在"请输入密码"后输入密码,并在"请确认密码"后确认。

（5）单击"开始加密"按钮，加密结束后出现如图 3-18 所示的提示。

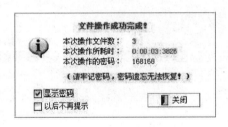

图 3-18 加密文件

加密后的文件不能打开，以乱码形式显示。如要打开，须通过 Easycode Boy Plus！进行解密。

3.2.3 解密文件

操作步骤：

（1）打开主界面中的"解密"选项卡，如图 3-19 所示。

图 3-19 "解密"选项卡

（2）单击"添加文件"按钮，在出现的"打开"对话框中选择需要解密的文件，单击"打开"按钮，将文件导入"解密列表"，或直接将文件拖入"解密列表"。

（3）如需解密多个文件，重复上一步骤，添加其他需要解密的文件。

（4）在"请输入密码"后输入密码。

（5）单击"开始解密"按钮完成解密操作。

3.2.4 其他操作

1. 伪装目录

（1）在主界面中选择"伪装目录"选项卡，结果弹出如图 3-20 所示的对话框。

（2）在左边目录树窗口中选定需要伪装的目录，打开"选择伪装类型"下拉列表框，选择

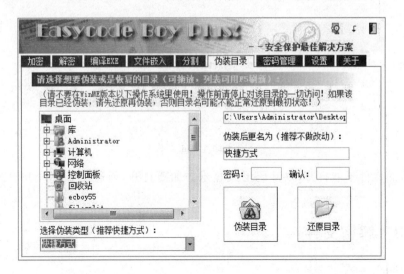

图 3-20　伪装目录

伪装的类型,如快捷方式(推荐)、打印机、回收站、网页等。

(3) 视需要为目录伪装后更名。

(4) 在"密码"后输入密码并确认。

(5) 单击"伪装目录"按钮,完成伪装目录操作。

目录伪装后将和以前不同,显示为所选伪装类型的图标,起到了类似加密的作用。如要还原目录,在图 3-20 中"密码"后输入密码并确认,单击"还原目录"按钮即可。

2. 密码管理

(1) 打开主界面中的"密码管理"选项卡,如图 3-21 所示。

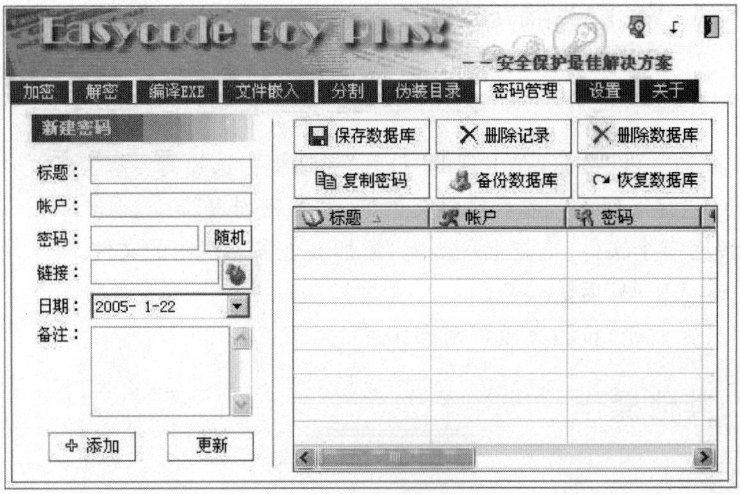

图 3-21　密码管理

（2）在左边"标题"旁文本框中输入标题（用于记录加密的文件）、账户、密码等。

（3）单击左下"添加"按钮，则将输入的数据添加到右下方的密码列表中。

（4）单击"删除记录"按钮，删除密码列表中的数据记录。

（5）单击"保存数据库"按钮，将密码列表中的数据保存在 Easycode Boy Plus! 系统中，以便每次启动 Easycode Boy Plus! 后，数据库中的数据记录显示在密码列表中。

（6）单击"删除数据库"按钮，将 Easycode Boy Plus! 中保存的密码数据库删除，密码列表不再显示数据记录。

（7）单击"备份数据库"按钮，可将密码数据库保存在 Easycode Boy Plus! 所在文件夹以外的其他文件夹中，生成文件 ECBoypdfile.dat。

（8）单击"恢复数据库"按钮，将备份数据库文件 ECBoypdfile.dat 重新恢复到 Easycode Boy Plus! 系统中。

除以上介绍的操作外，Easycode Boy Plus! 还具有以下功能：将文件编译为 EXE 文件，对文件进行嵌入操作，分割文件，系统设置等。在"设置"选项卡中可以设置密码提示，忘记密码后可以找回来。由于该软件操作界面简单，应用中使用非常方便。

3.2.5　万能加密器 Easycode Boy Plus! 实例

将 Word 文档"说课初稿.doc"用 Easycode Boy Plus! 制作成自解密文件，并在脱离 Easycode Boy Plus! 的环境中解密。

操作步骤：

（1）启动 Easycode Boy Plus!，打开"编译 EXE"选项卡，如图 3-22 所示。

图 3-22　编译 EXE 界面

（2）单击"浏览"按钮，在出现的对话框中查找到"说课初稿.doc"，然后单击"打开"按钮，将"说课初稿"调入到 Easycode Boy Plus! 中。在"请输入密码"旁输入密码"12345"并确认，如图 3-23 所示。

（3）单击"开始编译/加密"按钮开始加密，生成加密文件，原文件变为"说课初稿.exe"。

（4）在任何 Windows 的环境中，双击可执行文件"说课初稿.exe"，出现如图 3-24 所示的对话框。在"请输入密码"旁输入密码"12345"，选择"解密后自动打开源文件"，然后单击

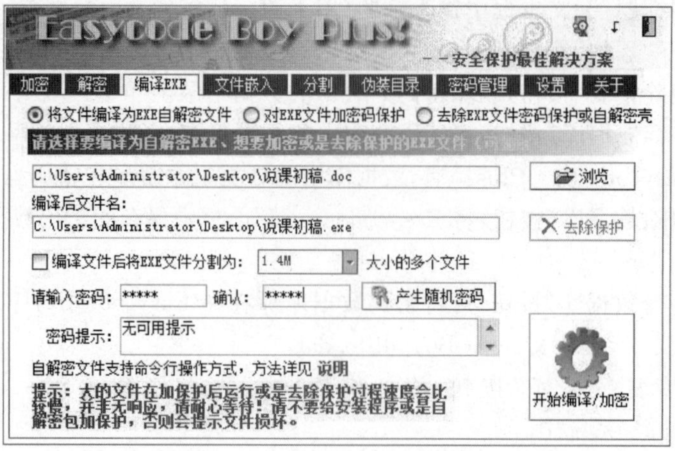

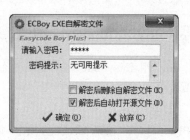

图 3-23　编译 EXE 输入密码

"确定"按钮,完成解密并打开原文件。

图 3-24　EXE 自解密

3.3　文件格式转换

随着信息处理技术的飞速发展,应用实践中遇到的文件类型越来越多,存储格式名多到难以记忆。而对各种类型文件的使用,往往有一定的局限性,被限制在一定的范围内。如一种类型格式的文件,只能用相应的软件打开、播放,而在另一环境中其他程序则无法进行处理,这给应用工作带来了很大的不便。借助专业公司研发的各种文件格式转换工具,可以方便地对文件进行格式转换,从而得到应用操作需要的文件格式。

3.3.1　文件格式及格式转换简介

文件格式(或文件类型)是指计算机为了存储信息而使用的对信息的特殊编码方式,用于识别内部储存的资料。因为对于计算机的存储来说,有效的信息存储只有 0 和 1 两种。必须设计相应的方式进行信息到 0、1 位元的转换。对于不同的信息,这种转换就形成特定的存储格式。所以对文字、程序、图片、音频和视频等每一类信息,都可以用一种或多种文件格式保存在计算机存储器中,而且每一种文件格式通常还会有一种或多种扩展名可以用来识别,但也可能没有扩展名。扩展名可以帮助应用程序识别文件格式。

下面是一些常见及重要的文件扩展名。

文档文件：TXT、DOC、HLP、WPS、RTF、HTML、PDF。

压缩文件：RAR、ZIP、ARJ、GZ、Z。

图形文件：BNP、GIF、JPG、PIC、PNG、TIF。

声音文件：WAV、AIF、AU、MP3、MID、RAM、WMA、MMF、AMR、AAC、FLAC。

视频文件：WMV、ASF、ASX、RM、RMVB、NPEG、3GP、MOV、MP4、M4V。

动画文件：AVI、MPG、MOV、SWF。

系统文件：INT、SYS、DLL、ADT。

可执行文件：EXE、COM。

语言文件：C、ASM、FOR、LIB、LST、MSG、OBJ、BAS。

映像文件：ISO、BIN、IMG、MAP。

具有某种文件扩展名的文件，往往需用特定的软件或播放器打开，如以 DOC 为扩展名的文档只能由 Word 及 WPS 等软件打开，以 ZIP 为扩展名的压缩包由 WinRAR、WinZIP 等软件打开。这在应用中会带来很多不方便，经常需要将各种不同格式的文件进行转换，将某种文件格式转换成自己所需要的格式是非常有意义的工作。

现阶段格式转换工具种类繁多，使用范围、功能强弱各异，应根据应用需要注意选用，掌握常用文件格式的转换操作是非常重要的。

需要注意的是，有些文件格式需用特定的转换工具进行转换，如对流媒体格式 RM 和一些手机用格式，要用支持这些格式的转换工具。另外，有时转换效果不具优势甚至是无意义的，如 MP3 转 MID 等。

3.3.2　万能文件格式转换工具 All File to All File Converter

万能文件格式转换工具 All File to All File Converter 是一个功能非常强大的文件格式转换工具，能进行很多文件格式之间的相互转换，尤其适合办公类各种文档的转换。它支持的文件格式有 PDF、DOC、DOCX、DOCM、XLS、XLSM、XLSX、PPT、PPTX、PPTM、TXT、RTF、HTM、HTML、URL、JPG、JPEG、TGA、BMP、RLE、PNG、EMF、WMF、GIF、TIF、FLV、SWF 等。

All File to All File Converter 在使用中，支持添加要转换的整个文件夹和批量转换，在任何文件转换为 JPEG/JPG 格式时，可以以 1～100 设置图像质量。转换的 PowerPoint、PDF、GIF、TIFF、Flash 视频具有优良的品质。可以控制输出质量与用户定义的参数设置等。

All File to All File Converter 具有快速的转换速度和出色的输出品质，界面友好，非常容易使用，只需单击鼠标即可完成转换。

安装 All File to All File Converter 后，启动后出现如图 3-25 所示界面。

主界面中各个命令选项卡的功能含义非常简明，单击"添加文件""添加文件夹"标签，选定需要转换的内容，在下方"输出类型"下拉列表中选择需要转换成的文件格式，在"输出目录"中设定转换结果存放的目录地址，然后选择上方的"转换"按钮就开始进行转换。转换结束，在相应的目录下即可查看转换后的结果文件。

图 3-25　万能文件格式转换主界面

3.3.3　格式工厂 Format Factory

格式工厂(Format Factory)是一个多功能的多媒体格式处理软件,适用于 Windows 系列操作系统,支持几乎所有类型多媒体格式转到常用的几种格式,可以实现大多数视频、音频以及图像不同格式之间的相互转换,而且转换可以具有设置文件输出配置、增添数字水印等功能。一般安装有格式工厂基本就能满足转换要求,无须再用其他转换工具提供帮助。

格式工厂具体支持的格式转换类型有:所有类型视频转到 MP4、3GP、AVI、MKV、WMV、MPG、VOB、FLV、SWF、MOV 等格式;所有类型音频转到 MP3、WMA、FLAC、AAC、MMF、AMR、M4A、M4R、OGG、MP2、WAV 等格式;所有类型图片转到 JPG、PNG、ICO、BMP、GIF、TIF、PCX、TGA 等格式;还支持转换 DVD 到视频文件,转换音乐 CD 到音频文件等。在转换过程中可设置文件输出配置,包括视频的屏幕大小、每秒帧数、比特率、视频编码、音频的采样率、比特率、字幕的字体与大小等。

格式工厂在安装完毕后,双击桌面图标即可启动软件,软件在启动完毕后即可显示主界面,如图 3-26 所示。

1. 视频格式转换

(1) 在格式工厂左侧的功能菜单中,找到需要转换成的视频格式,例如,单击 WMV 选项,在弹出的对话框中,单击"添加文件"按钮,再在出现的对话框中查找并选择需要转换的视频文件,然后单击"打开"按钮进行添加。格式工厂支持同时添加多个不同格式的视频文件。文件添加结束后,界面如图 3-27 所示。

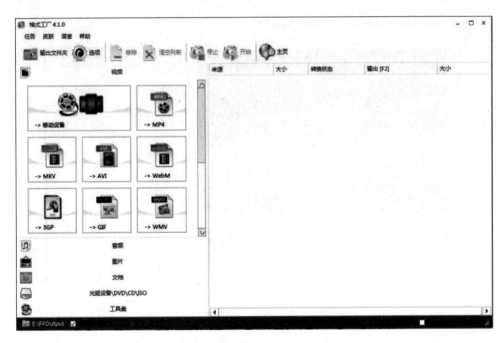

图 3-26　格式工厂主界面

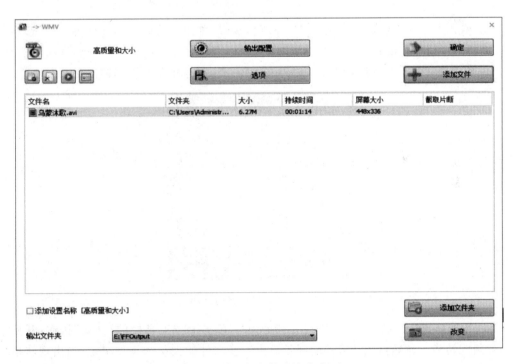

图 3-27　"添加文件"添加视频后

（2）单击界面上的"输出配置"按钮，弹出配置窗口。在窗口中可以对视频转换时的一些参数进行设置，如帧数大小、视频编码类型、视频分辨率大小、视频音量等。单击"选项"按钮，可以截取视频中的某个片段，还能进行画面大小裁剪，如图 3-28 所示。

图 3-28　视频格式转换中的片段截取和画面裁剪设置

（3）格式工厂的默认输出目录为"E：\FFOutput"，如果想修改输出文件夹的位置，在如图 3-26 所示界面中单击右下方的"改变"按钮，或单击左下方"输出文件夹"旁下拉列表框，选择"添加文件夹"，都会弹出如图 3-29 所示的对话框，在这里重新选择输出目录新位置。

图 3-29　输出文件夹的选择

（4）返回格式工厂的主菜单，如图 3-30 所示。单击上方工具栏的"开始"按钮，开始进行视频格式转换。视频格式转换的时间长短由转换文件的大小和类型决定，当出现转换完成提示时，转换即告结束，如图 3-31 所示。此时可到对应的输出文件夹查看格式转换后的结果文件。

2．音频格式转换

（1）在格式工厂左侧的功能区里单击"音频"选项，弹出如图 3-32 所示的窗口。

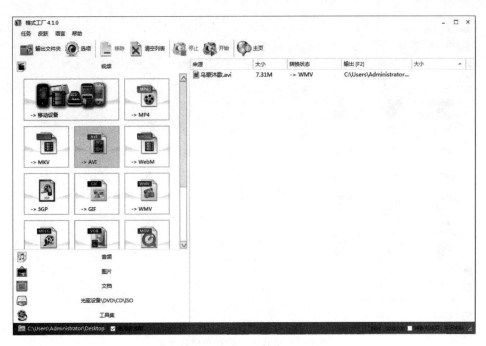

图 3-30 视频格式转换设置完成

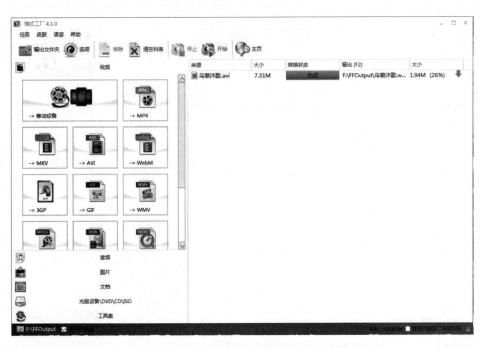

图 3-31 视频格式转换完成

（2）选择要转换的目标音频格式类型。例如，单击选择 WMA，在弹出的窗口中，单击"添加文件"按钮，再在出现的对话框中选择需要转换的音频文件，然后单击"打开"按钮进行添加。根据需要修改"输出配置""截取片段"和"输出文件夹"等，如图 3-33 所示。完成后单击"确定"按钮返回格式工厂主界面。

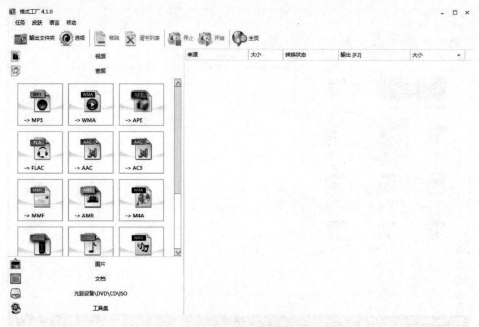

图 3-32　格式工厂的音频格式选项

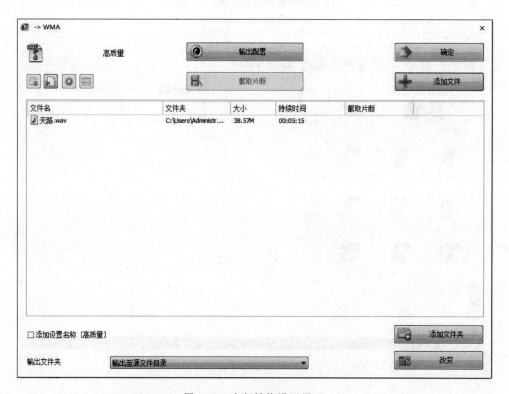

图 3-33　音频转换设置界面

（3）在格式工厂主界面，单击"开始"按钮进行音频格式转换，当提示完成后，在输出文件夹中可查看转换后的结果。

3. 图片格式转换

（1）在格式工厂左侧的功能区里单击"图片"选项，出现如图 3-34 所示的窗口。

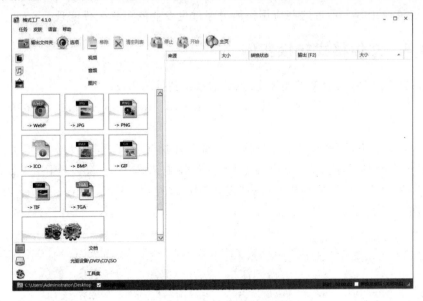

图 3-34　图片转换设置界面

（2）选择要转换的目标图像格式类型。例如，单击选择 PNG，在弹出的窗口中，单击"添加文件"按钮，在出现的对话框中查找并选择需要转换的图像文件，然后单击"打开"按钮进行添加。根据需要在"输出配置"和"输出文件夹"中做相关设置，如图 3-35 所示。完成后单击"确定"按钮返回格式工厂主界面。

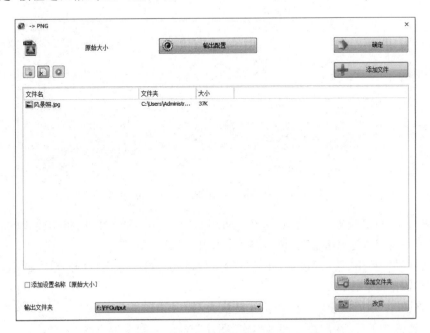

图 3-35　图片转换设置界面

（3）在格式工厂主界面，单击"开始"按钮进行图片格式转换。结束后可从输出文件夹查看转换结果。

格式工厂除具有上述转换功能外，还能进行一些高级应用，如视频、音频的合并与分割，音视频的混流应用等。不过这些应用一般可通过更专业的工具软件实现。

3.3.4 文件格式转换实例

（1）将文档"同济大学美术类招生.pdf"的格式转换为DOC。

① 启动万能文件格式转换工具 All File to All File Converter，出现如图 3-25 所示界面。

② 打开"添加文件"选项卡，在出现的界面中查找并打开"同济大学美术类招生.pdf"（也可直接拖入转换窗中），在"输出类型"下拉列表中选择 Microsoft Office Word 97-2003〔*.doc〕。在"输出目录"标签栏的右边"设置"中选择桌面（默认 Output Files 为桌面输出目录），如图 3-36 所示。

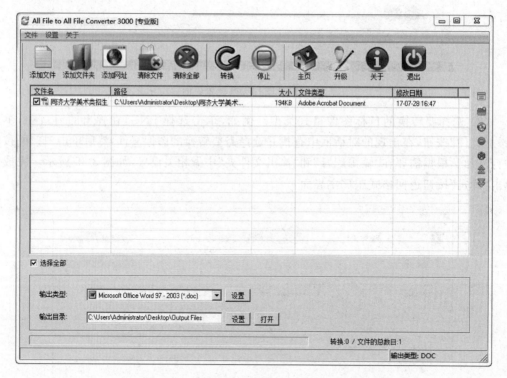

图 3-36　All File to All File Converter 转换

③ 单击菜单栏"设置"→"系统设置"，如图 3-37 所示，选择"使用指定输出文件名"，在下方文本框中输入"美术招生"。单击"确认"按钮，返回主界面。

④ 在主界面单击"转换"选项，开始进行文件格式转换。当出现"转换完成"提示表明转换结束，转换结果存于桌面。

（2）将图片"峨眉金顶.bmp"的格式转换为JPG。

① 启动格式工厂，在左边功能区单击"图片"选项，如图 3-34 所示。

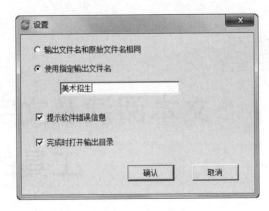

图 3-37　系统设置

　　② 选择格式类型 JPG,在弹出的窗口中单击"添加文件",再在出现的对话框中查找到图片"峨眉金顶.bmp",然后单击"打开"将其导入。保持"输出配置"中做图片大小、角度调整等默认设置,在"输出文件夹"中选择"输出至源文件目录",单击"确定"按钮返回。

　　③ 在格式工厂主界面,单击"开始"按钮开始图片格式转换,转换结果"峨眉金顶.jpg"存于源文件所在目录。

　　(3) 将音乐"长江之歌.wav"的格式转换为 MP3。

　　① 启动格式工厂,在左边功能区单击"音乐"选项,如图 3-32 所示。

　　② 选择格式类型 MP3,在弹出的窗口中单击"添加文件",再在出现的对话框中查找到音频文件"长江之歌.wav",然后单击"打开"按钮将其导入。保持"输出配置"中的默认设置,在"输出文件夹"中选择"输出至源文件目录",单击"确定"按钮返回。

　　③ 在格式工厂主界面,单击"开始"按钮开始音乐格式转换,转换结果"长江之歌.mp3"存于源文件所在目录。

　　(4) 将舞蹈视频"呼伦贝尔大草原.avi"的格式转换为 FLV。

　　① 启动格式工厂,在左边功能区单击"视频"选项,如图 3-26 所示。

　　② 选择格式类型 FLV,在弹出的窗口中单击"添加文件",再在出现的对话框中查找到视频文件"呼伦贝尔大草原.avi",然后单击"打开"按钮将其导入。保持"输出配置"中的默认设置,在"输出文件夹"中选择"输出至源文件目录",单击"确定"按钮返回。

　　③ 在格式工厂主界面,单击"开始"按钮开始视频格式转换,转换结果"呼伦贝尔大草原.flv"存于源文件所在目录。

第4章 文本阅读及文字识别工具的应用

4.1 PDF 阅读工具 Adobe Reader

Adobe Reader 是一款国产的免费电子文档阅读软件,集电子书阅读、下载、收藏等功能于一体,它具有功能完善、界面友好、操作简单等特点。Adobe Reader 可用于阅读 CEB、XEB、PDF、HTML 等格式的电子图书及文件。

4.1.1 PDF 相关理论知识

PDF 全称 Portable Document Format,是美国 Adobe 公司开发的电子读物文件格式。这种文件格式的电子读物需要该公司的 PDF 文件阅读器 Adobe Acrobat Reader 来阅读,所以要求读者的计算机安装有这个阅读器。该阅读器完全免费,可以到 Adobe 站点下载。PDF 的优点在于这种格式的电子读物美观,便于浏览,安全性很高。

对普通读者而言,用 PDF 制作的电子书具有纸版书的质感和阅读效果,可以"逼真地"展现原书的原貌,而显示大小可任意调节,给读者提供了个性化的阅读方式。由于 PDF 文件可以不依赖操作系统的语言和字体及显示设备,阅读起来很方便。这些优点使读者能很快适应电子阅读与网上阅读,无疑有利于计算机与网络在日常生活中的普及。

4.1.2 Adobe Reader 简介

Adobe Reader(也称为 Acrobat Reader)是美国 Adobe 公司开发的一款优秀的 PDF 文件阅读软件,是电子文档共享的全球标准。它是可以打开和使用在 Adobe Acrobat 中创建的 Adobe PDF 的工具。虽然无法在 Adobe Reader 中创建 PDF,但是可以使用它查看、打印和管理 PDF,还可以对 Adobe PDF 文件进行数字签名以及针对其展开协作。

在 Adobe Reader 中打开 PDF 后,可以使用多种工具快速查找信息。如果收到一个 PDF 表单,则可以在线填写并以电子方式提交。如果收到审阅 PDF 的邀请,则可使用注释和标记工具为其添加批注。使用 Adobe Reader 的多媒体工具可以播放 PDF 中的视频和音乐。如果 PDF 包含敏感信息,则可利用数字身份证对文档进行签名或验证。

小提示:PDF 电子书一般分成两种,一种是非扫描版,一种是扫描版。因为 PDF 的电子书可以用扫描纸质书籍的方法创建,也可以先用例如 Word 等软件编辑,再转换成 PDF

格式。前一种方法创建的就是扫描版,不能直接复制文字,后一种方法创建的就是非扫描版,可以直接复制文字。

4.1.3 Adobe Reader 基本操作及实例

Adobe Reader 启动界面如图 4-1 所示,最近打开的文档会显示在界面上。

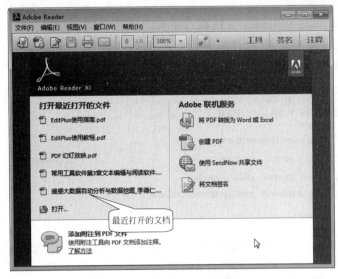

图 4-1 Adobe Reader 启动界面

1. 阅读 PDF 文档

单击菜单栏上"文件"→"打开"命令,在弹出的对话框里选中要打开的文件"中国国家地理(上中下).pdf",如图 4-2 所示。

图 4-2 打开 PDF 文档

图中左侧为导航面板，包括 🔒 安全性设置、🖼 页面缩略图、📎 查看附件。单击"安全性设置"标签将会显示该文档的安全性，如图 4-3 所示，这篇文章的安全性设置是有修改口令，即不允许用户编辑该文档，单击"许可详细信息"，会看到具体的安全性设置，如图 4-4 所示。如果文档没有设置安全性，就看不到安全性设置的按钮。

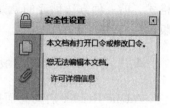

图 4-3   安全性设置

单击"页面"某页缩略图将在文档窗口中显示该页内容，在页面缩略图中，单击右键，可选择缩小缩略图，放大缩略图。

单击"附件"标签，会看到该文档的附件。

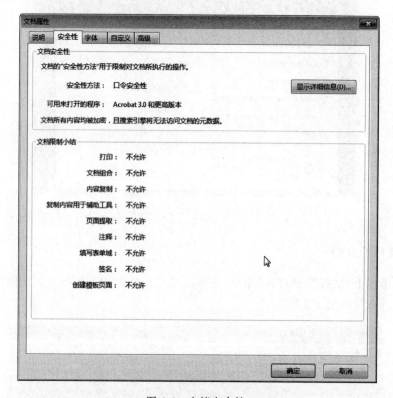

图 4-4   文档安全性

（1）要放大或缩小页面，请使用窗口顶部工具栏中的"缩放""放大率"和"适合"选项，如图 4-5 所示。

图 4-5   工具栏中的"缩放""放大率"和"适合"选项

（2）要转至特定页码，请在"显示上一页"按钮 ⬆ 和"显示下一页"按钮 ⬇ 右侧输入该页码，如图 4-6 中 A 指示的位置。

（3）要直观地进行导览，请单击窗口左上角的"页面缩略图"图标 📄，如图 4-6 中 B 指示的位置。

（4）要跳转至感兴趣的区域，请单击窗口左上角的"书签"图标，如图 4-6 中 C 指示的位置。

（5）要设置滚动和多页面视图选项，请选择"视图"→"页面显示"菜单。

2．在 PDF 中查找信息

（1）搜索页面内容，请执行以下操作：右键单击文档，然后从弹出式菜单中选择"查找"，如图 4-7 所示。在窗口的右上角，输入搜索词，然后单击箭头以导览到每个实例。

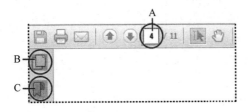

图 4-6　使用这些选项快速导览　　　　　　　　图 4-7　查找

（2）要执行更为复杂的全字匹配、短语、注释以及其他选项搜索，请执行以下操作：在 Reader 应用程序中，选择"编辑"→"高级搜索"。会出现如图 4-8 所示的对话框，如果是在当前文档中查找，就选中"在当前文档中"，如果是所有的 PDF 文档，就选中"所有 PDF 文档，位于："，并且选择文档所在位置，然后在"您要搜索哪些单词或短语"中输入想查找的单词或者短语，如果需要全字匹配，区分大小写，包括书签，包括注释，就在前面的复选框里打钩，再单击"搜索"按钮即可。在搜索窗格的底部，单击"显示更多选项"以进一步自定义搜索。

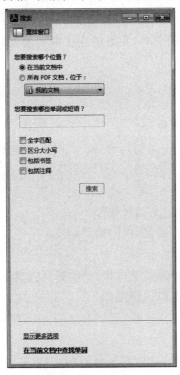

图 4-8　高级搜索

3. 给文档加上注释

可以使用批注和图画标记工具为 PDF 文件添加注释。所有批注和图画标记工具都可用。收到要审阅的 PDF 后,可以使用注释和标记工具为其添加批注。批注工具如图 4-9 所示。

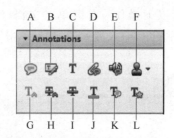

图 4-9　批注面板

A. 添加附注　B. 高亮文本　C. 添加文本注释　D. 附加文件　E. 录音　F. 添加图章工具和菜单　G. 在指针位置插入文本　H. 替换文本　I. 删除线　J. 下画线　K. 添加附注到文本　L. 文本更正标记

用户可以在审阅 PDF 文件时使用不同的批注工具添加注释。例如,添加附注、高亮文本、添加文本注释和删除线。但是该文档的安全性里必须允许可以加注释,上述的 PDF 文档是不允许加注释的。所以这里打开了另外一个 PDF 文档"遥感大数据自动分析与数据挖掘_李德仁.pdf"来添加注释。

单击"注释"按钮,如图 4-10 所示。再单击"批注"面板上的"附注"按钮 ,可对文档加附注,如图 4-11 所示。单击"高亮文本"按钮 ,再选中文字,文字呈高亮状态,如图 4-12 所示。如果需要删除注释与高亮的文本,只需要在注释列表处选择需要删除的注释或者高亮文本,再单击鼠标右键,选择删除。

4. 复制 PDF 中的内容

1) 复制 PDF 中的文本和图像

用户可以轻松地在 Reader 中复制内容,除非 PDF 作者已应用禁止复制功能的安全性设置。

（1）确认允许复制内容

① 右键单击文档,然后选择"文档属性"。

② 单击"安全性"标签,并查看"文档限制小结"。

（2）复制 PDF 中的文本内容

① 右键单击文档,然后从弹出式菜单中选择"选择工具"。

② 拖动以选择文本,或单击以选择图像。

③ 右键单击选定的项目,然后选择"复制",如图 4-13 所示。

（3）复制 PDF 中的图片

将光标移到要复制的图片处,选中要复制的图片,再单击鼠标右键,弹出快捷菜单,选择"复制图像"。

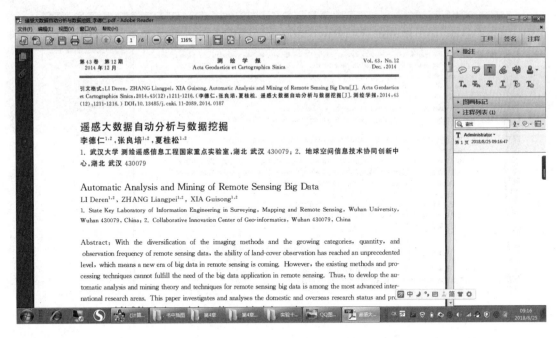

图 4-10　单击注释

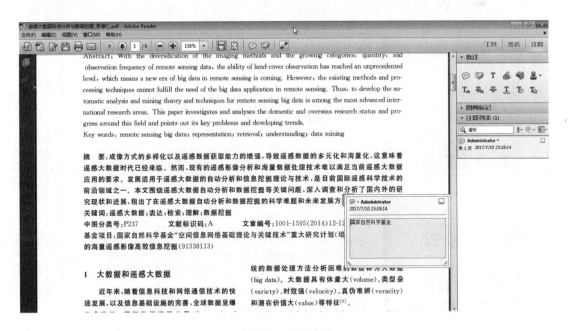

图 4-11　添加附注

（4）复制整个 PDF

选择"编辑"→"复制文件到剪贴板"。

2）复制 PDF 中的区域

"快照"工具将区域复制为图像，用户可以将其粘贴到其他应用程序中。

（1）选择"编辑"→"拍快照"。

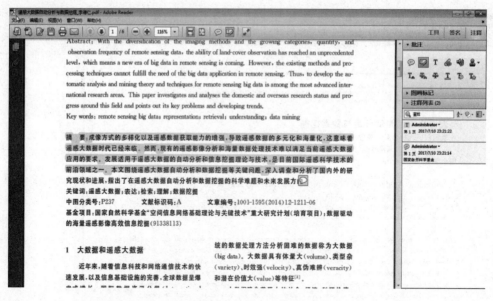

图 4-12　高亮文本

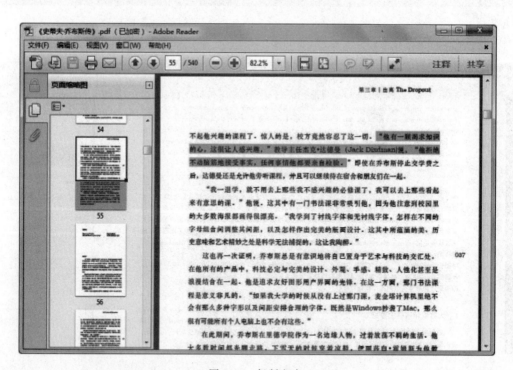

图 4-13　复制文本

（2）在要复制的区域周围拖画一个矩形，然后松开鼠标按键，会弹出一个对话框，提示所选区域被复制，如图 4-14 所示。

（3）按 Esc 键以退出"快照"模式。

在其他应用程序中，选择"编辑"→"粘贴"以粘贴复制的图像。

小提示：有些 PDF 文档是扫描版，即将纸质的书本通过扫描仪扫描到计算机，这样的

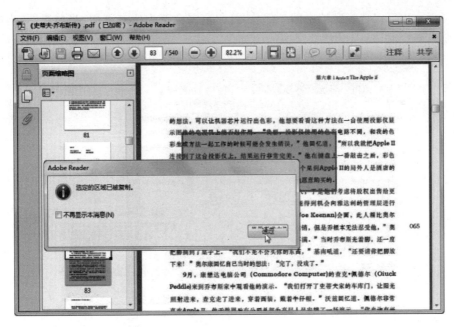

图 4-14 快照工具

文档选中文字后不能直接复制文字，而只能保存成图片，如图 4-15 所示。如果要转为文字，需要使用 4.2 节讲到的 OCR 文字识别工具。

图 4-15 扫描版复制文字

5. 打印文档内容

操作步骤如下：在 Adobe Reader 中打开一个 PDF 文档，单击工具栏中的"打印"按钮，打开"打印"对话框，如图 4-16 所示。可选择打印范围：所有页面、选定的页面、当前页面以及指定页面。也可以选择文档中的一部分,打印范围会变为所有页面、当前视图、当前页面以及指定页面。

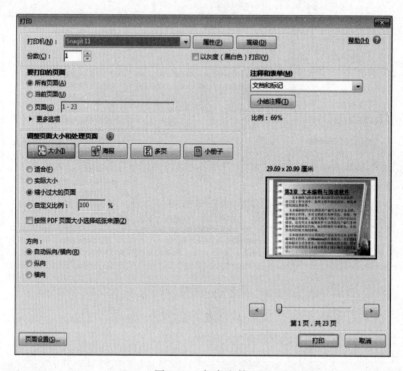

图 4-16　打印文档

在打印文档之前可进行页面设置,单击打印对话框中的"页面设置"按钮,会出现"页面设置"对话框,可设置纸张大小,文字大小,如图 4-17 所示。

小提示:如果需要设置文档安全性,以及编辑文档等,需要使用 Adobe Acrobat Professional 软件。

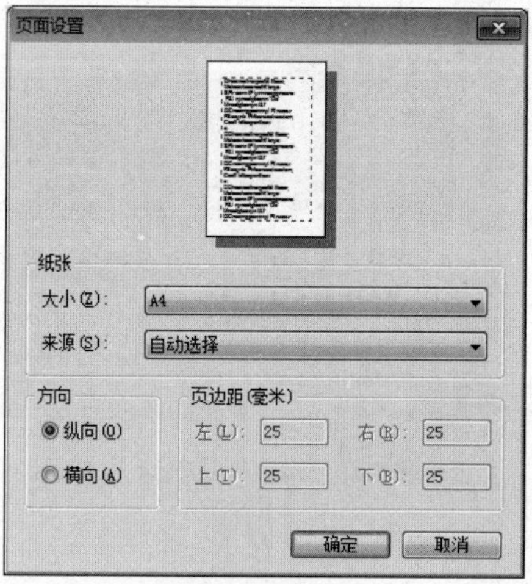

图 4-17　打印页面设置

4.2 OCR 文字识别工具 ABBYY

OCR（Optical Character Recognition，光学字符识别）属于图形识别（Pattern Recognition，PR)技术。该文字识别过程为：影像输入，影像前处理，文字特征抽取，比对识别，最后经人工校正将出错的文字更正，将结果输出。

4.2.1 ABBYY 简介

ABBYY FineReader 是俄罗斯 ABBYY 公司的一款 OCR 识别软件，整合了扫描的功能，只要有扫描仪，就可以直接把纸质文件上的内容扫描成电子文件，然后可以通过 OCR 识别将内容转换成可编辑的 Word、Excel、TXT 等其他格式，可以为用户省去繁重的录入工作，是 Office 自动化的利器。可以识别一百多种语言，还有部分计算机语言。有利器在手，我们当然要把它的强大功能尽可能地发挥出来，这里主要讲一下如何正确使用 ABBYY FineReader 识别图片上的文字以及怎样将 PDF 电子文件转换成可编辑的 Word、TXT 等其他格式文件。

4.2.2 ABBYY 的界面

ABBYY FineReader 的界面具有用户友好性和直观性，且为结果驱动的，用户可以在不进行任何其他培训的情况下使用程序。新用户可以迅速掌握主要功能。

1. 主窗口

下载安装好 ABBYY FineReader 后，启动它，主窗口显示如图 4-18 所示。

（1）页面窗口

在页面窗口中，可以查看当前 FineReader 文档的页面。有两种页面查看模式：图标（显示小图)或文档页面及其属性的列表。从该窗口的快捷菜单可以切换模式，即从"选项"对话框（"工具"→"选项…")的"视图"菜单进行切换。

（2）图像窗口

显示当前页面的图像。可以在这个窗口中编辑图像区域、页面图像和文本属性。

（3）文本窗口

可以在文本窗口中查看已识别的文本。也可以在文本窗口中检查拼写、设置格式和编辑已识别文本。

（4）缩放窗口

缩放窗口显示当前编辑的行或处理的图像区域的放大图像。图像窗口显示的是一般页面视图，而缩放窗口提供了一种查看更详细的图像、调整区域类型和位置或使用放大图比较不确定的字符的轻松途径。用户可以在窗口下方的 📄 | ⊖ 138% ▾ | ⊕ 面板中更改缩放窗口中的图像比例。

提示：按住空格键时，可以使用鼠标在图像和缩放窗口中移动图像。

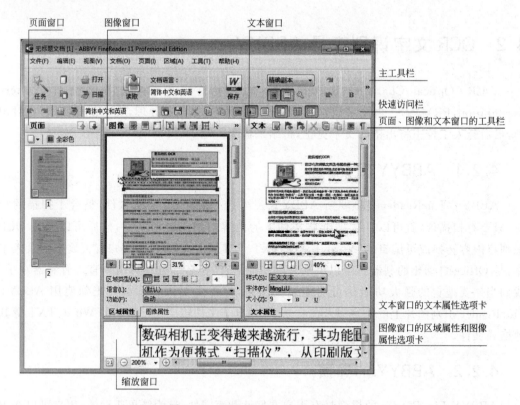

图 4-18　ABBYY FineReader 主窗口

2. 工具栏

ABBYY FineReader 的主窗口中有几个工具栏。工具栏按钮提供对程序命令的快捷访问。使用程序菜单或键盘快捷键可以执行同样的命令。

（1）主工具栏

带有一组针对以下全部基本操作的固定按钮：打开文档、扫描页面、打开图像、识别页面、保存结果等，如图 4-19 所示。

图 4-19　主工具栏

（2）快速访问栏

可以通过在主菜单中添加任何命令的特定按钮来进行自定义，如图 4-20 所示。在默认情况下，主窗口中不显示快速访问栏。要显示此栏，请选择"视图"→"工具栏"下的快速访问栏，或使用主工具栏的快捷菜单。

图 4-20　快速访问栏

（3）页面、图像和文本窗口工具栏

页面、图像和文本窗口工具栏均位于顶部，如图 4-21 所示。在页面窗口工具栏上的按钮无法更改。在图像和文本窗口中，工具栏完全可以自定义。

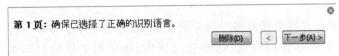

图 4-21　页面、图像和文本窗口工具栏

当程序正在运行时，警告和错误窗格显示错误警告和弹出消息，如图 4-22 所示。

图 4-22　警告和错误窗格

要打开警告和错误窗格，请在"视图"菜单或在主工具栏的快捷菜单中选择"显示警告和错误窗格"。

错误和警告将显示在当前页面窗口中选择的页面上。要滚动警告和错误，请单击"下一步"按钮。

3. 自定义 ABBYY FineReader 工作区

（1）隐藏/显示窗口。

可以临时隐藏不使用的窗口。要隐藏/显示窗口，请使用"视图"菜单选项或键盘快捷键。

① 隐藏/显示页面窗口用 F5 键。

② 隐藏/显示图像窗口用 F6 键。

③ 隐藏/显示图像和文本窗口用 F7 键。

④ 隐藏/显示文本窗口用 F8 键。

⑤ 隐藏/显示缩放窗口用 Ctrl＋F5 组合键。

（2）更改窗口大小。

用鼠标拖动窗口定位架可以更改窗口大小。

（3）更改页面和缩放窗口。

还可以更改页面和缩放窗口的位置。使用"视图"菜单或窗口快捷菜单中的命令即可。

（4）警告和错误面板。

可以自定义运行程序时显示警告消息和错误消息的方式。"视图"菜单中的显示警告和错误窗格命令可以打开或关闭警告和错误面板。

（5）显示/隐藏"属性"面板。

要在图像或文本窗口中显示/隐藏"属性"面板，请在窗口的任意位置单击右键，然后从快捷菜单中选择"属性"。此外，可以单击窗口底部的 ⊼/⊽ 按钮。

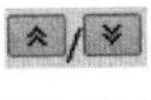

（6）有些窗口设置可以在"选项"对话框的"查看"选项卡上自定义。

4. 界面语言

界面语言在安装 ABBYY FineReader 时选择。将使用该语言写入所有消息，对话框、按钮、程序菜单项的名称也以该语言显示。用户可以在运行程序时切换界面语言。

要切换界面语言,请按照以下说明进行操作。

(1)打开"选项"对话框上的"高级"选项卡("工具"→"选项…")。

(2)从"文档语言"下拉菜单中选择所需的语言。

(3)单击"确定"按钮。

(4)重新启动 ABBYY FineReader。

5."选项"对话框

"选项"对话框包含用于管理多个选项的设置,这些选项用于打开、扫描文档及以不同格式保存文档、自定义程序窗口外观、选择首选语言、指定源文档的打印类型和程序界面语言等。

特别提醒:选项对话框位于"工具"→"选项…"菜单下。还可以从选项工具栏、以不同格式保存数据的对话框、用于打开图像的对话框以及工具栏的快捷菜单访问"选项"对话框。

"选项"对话框有 6 个选项卡,每个选项卡包含特定程序功能的选项,如图 4-23 所示。

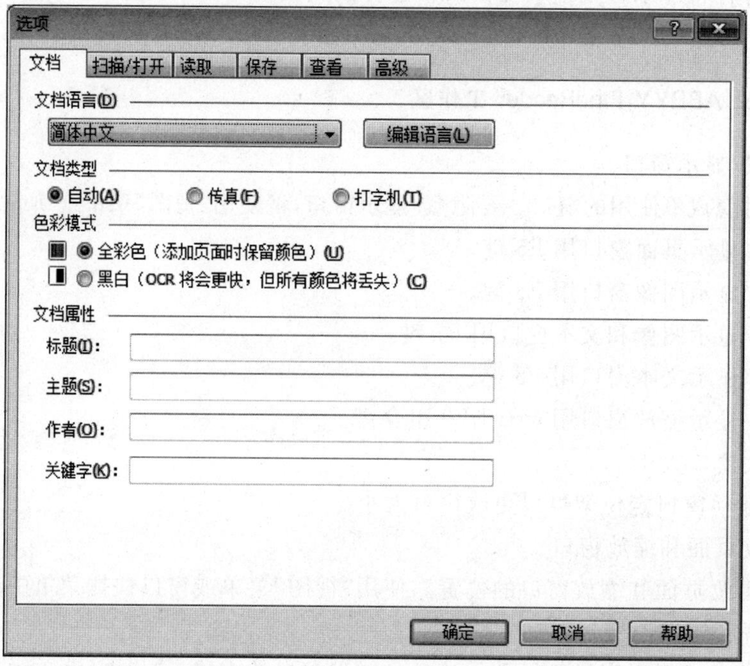

图 4-23 "选项"对话框

(1)文档。使用此选项自定义以下项目。

① 文档语言(写入输入文档使用的语言);

② 文档类型;

③ 色彩模式;

④ 文档属性(文件名、作者、关键字)。

该选项卡还会显示活动的 ABBYY FineReader 文档的路径。

(2)扫描/打开。使用此选项自定义自动文档处理的一般选项,以及扫描和打开文档时的预处理图像设置,例如,启用/禁用如下功能。

① 自动分析文档布局(识别布局区域和类型);

② 自动图像转换;

③ 自动图像预处理;

④ 自动识别页面方向;

⑤ 自动分隔对页。

也可以选择扫描仪驱动程序和扫描界面。

(3) 读取。该选项卡包含以下识别选项。

① 识别可以设为"快速"或"完全";

② 用户模式是否应用于OCR;

③ 用户模式和语言的存储位置;

④ 识别文本中要使用的字体;

⑤ 是否识别条码。

(4) 保存。此选项可以用于选择输出文档的保存格式。

(5) 查看。此选项包含:

① 页面(缩略图或详细信息)窗口中的页面视图设置;

② 文本窗口包含突出显示不确定的字符和单词(以及突出显示的颜色)、是否显示不可打印的字符(如换行符)以及显示纯文本使用的字体的选项;

③ 外框图像窗口中各种类型区域的边框的颜色和厚度的设置。

(6) 高级。用户可以在此处:

① 为不可靠的识别字符选择验证选项;

② 指定是否应该纠正标点符号前后的空格;

③ 查看和编辑用户字典;

④ 选择FineReader菜单和消息的语言;

⑤ 指定当开启应用程序时,是否应打开最后一个ABBYY FineReader文档;

⑥ 指定是否应在单独的面板中显示文档警告;

⑦ 选择是否愿意参加ABBYY软件改进计划;

⑧ 将选项重置为程序默认值。

4.2.3　ABBYY的使用

1. ABBYY FineReader快速任务

使用ABBYY FineReader处理文档的执行顺序一般相同,例如,先扫描和识别文档,然后以特定格式保存结果。为了执行最常用的任务,ABBYY FineReader提供了快速任务,使用户只需单击鼠标即可识别文本。

从新建任务窗口可以启动快速任务,默认情况下在加载应用程序后将打开快速任务。如果新建任务窗口已关闭,请单击主工具栏,然后单击"新建任务"按钮,如图4-24所示。

在新建任务窗口中,选择所需的任务:

(1) 打开常用窗口中的"新建任务"选项卡以访问快速任务,其中包含最常用的使用

图 4-24　新建任务窗口

方案。

　　① 从该窗口上部的"文档语言"下拉菜单中选择文档语言。

　　② 在"色彩模式"下拉列表中,选择"全彩色"或"黑白"。

　　• "全彩色"保留了原始图像颜色;

　　• "黑白"将图像转换为黑白图像,从而减小了 ABBYY FineReader 文档的大小,提升了 OCR 的速度。

　　特别提醒:当文档转换为黑白之后,不能再恢复为彩色。要获取彩色文档,请打开带有彩色图像的文件或在彩色模式中扫描纸质文档。

　　③ 单击相应的任务按钮:

　　• 扫描到 Microsoft Word:扫描纸质文档,然后将其转换为 Microsoft Word 文档。

　　• 文件(PDF/图像)至 Microsoft Word:将 PDF 文档和图像文件转换为 Microsoft Word 文档。

　　• 扫描并保存图像:扫描文档并保存生成的图像。一旦扫描完成,对话框即打开以提示用户保存图像。

　　• 扫描到 PDF:扫描纸质文档,然后将其转换为 Adobe PDF 文档。

　　• 照片至 Microsoft Word:将数码照片转换为 Microsoft Word 文档。

　　• 扫描:扫描纸质文档。

　　• 打开:打开 PDF 文档或图像文件。

　　• 创建文档…:创建新的 ABBYY FineReader 文档。

　　④ 在选定的应用程序中将打开包含已识别文本的新文档。完成扫描并保存图像任务时将打开保存图像的对话框。

　　特别提醒:当运行快速任务时,数据根据程序的当前选项进行转换。如果已经更改了应用程序选项,重新运行任务以根据新的选项识别文本。

　　(2) 单击 Microsoft Word 任务。

　　Microsoft Word 窗口中的"新建任务"选项卡上的任务可以帮助用户将文档转换为

Microsoft Word 文档。

（3）Adobe PDF 任务。

位于 Adobe PDF 窗口中的"新建任务"选项卡上的任务可以帮助用户将各种图像转换为 Adobe PDF 格式。

2. ABBYY FineReader 文档常规操作

一个 ABBYY FineReader 文档包含源文档图像和已识别的文本。

ABBYY FineReader 文档常规操作，提供如何打开、删除、关闭和保存文档或文档选项的信息。处理 ABBYY FineReader 文档时，用户可以完成以下操作。

（1）创建新文档

① 单击"文件"→"新建文档"；

② 在主工具栏上，单击 ▢ 按钮。

（2）打开文档

① 单击"文件"→"打开 FineReader 文档…"；

② 在打开文档对话框中，选择要打开的文档。

（3）删除当前文档的页面

① 在页面窗口中，选择要删除的页面，然后从页面菜单中选择"从文档中删除页面"；

② 在页面窗口中，右键单击要删除的页面，然后从快捷菜单中选择"从文档中删除页面"；

③ 在页面窗口中，选择要删除的页面，然后按 Delete 键。

要选择多个页面，请按住 Ctrl 键并依次单击要删除的页面。

（4）保存当前文档

① 在"文件"菜单上，单击"保存 FineReader 文档…"；

② 在保存文档对话框中，输入文档的名称并指定存储位置。

注：保存 ABBYY FineReader 文档将保存页面图像、已识别文本、训练模式和用户语言（如果有）。

（5）关闭当前文档

① 要关闭当前文档的某个页面，选择该页，然后从"文件"菜单中选择"关闭当前页面"。

② 要关闭整个文档，请从"文件"菜单中选择"关闭 FineReader 文档"。

3. ABBYY FineReader 逐步操作

要识别结构复杂的文档，可以手动自定义和启动每个处理阶段。向 ABBYY FineReader 添加文档的过程由 4 个阶段组成：获取图像、识别图像、检查图像、保存识别结果。本部分包含这 4 个阶段的每一个阶段的信息。

1）获取图像

要开始执行 OCR 过程，ABBYY FineReader 需要获取文档的图像。可通过数种方法来创建图像，包括：

（1）扫描纸质文档；

（2）打开现有的图像文件或 PDF 文档；

（3）使用相机对文本拍照。

2）识别

ABBYY FineReader 使用光学字符识别技术将文档图像转换为可编辑的文本。在执行 OCR 前，程序会分析整个文档的结构，并检测包含文本、条码、图像和表格的区域。

默认为自动根据当前的程序设置识别 ABBYY FineReader 文档。

特别提醒：从"选项"对话框（"工具"→"选项…"）的"扫描/打开"选项卡可以禁用对新增的图像自动执行分析和 OCR。

（1）调整区域形状和区域边框。

在识别前，程序会分析并突出显示不同的区域类型，例如文本、图像、表格和条码。不同类型的边界区域以不同颜色区分。

突出显示的区域为活动区域。单击一个区域以使其为活动区域。可使用选项卡键浏览这些区域。每个区域均有编号。这些编号确定了导航顺序。默认情况下，图像窗口中不会显示区域的原始编号——通过选择区域重新编号可以启用这项功能。

（2）调整区域边界。

① 将鼠标指针放在区域边框上。

② 单击鼠标左键并按所需方向拖动。

③ 操作完成时释放鼠标按键。

注：将鼠标指针放在区域的角上，可以同时调整该区域的垂直边框和水平边框。

（3）删除区域。

① 选择 ▣ 工具并单击要删除的区域。

② 选择要删除的区域然后单击快捷菜单中的删除区域。

③ 选择要删除的区域，然后按 Delete 键。

④ 要删除所有区域：从图像窗口快捷菜单中选择"删除所有区域和文本"。

特别提醒：删除已识别图像中的一个区域，将删除对应的文本窗口中的所有文本。

（4）在某些情况下，可以手动启动 OCR 过程。例如，如果禁用了自动识别，可以手动选择图像上的区域，手动启动 OCR 过程：

① 单击主工具栏上的"读取"按钮；

② 从"文件"菜单中选择"读取"。

3）检查和编辑

识别结果显示在文本窗口中。在该窗口中，不确定的字符以某种颜色突出显示。这样便于定位可能存在的错误并迅速进行更正。

用户可以直接在文本窗口中编辑输出文档，或使用内置的"验证"对话框（"工具"→"验证…"）来浏览不确定的单词、查找拼写错误、向词典中添加新词以及更改词典语言。

（1）在文本窗口中检查文本

用户可以在文本窗口中检查、编辑识别结果和设置识别结果的格式。

使用该窗口上方的文本窗口工具栏可以打开"验证"对话框。该对话框可以激活拼写检查，也可以使用文本窗口中的"拼写检查程序控制"按钮运行拼写检查。

使用 ◣/◢ 按钮转至下一个/上一个不确定的单词或字符。如果不确定的字符没有突出显示，请单击文本窗口工具栏上的 🔳 按钮。

要在文本窗口中检查不确定的单词：

① 在文本窗口中单击该单词，图像窗口中将显示该单词的位置，在缩放窗口中可以看到该单词的放大图。

② 根据需要在文本窗口中对该单词进行更改。

这种方法对于需要比较原始文档和生成文档的情况十分方便。

（2）检查"验证"对话框

用户可从"验证"对话框（"工具"→"验证…"）中检查带有不确定字符的单词。

4）保存结果

识别结果可以保存至一个文件、发送至另一应用程序、复制到剪贴板或通过电子邮件发送。用户可保存整个文档或仅保存选定页面。

特别提醒：确保在单击"保存"按钮之前选择合适的保存选项。

（1）要保存已识别的文本：从主工具栏的下拉菜单中选择格式保存模式。

① 精确副本

获取生成格式与原始格式一致的文档。

建议对布局复杂的文档使用该选项，如宣传手册。但请注意，该选项会限制更改输出文档的文本和格式的功能。

② 可编辑的副本

生成格式可能与原始格式略微不同的文档。以这种模式生成的文档易于编辑。

③ 带格式文本

保留字体、字体大小和段落，但不会保留页面上对象的确切间距或位置。将生成左对齐的文本。从右至左读取的文本将进行右对齐。

注：在该模式下竖排文本将变为横排文本。

④ 纯文本

该模式不保留文本格式。

（2）以不同格式保存结果。

文件菜单提供已识别文本的不同保存方法的选择。用户也可以将已识别文本发送至各应用程序。

4. ABBYY 的使用实例

用 ABBYY 识别图片上的文字，并保存为文本文件。

（1）运行 ABBYY FineReader，关闭任务窗口。

（2）设置"文档语言"。

单击"工具"→"语言编辑器"，选择处理文档中含有的语言，一般选择简体中文和英语即可，如图 4-25 所示。

（3）单击"文件"→"打开 PDF 文件/图像"，选择要打开的文字图片文件 1.jpg。

（4）ABBYY 在打开图片文件的同时就进行识别，如图 4-26 所示。

（5）完成识别后的界面如图 4-27 所示。

图 4-25　语言编辑器

图 4-26　正在识别打开的图片

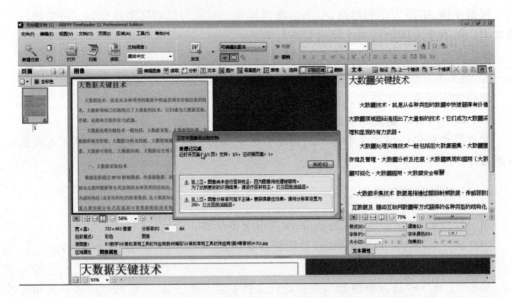

图 4-27　图片中文字识别完成

5. 图像修正

因为扫描页有时候会有倾斜、对比度不好、变形等问题，那么对图像修正一下可以大幅度提高识别的准确率。单击如图 4-28 所示的"打开图像编辑器"链接，进入图像编辑器界面（如图 4-29 所示）进行修正，调整完以后单击右上角的"退出图像编辑器"按钮就可以回到上一界面。

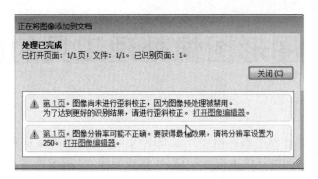

图 4-28　打开图像编辑器提示框

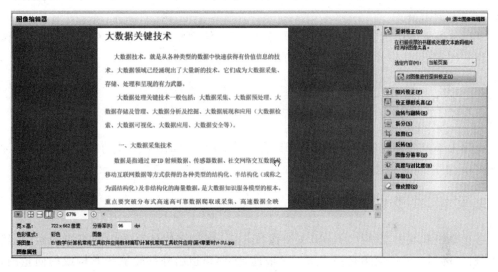

图 4-29　图像编辑器界面

6. 文件保存

识别完毕以后，选择菜单"文件"→"将文档另存为"→"文本文档"（如果需要保存为其他格式可以自己选择），进行保存。

注意事项：

（1）OCR 识别是肯定会存在错误的，所以识别转换完成以后记得要和原文核对。

（2）设置语言种类越少识别率越高，就是说如果文件只有中文的话，那么就设置中文一种语言，不要选择其他语言，这样识别速度也会提高。

（3）ABBYY 理论上可以转换非加密的任意 PDF 文件，但是如果扫描件的分辨率或者清晰度比较差，是不能被正确识别转换的。

（4）ABBYY 进行识别的时候比较耗内存，如果文件页数比较多，建议使用配置较高的计算机进行识别转换处理。

第5章 图形图像处理工具的应用

随着数码相机、iPad和手机等电子产品的普及,人们越来越喜欢将自己的生活或学习的活动拍成照片,传输到计算机上进行存储、欣赏或处理,也越来越多地接触到有关图形图像浏览、管理、编辑、处理的软件,以及制作贺卡、制作电子相册类的软件。这类软件因小巧实用、操作简单、效果人性化、立即呈现的特点,常常受到用户的欢迎,也为人们的生活和学习增添了不少乐趣。

本章从图形图像基础知识入手,主要学习浏览/管理软件、图像/视频捕获软件、图像编辑处理软件、图形编辑处理软件等常见的图形图像处理软件。

5.1 图形图像基本知识

在深入学习各种图形图像编辑处理软件之前,先要掌握图形图像的相关基础知识,才有助于更快、更准确地编辑和处理图像。

5.1.1 矢量图和位图

在计算机领域内,图形(Graph)和图像(Image)都是多媒体系统中的可视元素,虽然它们很难区分,但二者确实不是一回事。一般地,图形是指由外部轮廓线条构成的向量图,即矢量图形。图像则是指由许多点阵构成的点阵图,即位图图像,在特定的领域有时也称光栅图。二者主要在于计算机的生成和表示方式不同。

(1) 矢量图(Vector Drawn)是根据几何特性来绘制的。它使用直线和曲线来描述图形,这些图形元素是一些点、线、矩形、多边形、圆和弧线等。

(2) 位图(Bitmap)也称为像素图、点阵图,它由单个像素点或点的网格组成,这些点可以进行不同的排列和染色以构成图样。当放大位图时,可以看见构成整个图像的无数单个小方格,这些小方格称为像素点,一个像素点是图像中最小的图像元素。

5.1.2 像素与图像分辨率

像素(Pixel)是构成点阵图的基本单位。它由许多个大小相同的像素沿水平方向和垂直方向按统一的矩阵整齐排列而成,其像素大小是指图像在水平和垂直两个方向上的像素数。像素数也是一个点阵图精致与粗糙的决定因素,在相同的图像文件格式和相同的位深度的情况下,一个点阵图包含的像素越多,它的图像文件就越大,所要占据的存储器空间也越大。一般在没有明确说明的情况下,图片尺寸的单位都是像素。比如宽度和高度均为100 像素的图片,其像素数是 10000 像素。

图像分辨率指图像中存储的信息量,是每英寸图像内有多少个像素点。常规情况下,分辨率的单位为 PPI(Pixels Per Inch,每英寸的像素数);也有以 PPC(Pixel Per Centimeter,每厘米的像素数)来衡量的。图像分辨率和图像尺寸(高宽)的值一起决定文件的大小及输出的质量,该值越大,图像文件所占用的磁盘空间也就越多。比如一张分辨率为 640 像素×480像素的图片,它的分辨率就达到了 307200 像素,也就是 30 万像素。

5.1.3 图像文件的格式

图像文件格式是记录和存储图形图像信息的格式。对图像进行存储、处理、传播,必须采用一定的图像格式,常见的图像格式有 BMP 格式、GIF 格式、JPEG 格式、TIFF 格式、PNG 格式等。

1. BMP 格式

BMP(Bitmap 位图格式)是 Windows 操作系统中的标准图像文件格式。BMP 采用位映射存储格式,除了图像深度可选以外,不采用其他任何压缩。因此,BMP 文件所占用的存储空间很大,不利于在网络中传输。

2. GIF 格式

GIF(Graphics Interchange Format,图像交换格式)是一种基于 LZW 算法连续色调的无损压缩格式,用来最小化文件大小和最快化文件传输时间。GIF 文件格式普遍用于现实索引颜色和图像,支持多图像文件和动画文件。

3. JPEG 格式

JPEG(Joint Photographic Experts Group,联合图片专家组)是目前所有格式中压缩率最高的格式。JPEG 格式保留 RGB 图像中的所有颜色信息,通过选择性地去掉数据来压缩文件,因此印刷时不宜采用这种格式。

4. TIFF 格式

TIFF(Tagged Image File Format,标记图像文件格式)用于在应用程序之间和计算机平台之间交换文件。TIFF 是一种灵活的图像格式,被所有绘画、图像编辑和页面排版应用程序支持。几乎所有的桌面扫描仪都可以生成 TIFF 图像。

5. PSD 格式

PSD(Photoshop Document)是图像处理软件 Photoshop 的专用格式。PSD 文件是目前唯一能够支持全部图像色彩模式的格式,还可以存储 Photoshop 中所有的图层、通道、参考线、蒙版和颜色模式等信息,因此比其他格式的图像文件要大得多。由于 PSD 文件保留所有原图像数据信息,因而修改起来较为方便,常用于尚未制作完成时选用的图像格式。

6. PDF 格式

PDF(Portable Document Format,便携式文件格式)是 Adobe 公司开发的电子文件格式。PDF 可以将文字、字型、格式、颜色及独立于设备和分辨率的图形图像等封装在一个文件中。该格式文件还可以包含超文本链接、声音和动态影像等电子信息,支持特长文件,集成度和安全可靠性都较高。

7. PNG 格式

PNG(Portable Network Graphics,便捷式网络图像)格式是一种无损压缩的位图图形格式。其设计目的是试图替代 GIF 和 TIFF 文件格式,同时增加一些 GIF 文件格式所不具备的特性。

5.1.4　图像的颜色模式

颜色模式,是将某种颜色表现为数字形式的模型,或者说是一种记录图像颜色的方式。同时,颜色模式也是图像作品能够在屏幕和印刷品上成功表现的重要保障。经常使用到的颜色模式有 RGB 模式、CMYK 模式、HSB 模式、Lab 颜色模式、灰度模式、位图模式。另外,还有索引颜色模式、双色调模式和多通道模式等。每种颜色模式都有不同的色域,并且各个模式之间可以转换。

1. RGB 颜色模式

RGB 颜色模式是一种加色模式。虽然可见光的波长有一定的范围,但在处理颜色时并不需要将每一种波长的颜色都单独表示。因为自然界中所有的颜色都可以用红、绿、蓝(RGB)这三种颜色波长的不同强度组合而得到,这三种光常称为三基色或三原色。

2. CMYK 模式

CMYK 颜色模式是一种印刷模式。其中,CMYK 分别指青(Cyan)、洋红(Magenta)、黄(Yellow)、黑(Black),在印刷中代表 4 种颜色的油墨。CMYK 模式产生色彩的原理不同,是由光线照到有不同比例 C、M、Y、K 油墨的纸上,部分光谱被吸收后,反射到人眼的光产生颜色。

3. HSB 颜色模式

HSB 颜色模式是基于人对颜色的心理感受的一种颜色模式。HSB 颜色模式是由 RGB 三基色转换为 Lab 模式,再在 Lab 模式的基础上考虑了人对颜色的心理感受这一因素而转换成的。

4. Lab 颜色模式

Lab 颜色模式是一种设备无关的颜色模式,也是一种基于生理特征的颜色模式。Lab 颜色是由 RGB 三基色转换而来的,是由 RGB 模式转换为 HSB 模式和 CMYK 模式的桥梁。

5. 位图模式

位图模式是基于黑和白两种颜色的模式。位图模式的图像用两种颜色(黑和白)来表示图像中的像素,也叫作黑白图像。

6. 灰度模式

灰度模式是一种单一色调描述图像的模式。其中,灰度色就是指纯白、纯黑以及两者中的一系列从黑到白的过渡色。

5.2　图像浏览管理软件

在日常工作和学习的过程中,可能经常跟一些图片打交道,或浏览、或管理、或处理。这时,可以借助于一些简单易用的浏览管理软件来帮忙。目前这类软件有很多,比如ACDSee、Google Picasa、美图看看等。其中,ACDSee 应该是这类软件中功能最强大的,不仅可以用来浏览、管理图片,还可以对图片进行简单的处理。与一些专业的图像处理软件相比,ACDSee 简单人性化的操作更适合于一般的非专业人士使用。本节主要学习图像浏览管理软件——ACDSee。

5.2.1　ACDSee 简介

ACDSee(ACDSee Photo Manager)是 ACD Systems 开发的一款看图工具软件,提供良好的操作界面,简单人性化的操作方式,优质的快速图形解码方式,支持丰富的图形格式,强大的图形文件管理功能等,广泛应用于获取、管理、浏览、优化,甚至和他人分享,是目前非常流行的看图工具软件之一。大多数计算机爱好者都使用它来浏览图片,ACDSee 支持性强,能打开包括 ICO、PNG、XBM 在内的二十余种图像格式,甚至近年在互联网上十分流行的动画图像档案都可以利用 ACDSee 来欣赏。

使用 ACDSee 可以从数码相机和扫描仪高效获取图片,能快速、高质量地显示图片,进行便捷的查找、组织和预览。ACDSee 还能处理如 MPEG 之类常用的视频文件。此外,ACDSee还可以编辑图片,可以轻松处理数码影像、去除红眼、剪切图像、锐化、浮雕特效、曝光调整、旋转、镜像等,还能进行批量处理。这里主要学习 ACDSee 18 简体中文版的基本操作。

5.2.2　ACDSee 基本操作

启动 ACDSee 18,默认打开"管理"窗口,如图 5-1 所示。"管理"窗口沿袭了经典的左中右布局方式,依次分布着文件夹窗口和预览窗口、浏览窗口和编目窗口,用户可以根据需要关闭某些窗格以调整窗口可视区域的大小。主要功能和窗口区域介绍如下。

(1) 功能切换按钮:选择按钮可以在管理、查看、编辑三大窗口之间切换。

(2) 文件夹窗口:ACDSee 采用了与操作系统相同的风格来显示文件夹目录树,可以方便快捷地选择浏览文件夹。

(3) 预览窗口:在浏览窗口中选中其中的一个图片,可在预览窗口中预览该图片,还可

"预览"窗口　　　"文件夹"窗口　　浏览窗口　功能切换

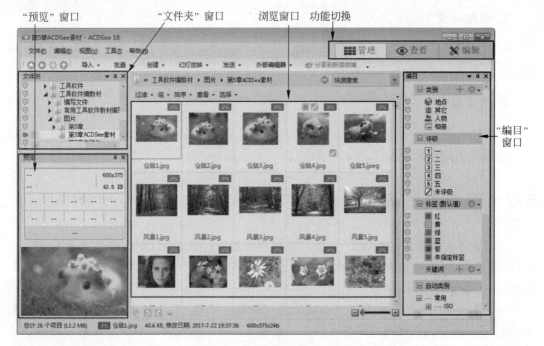

"编目"窗口

图 5-1　管理窗口

以在预览选项中选择预览窗口显示的信息。

（4）浏览窗口：浏览选中文件夹中所有图片，在文件列表工具栏中可选择过滤方式、分组方式、排序方式、查看方式来显示。

（5）编目窗口：就是早期版本的"整理"窗口，可选择类别、评级、标签等选项查看图片。

1．浏览功能

ACDSee 的浏览功能是最负盛名的。"文件夹"窗口根据用户的选择显示文件夹的树状结构，同时，在浏览窗口中显示相应文件夹中的图片。单击其中的一张图片，可在"预览"窗口中预览该图片。双击此图片打开"查看"窗口查看大图效果，单击"上一个"或"下一个"按钮可在图片间切换，如图 5-2 所示。

（1）"轻松选择"文件夹

ACDSee"文件夹"窗口显示了计算机上全部文件夹的目录树，目录树左侧的一列垂直复选框就是"轻松选择"栏，在"编目"窗口中也有。单击"轻松选择"栏中的复选框，即可轻松选择多个文件夹，并在"浏览"窗口中显示选定文件夹中的内容，如图 5-3 所示。

（2）浏览"快捷方式"文件

"快捷方式"是 ACDSee 18 版本才有的一种称法，之前版本称其为"收藏夹"。选择浏览窗口中自己喜欢的图片添加到 ACDSee 的"快捷方式"中，需要查看时只需打开"快捷方式"窗口，单击相应的快捷方式即可快速浏览，具体操作如下。

步骤 1：在"文件列表"窗口中选择自己喜爱的文件右击，在弹出的快捷菜单中选择"添加到快捷方式"命令，如图 5-4 所示。

图 5-2 查看窗口

图 5-3 "轻松选择"文件夹

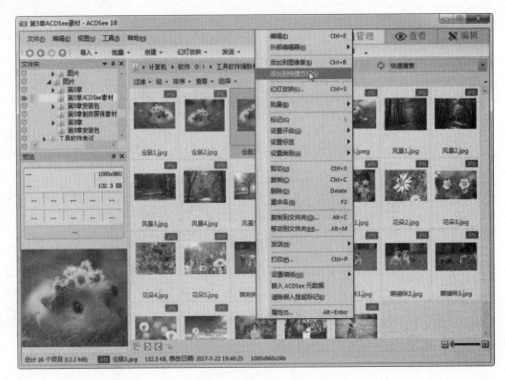

图 5-4　添加到快捷方式

步骤 2：在弹出的"添加快捷方式"对话框中设定快捷方式名称，以便下次浏览，如图 5-5 所示。

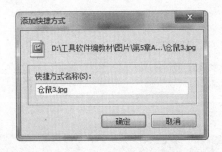

图 5-5　"添加快捷方式"对话框

步骤 3：在"视图"菜单中选择"快捷方式"命令显示"快捷方式"窗口，在"快捷方式"窗口中单击需要的文件夹名（或文件名）即可快速浏览，如图 5-6 所示。

2．管理功能

ACDSee 管理功能是又一核心功能，可对"文件列表"中的图片进行分类整理、批量格式转换、批量重命名、移动或复制到文件夹、添加到图像筐等操作。选中待管理的图片，选择"编辑"菜单或右击弹出的快捷菜单中相应的菜单命令，即可完成操作。

（1）分类整理

ACDSee"文件列表"窗口中显示了选定文件夹中的所有图片文件或文件夹，选择需要

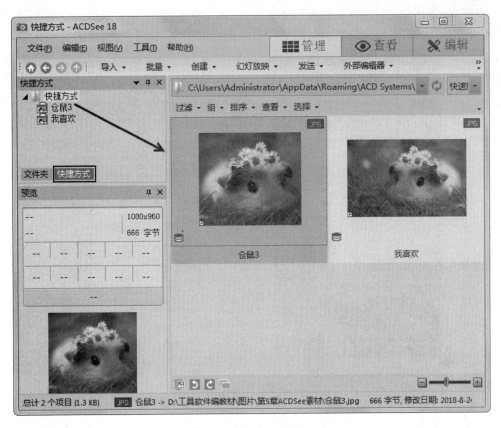

图 5-6 "快捷方式"窗口

分类的多张图片,右键单击选择"设置类别"菜单命令,在级联菜单中选择相应分类,也可新建分类,具体操作如下。

步骤 1:新建分类。选择任一张图片,单击右键选择"设置类别"→"新建分类"菜单命令,弹出"创建类别"对话框。选择新建顶层类别或某一顶层类别中的子类别,输入类别名称,选择类别图标,单击"确定"按钮即可创建,如图 5-7 所示。

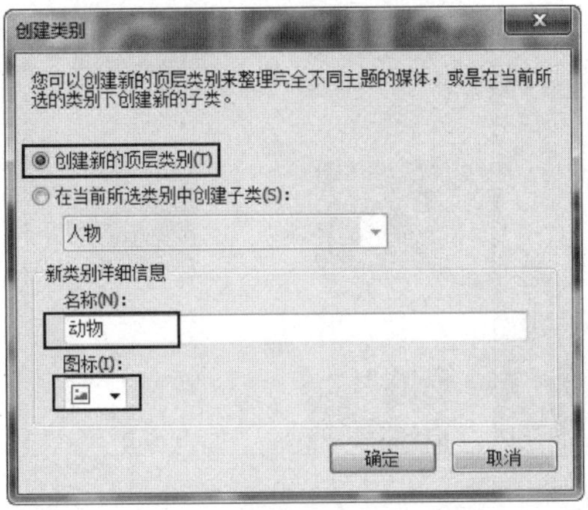

图 5-7 "创建类别"对话框

　　步骤 2：选择分类。选择同类型的多张图片，单击右键选择"设置类别"→"动物"菜单命令，即可设置"动物"类别，也可选择"取消归类所选全部项目"取消分类，如图 5-8 所示。

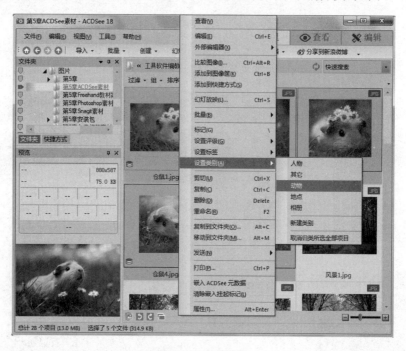

图 5-8　设置类别

　　步骤 3：查看。选择"视图"→"编目"菜单命令，打开"编目"窗口，选择"动物"类别，在"文件列表"中显示分类的图片，如图 5-9 所示。

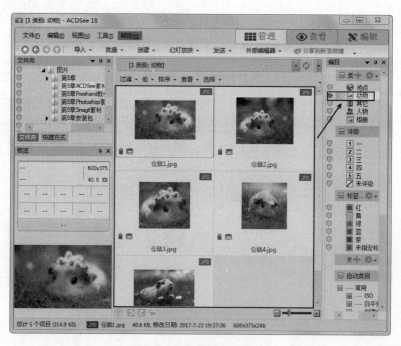

图 5-9　类别显示

（2）批量格式转换

在ACDSee"文件列表"窗口中选择需要转换的多张图片，右键单击选择"批量"→"转换文件格式"菜单命令进行批量转换，具体操作如下。

步骤1：选择文件格式。选择多张图片，单击右键选择"批量"→"转换文件格式"菜单命令，弹出"批量转换文件格式"对话框，选择输出文件的格式，单击"下一步"按钮，如图5-10所示。

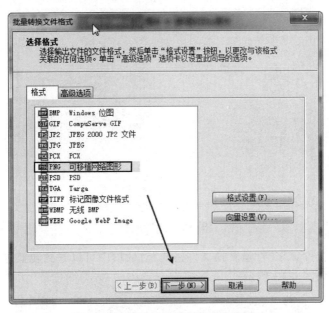

图5-10　"批量转换文件格式"对话框

步骤2：设置输出选项。在"批量转换文件格式"对话框中，设置转换后文件存放的目标文件夹，并指定如何处理同名的文件，单击"下一步"按钮，如图5-11所示。

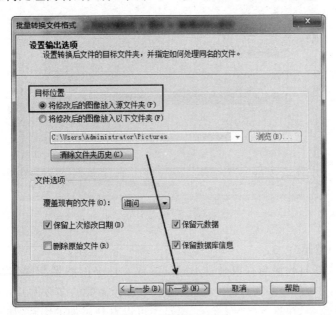

图5-11　设置输出选项

步骤 3：设置多页选项。在"批量转换文件格式"对话框中选择默认设置，单击"开始转换"按钮，如图 5-12 所示。

图 5-12　开始转换

步骤 4：转换文件。在"批量转换文件格式"对话框中可以看到转换进度，单击"完成"按钮完成批量转换，如图 5-13 所示。

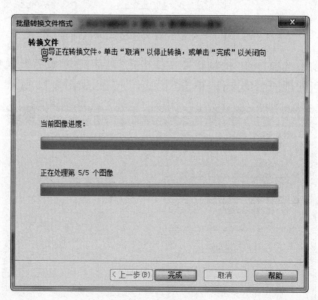

图 5-13　转换完成

（3）添加到图像筐

"图像筐"用来临时收集与存放来自不同位置或文件夹的图像与媒体文件，方便对文件进行各种编辑操作。在 ACDSee"文件列表"窗口中选择需要的多张图片，右键单击选择"添加到图像筐"菜单命令，在打开的"图像筐"窗口中可以看到添加的图片，如图 5-14 所示。

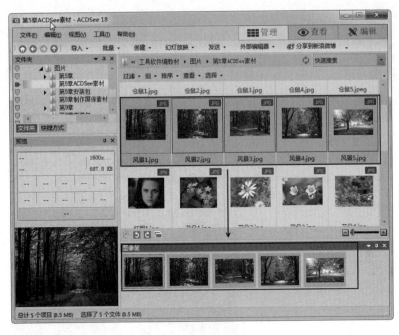

图 5-14 图像筐窗口

3. 编辑功能

ACDSee 还提供了简单的图像处理操作。若要对图像进行编辑修改，可以在管理或查看工作方式下选中要编辑的图片，单击功能切换区的"编辑"按钮切换，进入编辑窗口，如图 5-15 所示。在编辑窗口中，可以编辑图像的曝光度、亮度、对比度、阴影/加亮、色偏、RGB、HSL、灰度、去红眼、模糊遮罩、降噪、放大、缩小等。

图 5-15 编辑功能

（1）调整曝光度

选择"曝光"命令进入曝光度调整页面，工作窗口如图 5-16 所示。设置完毕，单击"完成"或"应用"按钮即可。亮度、对比度、阴影/加亮、色偏、RGB、HSL、灰度的调整操作和曝光度调整操作类似，用户可根据需要选择或设置调整参数。

图 5-16　调整曝光度

（2）旋转图像

单击"旋转"命令进入旋转工作窗口。设置图像的旋转角度、旋转的背景色、是否自动裁剪等参数，单击"完成"按钮完成旋转操作，如图 5-17 所示。

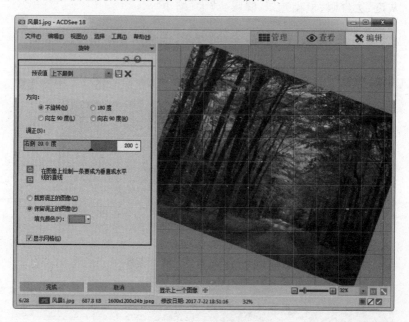

图 5-17　旋转窗口

（3）图像的裁剪

单击"裁剪"进入裁剪工作窗口。设置裁剪的参数和区域，单击"完成"按钮完成裁剪操作，如图 5-18 所示。

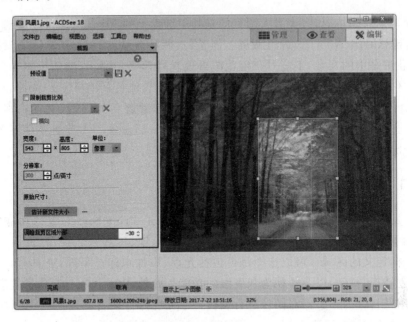

图 5-18　裁剪窗口

（4）添加文本

单击"文本"命令进入添加文本工作窗口。设置文本的内容、文本的字体、对齐方式和显示效果等，单击"完成"按钮，如图 5-19 所示。

图 5-19　添加文本窗口

5.3　图像视频捕获软件

遇到屏幕捕获的情况,大多数人想到的是利用键盘上的 Print Screen 功能键,或者利用 QQ 的组合键(Ctrl＋Alt＋A)进行截屏。但是,这两种方法存在着弊端:不能捕获滚动屏幕,不能捕获屏幕中的文本,不能对获得截图再编辑操作等。那么,我们可以借助于一款合适的截图软件来完成。目前,截图软件多达上百种,比较流行的有 HyperSnap、红蜻蜓抓图精灵、Snagit。其中,Snagit 是 Windows 环境下一款非常著名的屏幕、文本和视频捕获、编辑与转换软件,可以捕捉、编辑、共享计算机屏幕上的一切对象。本节主要学习图像视频捕获软件——Snagit。

5.3.1　Snagit 简介

Snagit 是一个极其优秀的捕捉屏幕的软件,增强了 Print Screen 键的功能,可以捕获 Windows 屏幕、DOS 屏幕;RM 电影、游戏画面、菜单、窗口、客户区窗口、最后一个激活的窗口或用鼠标定义的区域。可以选择是否包括光标,添加水印。另外,还具有自动缩放、颜色减少、单色转换、抖动,以及转换为灰度级的功能。此外,Snagit 在保存屏幕捕获的图像之前,还可以用其自带的编辑器对图像进行编辑;也可选择自动将其送至 Snagit 虚拟打印机或 Windows 剪贴板中,或直接用 E-mail 发送。Snagit 还具有将显示在 Windows 桌面上的文本块直接转换为机器可读文本的独特能力,类似某些 OCR 软件,这一功能甚至无须剪切和粘贴。支持 DDE,所以其他程序可以控制和自动捕获屏幕。还能嵌入 Word、PowerPoint 和 IE 浏览器中。

Snagit 捕获模式丰富,主要包括:

(1) All-in-One 全能模式、Full Screen 全屏模式、Copy to clipboard 剪贴板模式;

(2) 将网页保存为 PDF 模式(保留链接)、Copy text to clipboard 文本模式;

(3) Free hand 徒手模式、Menu with time delay 菜单延时模式、区域模式;

(4) Window 窗口模式、滚屏模式、文本捕捉、屏幕录像模式;

(5) Images from Web Page 网页批量截图模式和 Object 指定对象模式。

这里主要学习 Snagit 11.4.0.176(汉化版)的基本操作。

5.3.2　Snagit 基本操作

Snagit 11.4.0.176 捕获软件有两个重要的组件,一个是捕获主程序,一个是内嵌的编辑器(Snagit Editor)。其中,捕获程序主要完成屏幕的捕获操作,内嵌的编辑器可以对捕获结果进一步编辑操作。

1. Snagit 捕获程序

启动 Snagit 捕获程序,如图 5-20 所示。主界面分为左右两部分:左侧是"快速启动"区,可以打开 Snagit 编辑器,打开一键模式,获取更多配置文件;右侧是界面的主要操作区域,完成捕获的相关操作,上方的"配置文件"提供了一些常用的捕获方案,下方的"配置设置"中各个按钮提供了按钮式下拉菜单,可以对捕获类型、捕获效果、共享方式和选项进行修改。Snagit 提供了三种捕获方案:图像捕获、视频捕获和文本捕获。

图 5-20　Snagit 捕获程序运行界面

具体捕获步骤如下。

(1) 选择捕获方式:在配置方案区域选择屏幕右下角的三种捕获方式按钮,默认是"图像"捕获,如图 5-21 所示。

(2) 选择捕获类型:在配置方案栏的"捕获类型"下拉列表中选择具体捕获类型,如图 5-22 所示;必要时还需要选择"属性"启动"捕获类型属性"对话框进行设置,如图 5-23 所示。

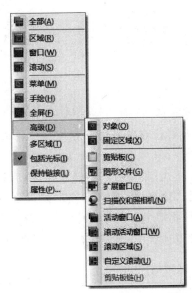

图 5-21　捕获方式　　　　　　　　　图 5-22　"捕获类型"列表

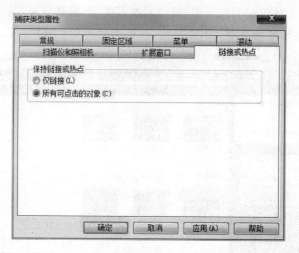

图 5-23　捕获类型属性

（3）选择共享方式：在"共享"下拉列表中选择输出对象的方式，默认是"在编辑器预览"，如图 5-24 所示。

（4）选择捕获效果：在"效果"下拉列表中选择截图的设置效果，可以对捕获结果进行特殊效果的设置，比如颜色模式、图像缩放、边缘效果、标题和边框等，默认没有任何特殊效果，如图 5-25 所示。

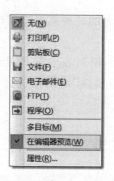
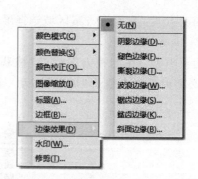

图 5-24　"共享"列表　　　　图 5-25　"边缘效果"列表

（5）选择捕获选项：在"选项"区，如图 5-26（a）所示，▶ 表示捕获图像包含光标；▣ 表示在编辑器打开捕获的图像；🕘 表示执行定时延迟捕获，当进行菜单等对象捕获时，需要设置延时，如图 5-26（b）所示。

（6）捕获：单击"捕获"按钮，捕获图像，捕获结束后启动"Snagit 编辑器"，在编辑器中显示捕获结果，还可以对捕获结果进行后期处理，如图 5-27 所示。

（7）保存捕获结果：单击编辑器左上角的"保存"按钮保存图像文件，选择保存的路径和保存类型，输入文件名，单击"保存"按钮即可，如图 5-28 所示。

2. Snagit 编辑器

Snagit 编辑器主要用于绘制图像、编辑图像文件、添加热点、设置标签等操作，提供简单的图像处理功能。打开 Snagit 编辑器，主界面如图 5-29 所示，主要窗口区域介绍如下。

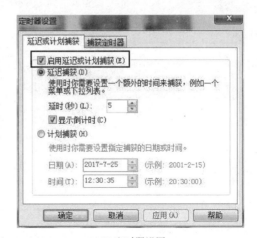

(a)"选项"设置　　　　　　　　　(b)定时器设置

图 5-26　"选项"设置

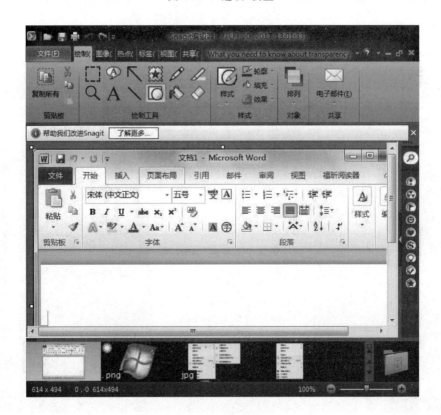

图 5-27　捕获结果显示在编辑器中

　　(1)快速访问工具栏：可以打开或保存图像文件,可以撤销或恢复编辑操作,可以打印输出等。

　　(2)常用工具栏：包含"绘制""图像""热点""标签""视图"和"共享"6个功能选项卡,每个选项卡中又有不同的功能选择区。

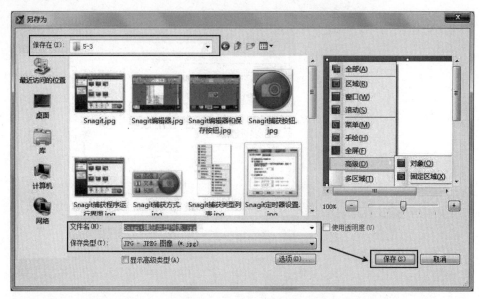

图 5-28　"另存为"对话框

快速访问工具栏 Snagit编辑器-[Snagit捕获类型列表.jpg]　　　　　常用工具栏

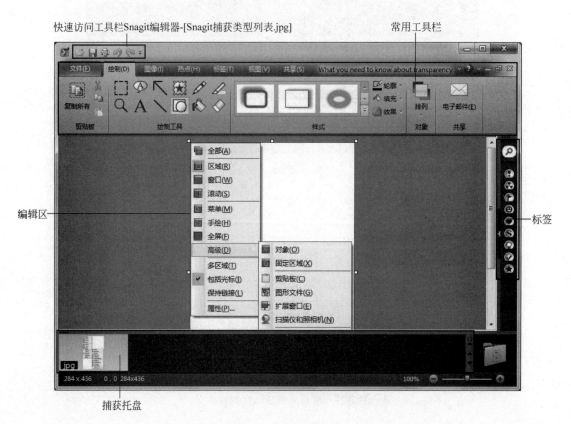

图 5-29　Snagit 编辑器

（3）编辑区：也称为画布，可以创建画布，绘制图像，也可以将打开的图像文件进行编辑处理。

（4）捕获托盘：显示最近捕获的图像或打开的图像文件，可以选择托盘里的图像文件进行保存,也可以将显示的图像文件从托盘中删除。

(5)标签:可以给图像文件添加标签图标。

Snagit 编辑器的主要功能如下。

(1)绘制功能

选择"绘制"功能选项卡,可以选定绘制工具,完成相应的绘制操作,如图 5-30 所示。

图 5-30 "绘制"功能选项卡

各个工具按钮介绍如下。

- 选择:可以在画布上拖拉选择一个要移动、复制或剪贴的区域。
- 提示插图:可以添加一个包含文字的外形,如矩形、云朵等。
- 箭头:添加箭头来指示重要信息。
- 印章:插入一个小图来添加重点或重要说明。
- 钢笔:在画布上绘制手绘线。
- 突出区域:在画布上绘制一个高亮矩形区域。
- 缩放:在画布上左击放大,右击缩小。
- 文字:在画布上添加文字说明。
- 线:在画布上绘制线条。
- 外形:绘制矩形、圆形及多边形等。
- 填充:使用任意颜色填充一个密闭区域。
- 抹除:类似于橡皮擦的功能,可以擦除画布上的内容。

以上是 12 个绘制工具的详细介绍,每种工具对应不同的样式列表,可以在样式列表中设置每种工具的显示样式。

(2)图像处理功能

选择"图像"选项卡,可以选择"画布"功能区、"图像"样式功能和"修改"功能区的按钮来完成图像处理操作,如图 5-31 所示。

图 5-31 "图像"功能选项卡

- 裁切:删除捕获中不需要的区域。
- 剪切:删除一个垂直或水平的画布选取,并把剩下的部分合而为一。
- 修剪:自动从捕获的边缘剪切所有未改变的纯色区域。
- 旋转:向左、向右、垂直、水平翻转画布。
- 调整大小:改变图像或画布的大小。

- 画布颜色：选择用于捕获背景的颜色。
- 边框：添加、更改、选择画布四周边界的宽度或颜色。
- 效果：在选定画布的边界四周添加阴影、透视或设置特效。
- 边缘：在画布四周添加一个边缘特效。
- 模糊：将画布的某个区域进行模糊处理。
- 灰度：将整个画布变成黑白。
- 水印：在画布上添加一个水印图片。
- 颜色效果：为画布上的某个区域添加、修改颜色特效。
- 过滤器：可以为画布上的某个区域添加特定的视觉效果。
- 变焦和放大：放大画布选定区域，或模糊非选定区域。

其余功能可以根据需要来选择，这里不再介绍。

5.3.3　Snagit 捕获实例

在实际捕获时，要选择正确的捕获类型，这是保证准确捕获的前提。接下来，根据实例介绍各种类型对象的捕获过程。

1. 热点对象捕获

热点对象就是可以单击的对象，比如桌面图标、功能按钮、功能选项卡、任务按钮等能单击的对象。捕获前需要让捕获对象处于显示状态。

实例 1：捕获"计算机"图标，保存为 1.jpg。

步骤如下：

（1）启动 Snagit 软件，单击"配置设置"区域右下角的"图像"命令，右侧"捕获"按钮中的图案随即变成"照相机"图案。

（2）在"捕获类型"下拉菜单中选择"高级"→"对象"命令，其他设置保持默认，如图 5-32 所示。

图 5-32　对象捕获设置

（3）单击"捕获"按钮即可进入捕获状态，光标指向"计算机"图标，就会自动出现一个方框，选择图标，如图 5-33 所示。单击鼠标，截屏后进入"Snagit 编辑器"窗口。

（4）单击左上角的"保存"按钮，按照指定文件名、类型和位置存储。

实例 2：捕获 Word 窗口中的"保存"按钮，保存为 2.gif。

步骤如下：

（1）选择"配置设置"区域右下角的"图像"命令。

图 5-33　对象捕获

（2）从"捕获类型"下拉菜单中选择"高级"→"对象"命令，其他设置保持默认。

（3）打开 Word 窗口，单击"捕获"按钮即可进入捕获状态，光标指向

"保存"按钮，这时按钮被框起来，如图 5-34 所示。单击鼠标，截屏后进入"Snagit 编辑器"窗口。

（4）单击"保存"按钮，按照指定文件名、类型和位置存储。

图 5-34 按钮捕获

2. 全屏捕获

全屏捕获即整个计算机屏幕的捕获。

实例 3：捕获整个"桌面"，并在右下角输入文字"我的桌面"，保存为 3. png。

步骤如下：

（1）选择界面右下角的"图像"命令。

（2）在"捕获类型"中选择"全屏"，其他设置保持默认，如图 5-35 所示。

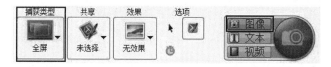

图 5-35 全屏捕获设置

（3）返回桌面，单击"捕获"按钮即可进入捕获状态，单击鼠标捕获整个屏幕，进入"Snagit 编辑器"窗口，利用"绘制"功能选项卡中的文本工具 **A**，在图片右下角输入文字并设置好文字的属性，如图 5-36 所示。

图 5-36 文字编辑窗口

（4）单击左上角的"保存"按钮，按照指定文件名、类型和位置存储。

3．窗口捕获

Window 窗口捕获，包含应用程序窗口、对话框、功能区域、各种窗格、工具栏等独立固定区域的捕获。

实例 4：捕获 Word 运行窗口，并将整个捕获图片的 4 个边缘效果设置为大小为 2、右下角阴影深度为 10 的波浪边缘，保存为 4.bmp。

步骤如下：

（1）选择"配置设置"区域右下角的"图像"命令，如图 5-37 所示。

图 5-37　边缘效果捕获设置

（2）从"捕获类型"下拉菜单中选择"窗口"命令，从"效果"下拉菜单中选择"边缘效果"→"波浪边缘"，进入"波浪边缘"对话框，进行如图 5-38 所示的波浪边缘的设置。

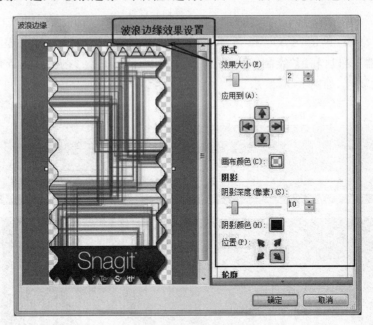

图 5-38　波浪边缘效果设置

（3）打开 Word 窗口，单击"捕获"按钮进入捕获状态，光标指向 Word 窗口标题栏，这时整个窗口被框起来，单击鼠标左键即进入"Snagit 编辑器"窗口，为了看到全图，可以选择"视图"菜单下的缩放，调整缩放比例，如图 5-39 所示。

（4）单击"保存"按钮，按照指定文件名、类型和位置存储。

实例 5：捕捉 Word 的整个"常用"工具栏，保存为 5.jpg。

步骤如下：

（1）选择"配置设置"区域右下角的"图像"命令。

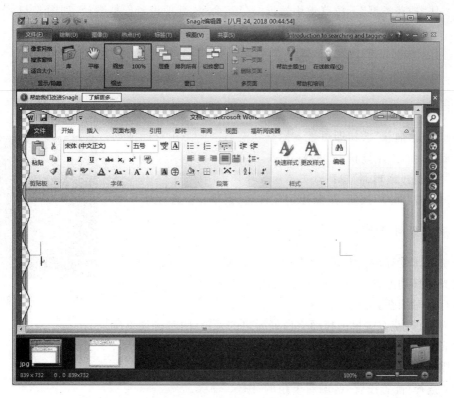

图 5-39　窗口捕获缩放编辑

（2）从"捕获类型"下拉菜单中选择"窗口"命令，其他设置保持默认。

（3）打开 Word 窗口，单击"捕获"按钮即可进入捕获状态，光标指向常用工具栏，这时常用工具栏区将被框起来，如图 5-40 所示。单击鼠标，截屏后进入"Snagit 编辑器"窗口。

（4）单击"保存"按钮，按照指定文件名、类型和位置存储。

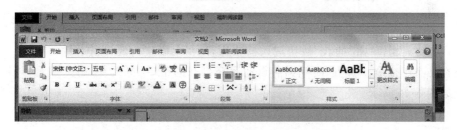

图 5-40　Word 常用工具栏捕获

4．选定区域捕获

选定区域捕获时需利用鼠标把需要捕获的部分框在一个选定的矩形区域内，静态画面的捕获都可以使用选定区域捕获，比如前面实例中的捕获，只是捕获时没有那么精准。

实例 6：利用区域捕获方式捕获"计算机"图标，保存为 6.png。

步骤如下：

（1）选择"配置设置"区域右下角的"图像"命令。

（2）从"捕获类型"下拉菜单中选择"区域"命令，其他设置保持默认，如图 5-41 所示。

图 5-41　区域捕获设置

（3）单击"捕获"按钮即可进入捕获状态，这时，需用鼠标拖动一个矩形区域把"计算机"图标框进去，如图 5-42 所示。单击鼠标，进入"Snagit 编辑器"窗口。

（4）单击"保存"按钮，按照指定文件名、类型和位置存储。

5．菜单延时捕获

菜单的调度有很多方式，有右键弹出式菜单，有下拉式菜单，有只要光标移动上去就可以打开的级联菜单等，都需要启动延时选项进行延时捕获。

图 5-42　区域捕获

实例 7：捕获右键单击桌面空白处弹出的菜单，同时将菜单命令上的光标一并捕获下来，保存为 7.jpg。

步骤如下：

（1）选择"配置设置"区域右下角的"图像"命令。

（2）从"捕获类型"下拉菜单中选择"菜单"命令，"选项"中单击"光标"按钮 ▲，单击"定时捕获"按钮 ◷，捕获设置如图 5-43 所示，定时器设置如图 5-26（b）所示。

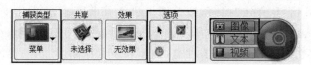

图 5-43　菜单捕获设置

（3）启动桌面，单击"捕获"按钮进入捕获状态，在桌面空白处单击右键，弹出菜单后，光标停留在某菜单命令上，延迟时间到后自动截获打开的菜单，进入"Snagit 编辑器"窗口，菜单截图如图 5-44 所示。

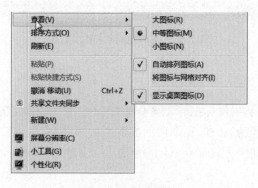

图 5-44　菜单捕获

（4）单击"保存"按钮，按照指定文件名、类型和位置存储。

6. 手绘区域捕获

手绘区域捕获时需利用鼠标手绘任意形状的区域。

实例8：捕获手绘的一个任意区域，捕获图形不送到"编辑器"预览，直接送到文件8.png，保存为8.png。

步骤如下：

（1）选择"配置设置"区域右下角的"图像"命令。

（2）从"捕获类型"下拉菜单中选择"手绘"命令，"共享"中选择"文件"，并取消"在编辑区预览"，如图5-45所示。

图5-45 手绘捕获设置

（3）单击"捕获"按钮即可进入捕获状态，光标变成剪刀的样式，拖曳鼠标形成一个区域后，如图5-46所示，释放鼠标截取选定区域中的图形，立刻弹出"另存为"对话框，按照指定文件名、类型和位置存储即可。

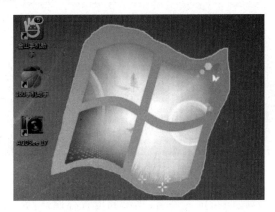

图5-46 手绘截图

7. 滚动模式捕获

滚动模式捕获就是对滚动窗口或区域的捕获方式，比如滚动网页、滚动窗口、滚动区域等。

实例9：对"新浪网"整个首页进行图像捕获，保存为9.jpg。

步骤如下：

（1）选择"配置设置"区域右下角的"图像"命令。

（2）从"捕获类型"下拉菜单中选择"滚动"命令，或者"高级"→"滚动活动窗口"，其余保持默认，如图5-47所示。

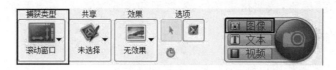

图 5-47　滚动捕获设置

（3）打开浏览器，地址栏中输入"www.sina.com.cn"链接展示新浪网首页，单击"捕获"按钮即可进入捕获状态，窗口中将会出现"捕获垂直滚动区域"按钮，如图 5-48 所示，单击滚动区域黄色箭头按钮即可按照垂直方向滚动并截取图片。注意：不同方向的滚动条会显示不同的滚动区域，一般有三个，分别是捕获垂直滚动区域、捕获水平滚动区域和捕获整个滚动区域，出现哪个方向的滚动条就选择相应的滚动区域按钮，也可选择整个滚动区域完成两个方向的滚动。

图 5-48　滚动网页截图

（4）单击"保存"按钮，按照指定文件名、类型和位置存储。

8．文本捕获

文本捕获可以将屏幕上看到的文字捕捉为可编辑的 ASCII 文件。使用 Snagit 捕获那些只能看却无法复制和保存的文字，如一些加密网页、电子书中的文字、受保护的 Word 文档、软件中的菜单、对话框中的文字等。

实例 10：捕获"计算机"属性内容（这些内容是无法正常复制粘贴的），保存为 10.txt。

（1）选择"配置设置"区域右下角的"文本"命令，此时右侧的"捕捉"按钮中的图案变成"T"字。

（2）从"捕获类型"下拉菜单中选择"区域"命令，如图 5-49 所示。

（3）从"效果"下拉菜单中选择"布局"命令，在弹出的"文本布局选项"对话框中设置效果选项，选中"删除空行""折叠空列"复选框，如图 5-50 所示。

图 5-49　文本捕获设置

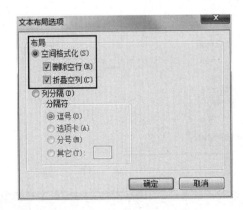

图 5-50　文本布局选项设置

（4）右键单击桌面上的"计算机"图标，打开"系统"对话框，单击"捕获"按钮。光标指向所需区域，会有黄色边框自动框住该区域，单击鼠标即可，如图 5-51 所示。

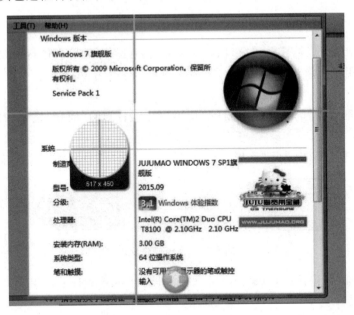

图 5-51　选择捕捉窗口范围

（5）捕获的文字出现在"Snagit 编辑器"窗口中，还可以对文本进行编辑操作，如图 5-52 所示。

（6）单击"保存"按钮，按照指定文件名、文本类型和位置存储。

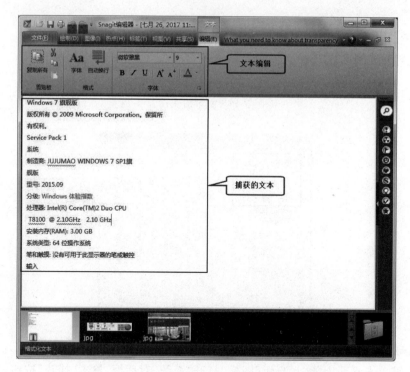

图 5-52　捕获的文本

9. 视频捕获

视频捕获功能可以捕获播放窗口、游戏画面、实时操作等画面,进行视频和音频的录制。

实例 11:用视频捕获功能录制一段"教学视频",保存为 11. mp4。

步骤如下:

(1) 选择"配置设置"区域右下角的"视频"命令,右侧的"捕获"按钮中的图案变成"胶片"模样。

(2) 从"捕获类型"中选择"区域"或"窗口"命令,"选项"中选择"光标",如图 5-53 所示。

图 5-53　视频捕获设置

(3) 单击"捕获"按钮后,拖曳一个捕获需要的空间,屏幕右下角出现如图 5-54 所示的视频捕获控制器。

(4) 单击视频捕获控制器的 rec 按钮或者按 Shift＋F9 组合键,即可进入捕获状态,如果要结束捕获,单击任务栏上的 图标,再次出现视频捕获控制器,如图 5-55 所示,单击"结束"按钮即可,或者直接按 Shift＋F10 组合键结束视频捕获。

(5) 捕获视频将会出现在"Snagit 编辑器"窗口中,如图 5-56 所示。单击"保存"按钮,按照指定文件名、类型和位置存储。

图 5-54　视频捕获界面

图 5-55　视频捕获控制器

图 5-56　捕获的视频

5.4　图像编辑处理软件

一般的图像编辑处理软件都集图像编辑和图像处理于一身,完成对图像信息进行修复、合成、美化等操作,以满足人的视觉心理和应用的需要。目前,比较流行的图像编辑处理软件除轻量级的美图秀秀外,还有专业级的 Photoshop。

5.4.1　Photoshop 简介

Photoshop 是美国 Adobe 公司开发的一款专业的图像处理软件。它功能强大、易学易用,深受图像编辑处理爱好者和平面设计人员的喜爱,已经成为这一领域最流行的软件之一。Photoshop 主要处理以像素构成的数字图像,应用领域非常广泛。平面设计、影像创意、网页制作、后期修饰、视觉创意和界面设计等都有涉及。

这里主要介绍 Adobe Photoshop CS5 的基本操作。

5.4.2　Photoshop 基本操作

启动 Photoshop CS5 软件,选择"文件"→"新建"菜单项新建文件,工作界面如图 5-57 所示。

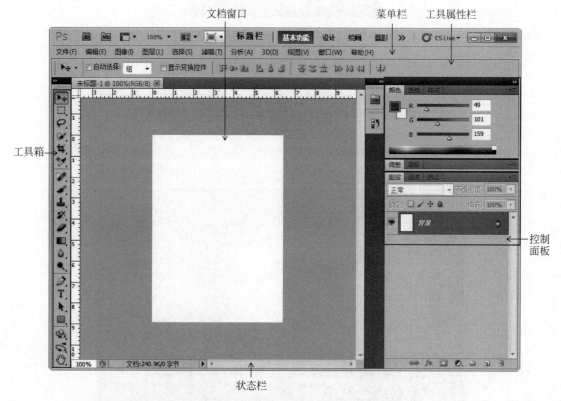

图 5-57　Photoshop CS5 工作界面

Photoshop 的基本操作,包括基本文件操作、图像文件显示和辅助工具的使用。

1．基本文件操作

（1）新建图像文件

选择"文件"→"新建"，或者按 Ctrl＋N 组合键，亦或按住 Ctrl 键双击 Photoshop 既无图像也无控制面板的空白处，启动如图 5-58 所示的"新建"对话框。其中，"名称"处可以输入存储时的文件名，也可以编辑完后保存时再输入；"预设"选择预设的文件大小；"高度"和"宽度"处可以根据选定的度量单位来输入需要的图像尺寸的大小，注意单位之间的换算，分辨率一般以"像素/英寸"为准；"颜色模式"可以在下拉列表中选择，其中，CMYK 是打印或印刷模式，灰度模式的图像中不含有色彩信息，位图模式只有黑白两种颜色，其余选择RGB 模式；"背景内容"指图像文件的背景颜色，可以是白色、透明色或设定的背景色，一般选择白色。设置完毕单击"确定"按钮新建图像文件，如图 5-59 所示。

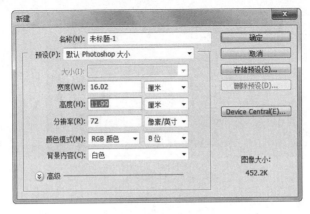

图 5-58　"新建"对话框

图 5-59　新建文件

（2）打开图像文件

选择"文件"→"打开"命令，或者按 Ctrl＋O 组合键，亦或双击 Photoshop 空白处打开图像文件，可打开多个文件，文件间以选项卡的形式显示各个文档窗口，单击选项卡标签即可将对应的文档窗口显示出来，如图 5-60 所示。

图 5-60　打开图像文件

（3）存储图像文件

选择"文件"→"存储"命令，或者按 Ctrl＋S 组合键，将编辑后的图像文件以原有的格式存储在原有的目录下，选择"存储为"命令可改变存储的格式或路径。

（4）关闭图像文件

选择"文件"→"关闭"命令，或者按 Ctrl＋W 组合键，亦或单击图像选项卡上的"关闭"按钮即可关闭图像文件。如果关闭所有的文件，可以选择"文件"→"关闭全部"命令，或者按 Ctrl＋Alt＋W 组合键关闭文件。

（5）设置图像大小

可以设置原有图像的大小来调整图像的尺寸，改变图像的大小、高度、宽度和分辨率。选择"图像"→"图像大小"命令，打开"图像大小"对话框，修改相应参数，调整图像大小，如图 5-61 所示。

（6）改变画布大小和旋转画布

可以将打开图像文件所在区域的画布进行大小的调整和方向的旋转。选择"图像"→"画布大小"，启动"画布大小"对话框，如图 5-62 所示。当减少画布的高度和宽度时，图像就有一部分被裁剪，当增加画布的高度和宽度时，增加的部分可以在"画布扩展颜色"设置列表中选择填充，可以以现在选择的背景色来填充，单击"确定"按钮进行调整。

选择"图像"→"图像旋转"→"任意角度"启动"旋转画布"对话框来任意设置旋转角度和旋转方向，如图 5-63 所示。

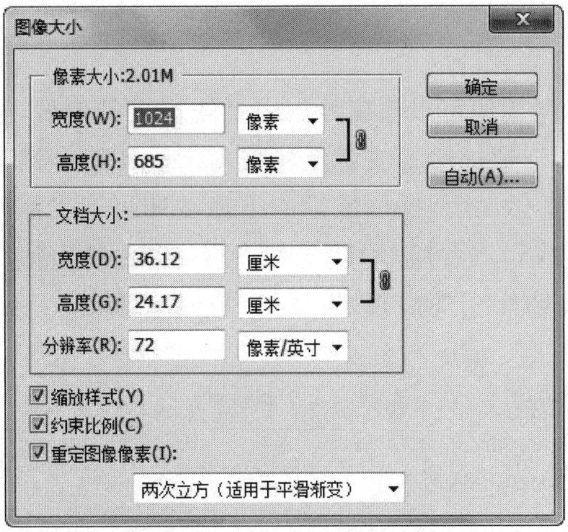

图 5-61 图像大小调整

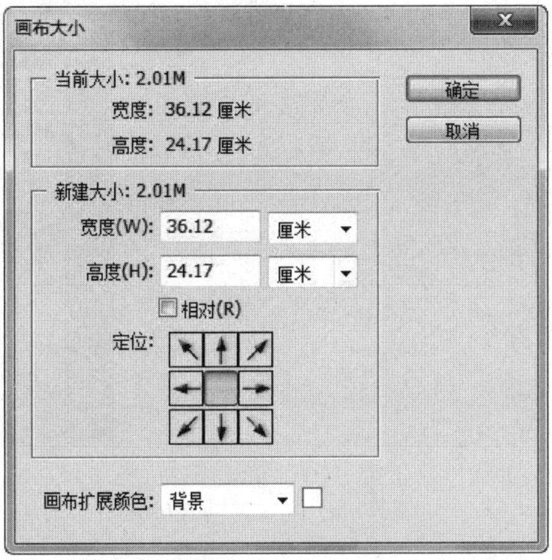

图 5-62 画布大小调整

图 5-63 旋转画布

2．图像文件的显示

可以对图像进行缩放显示。选择工具箱中的缩放工具，在工具属性栏中单击"放大"按钮或"缩放"按钮即可对图像进行缩放，如图 5-64 所示。

图 5-64 缩放工具属性栏

3．辅助工具的使用

使用标尺、参考线和网格线可以精确控制图像或元素的位置,使图像的处理更精确,如图 5-65 所示。选择"视图"→"标尺",或者反复按 Ctrl＋R 组合键,可显示和隐藏标尺。将光标分别放到水平和垂直标尺上,按住鼠标向下拖动即可拖出水平和垂直的参考线,选择"视图"→"显示"→"参考线",或者按 Ctrl＋;组合键,可显示和隐藏参考线。选择"视图"→"显示"→"网格",或者按 Ctrl＋'组合键,可显示和隐藏网格。

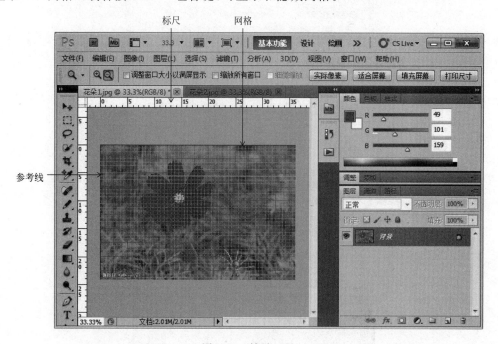

图 5-65　辅助工具

5.4.3　图像处理

1．选区的创建与编辑

（1）选框工具

使用选框工具可以选取矩形、椭圆、单行和单列规则图像区域。选择矩形选框工具,或者反复按 Shift＋M 组合键可以在选框工具间切换,其工具属性栏如图 5-66 所示。

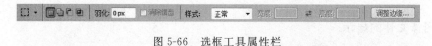

图 5-66　选框工具属性栏

其中,新选区 ▭：取消旧选区,绘制新选区；添加到旧选区 ▣：在原有选区的上面增加新的选区；从选区减去 ▬：在原有选区上减去新选区的部分；与选区交叉 ▣：选择新旧选区重叠的部分。羽化：用于设定选区边缘的羽化程度,羽化就是通过选区边框内外像素的过渡来使选区边缘模糊。消除锯齿：用于清除选区边缘的锯齿,这个设置用于椭圆选框工具。样式：可以选择类型,"正常"选项为系统默认形状,可以创建不同大小和形状的选区；

"固定长宽比"用于设置选区高度和宽度之间的比例；"固定大小"用于设置选区的长宽比例及选区大小。

1）矩形选框工具的使用：选择矩形选框工具 ，在图像的适当位置单击并按住鼠标，向右下方拖曳鼠标绘制选区，松开鼠标，矩形选区绘制完成；按住 Shift 键，可以绘制正方形选区；需要取消选区时，单击图像任意一点或者按 Ctrl＋D 组合键取消。

2）椭圆选框工具的使用：选择椭圆选框工具 ，在图像的适当位置单击并按住鼠标，向右下方拖曳鼠标绘制选区，松开鼠标，绘制椭圆选区；按住 Shift 键，可以绘制正圆形选区。

3）单行单列选框工具的使用：选择单行单列选框工具 或 ，在图像的适当位置单击鼠标，即可绘制单行单列的选区。

以上选框工具绘制选区如图 5-67 所示。

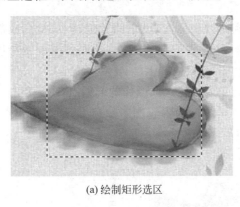
(a) 绘制矩形选区

(b) 绘制椭圆选区

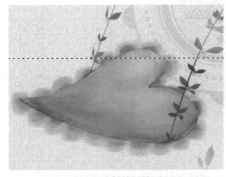
(c) 绘制单行选区

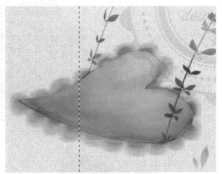
(d) 绘制单列选区

图 5-67　创建规则图形选区

（2）套索工具

使用套索工具可以选取图像中不规则的图像区域。在工具箱中选择套索工具，或反复按 Shift＋L 组合键切换不同的套索工具。

1）套索工具的使用

单击工具箱中的套索工具 ，在图像中适当的位置单击并按住鼠标，拖曳鼠标在图像周围进行绘制，松开鼠标选择区域自动封闭为选区。

2）多边形套索工具的使用

在图像适当放大后，使用多边形套索工具可以比较精确地选取有规则外形的图像区域。

单击多边形套索工具 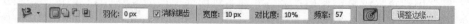，在图像中适当位置处单击鼠标选取图像的起始点，然后沿着需要选取的图像区域移动鼠标，并在多边形的转折点处单击，作为多边形的一个选择点，回到起始点，单击绘制封闭选区，按住 Shift 键可按水平、垂直或 45°方向选取，按 Delete 键可删除最近选取的线段。

3）磁性套索工具的使用

使用磁性套索工具可以自动获取图像中对比度比较大的两部分的边界，单击磁性套索工具 ，其工具属性栏如图 5-68 所示。

图 5-68　磁性套索工具属性栏

其中，宽度：用于设定选取时能够检测到的边缘宽度，设定的数值越小，检测到的范围越小。对比度：用于设置选取时边缘的对比度，设置的数值越大，选取的范围越精确。频率：用于设置选取时的节点数，数值越大，产生的节点数越多。

单击磁性套索工具，在图像中适当位置处单击鼠标选取图像的起始点，然后沿着需要选取的图像区域边缘移动鼠标，就会产生一条套索线自动附着在图像周围，形成定位点，沿图像边缘继续移动鼠标，直到起始点的定位点，即可形成封闭的选区。

以上套索工具绘制选区如图 5-69 所示。

(a) 套索工具绘制选区

(b) 多边形套索工具绘制选区

(c) 磁性套索工具绘制选区

图 5-69　创建不规则图形选区

（3）快速选择工具

使用快速选择工具和魔棒工具可以选择图像中颜色相同或相近的图像区域。

1）快速选择工具

单击工具箱中的快速选择工具 ，其工具属性栏如图 5-70 所示。其中，新选区 ：选择新选区；添加到旧选区 ：在原有选区的上面增加新的选区；从选区减去 ：在原有选区上减去新选区的部分。笔触大小 ：设置笔触大小、硬度、间距等属性，笔触越小，选择的越精细。 对所有图层取样：选择该选项对所有图层起作用，否则对当前图层起作用。单击快速选择工具，在图像中适当位置处单击鼠标选取图像，然后沿着需要选取的图像区域移动鼠标，单击就会将颜色相同或相近的区域选中，自动形成封闭选区。

图 5-70　快速选择工具属性栏

2）魔棒工具

单击工具箱中的魔棒工具 ，其工具属性栏如图 5-71 所示。其中，容差：用于设置选取的颜色范围，数值越大，选取的颜色范围越大，反之越小。消除锯齿：用于清除选区边缘的锯齿。连续：用于设置选取相邻的区域，若未选中，则可以选取不相邻的选区。单击魔棒工具，在图像中单击需要选择的颜色区域，即可得到需要的选区。

图 5-71　魔棒工具属性栏

利用魔棒工具绘制图像中颜色相同和相近的选区，如图 5-72 所示，可以快速选取图像中背景选区。

图 5-72　魔棒工具选择背景

（4）选区的基本操作

1）移动和取消选区

移动选区：使用鼠标移动选区，选择魔棒工具或一种套索工具，将光标放在选区中，光标变成 ，按住鼠标进行拖曳，光标变成 ，将选区拖曳到其他位置，松开鼠标，即完成选区的移动；取消选区：选择“选择”→“取消选择”菜单命令，或按 Ctrl＋D 组合键取消选区。

2）羽化选区

绘制好选区后，选择"选择"→"修改"→"羽化"菜单命令，或按 Ctrl＋Alt＋D 组合键，启动"羽化选区"对话框，设置羽化半径，单击"确定"按钮对选区进行羽化，羽化后的选区边缘可以更加柔和和平滑地过渡到背景色中，如图 5-73 所示。

(a) "羽化选区"对话框

(b) 羽化操作前　　　　　　　　　　(c) 羽化操作后

图 5-73　羽化选区

3）填充选区

按 Ctrl＋Delete 组合键，以背景色填充选区；按 Alt＋Delete 组合键，以前景色填充选区。

4）描边选区

选择"编辑"→"描边"菜单命令，启动"描边"对话框，可以使用前景色描绘选区的边缘。其中，宽度：用于设置描边的宽度；颜色：用于设置描边的颜色；位置：用于选择描边的位置，"内部"指在选区边框以内描边，"居中"指以选区边框为中心进行描边，"外部"指在选区边框以外描边；混合：用于设置不透明度和着色模式。"描边"对话框、选区描边前后对比如图 5-74 所示。

5）变换选区

在图像中绘制选区后，选择"编辑"→"自由变换"或"变换"菜单命令，可以对图像的选区进行各种变换，如选区的缩放、选区的旋转、选区的倾斜、选区的扭曲等操作，变换选区操作如图 5-75 所示。

6）复制选区

使用移动工具复制选区，选择移动工具 ，将鼠标移动到选区中，鼠标光标变成 ，按住 Alt 键，光标变为 ，单击鼠标并按住，拖曳选区中的图像到适当位置，释放鼠标和 Alt 键即可完成复制操作；抑或使用菜单命令，选择"编辑"→"拷贝"和"粘贴"命令进行选区中图像的复制操作；抑或使用组合键，按 Ctrl＋C 和 Ctrl＋V 组合键完成选区中图像的复制操作。

7）全选和反选选区

选择"选择"→"全选"菜单命令，或按 Ctrl＋A 组合键可以选取整幅图像；选择"选择"→"反选"菜单命令，或按 Shift＋Ctrl＋I 组合键可以选取图像中选区之外的区域。

(a) "描边"对话框

(b) 枫叶描边前   (c) 枫叶描边后

图 5-74 描边选区

(a) 原图

(b) 扭曲选区   (c) 旋转选区

图 5-75 变换选区

2. 图像的绘制、修饰和编辑

(1) 画笔工具

使用画笔工具可以模拟画笔的效果在图像或选区中进行绘制。单击画笔工具 ，其工具属性栏如图5-76所示。其中，画笔大小：单击画笔右侧的 ▾ 按钮，在选择面板中设置画笔样式、画笔的大小和硬度，如图5-77(a)所示。画笔按钮：单击属性栏中的 ▨ 按钮，启动画笔面板，进行笔尖形状、画笔样式、大小、硬度等属性的设置，如图5-77(b)所示。模式：用于设置画笔工具对当前图像中像素的作用形式；不透明度：设置画笔的不透明度，数值越大，画笔颜色不透明度越高。

图 5-76　画笔工具属性栏

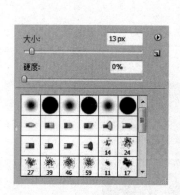
(a) 画笔选择面板

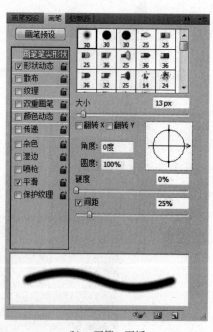
(b) "画笔" 面板

图 5-77　画笔选择面板和画笔面板

(2) 铅笔工具

铅笔工具可以模拟铅笔的效果进行绘制。单击铅笔工具 ，其工具属性栏如图5-78所示。其中，自动抹除：用于实现擦除功能，选中自动抹除，此时绘制效果与鼠标所单击的起始点颜色有关，当鼠标单击的起始点的像素与前景色相同，铅笔工具以背景色绘图；如果与前景色不同，以前景色绘图。

(3) 橡皮擦工具

使用橡皮擦工具在图像窗口中拖动鼠标，绘制背景色，实现擦除图像的目的。单击工具箱中的橡皮擦工具 ，其工具属性栏如图5-79所示。其中，模式：用于设置擦除模式，选择

"画笔"或"铅笔"时,与画笔和铅笔操作类似,选择"块"时,擦除的大小固定不变。

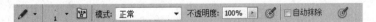

图 5-78　铅笔工具属性栏

图 5-79　橡皮擦工具属性栏

单击工具箱中的橡皮擦工具,设置好背景色和擦除模式,将鼠标移动到图像需要擦除的区域,按住鼠标并拖曳,即可擦除并以背景色填充。

（4）渐变工具

使用渐变工具可以创建多种颜色间的渐变效果。选择渐变工具 ,其工具属性栏如图 5-80 所示。其中, 用于选择和编辑渐变的色彩; 用于选择各类型的渐变工具,有线性渐变、径向渐变、角度渐变、对称渐变和菱形渐变 5 种渐变模式;模式:用户选择着色模式;反向:用于反向产生色彩渐变效果;仿色:用于使渐变色更平滑;透明区域:用于产生不透明度。

图 5-80　渐变工具属性栏

单击渐变工具,单击 右侧的黑色三角按钮,启动渐变拾色器,选择一种渐变颜色;也可以双击 中间的颜色框部分启动渐变编辑器设置渐变颜色和渐变类型。在图像窗口需要渐变的一侧单击鼠标左键,按住鼠标左键拖动,移动到另一侧,形成渐变的另一个边界,两个鼠标选中的位置之间形成一条直线段,松开鼠标,即可在选定的两个边界之间形成渐变色填充效果,如图 5-81 所示。

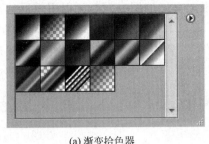　　

(a) 渐变拾色器　　　　　　　(b) 原图　　　　　　　(c) 线性渐变后

图 5-81　渐变填充效果

（5）油漆桶工具

使用油漆桶工具可以为一块区域进行着色。单击工具箱中的油漆桶工具 ,其工具属性栏如图 5-82 所示。其中,着色方式:可以填充前景色或图案;容差:用于设定色差的范围,数值越小,容差越小,填充的范围越小;连续的:用于设定填充方式。

图 5-82　油漆桶工具属性栏

（6）图章工具

1）仿制图章工具：可以将取样图像应用到其他图像或同一图像的其他位置。单击工具箱中的仿制图章工具 ，其工具属性栏如图 5-83 所示。

图 5-83　仿制图章工具属性栏

选择仿制图章工具，将光标移到图像窗口中，按下 Alt 键，光标变成 形状，在窗口需要复制的图像周围移动鼠标进行取样，释放 Alt 键，将光标移动到要复制的区域，按下鼠标左键来回拖动光标即可仿制，如图 5-84 所示。

(a) 原图　　　　　　　　　　　　　　　(b) 仿制后

图 5-84　仿制图章工具的使用

2）图案图章工具：可以将预先定义好的图案复制到图像中的某个区域中。单击工具箱中的图案图章工具 ，选择工具属性栏中图像下拉列表中的图案，如图 5-85 所示，在图像的合适位置单击并按住鼠标左键，拖曳鼠标复制出定义好的图案。也可以用矩形选框工具选取需要复制的图案，选择"编辑"→"定义图案"菜单命令，弹出"图案名称"对话框，如图 5-86 所示，输入图案名称，单击"确定"按钮，保存图案，需要复制图案时，选择该图案进行复制即可。

图 5-85　图案图章工具属性栏

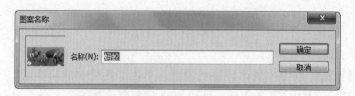

图 5-86　"图案名称"对话框

（7）修复工具组

1）污点修复画笔工具

不需要指定样本点，自动从所修复区域的周围取样。选择污点修复画笔工具 ，设置好工具属性栏的各属性值，如图 5-87 所示。在要修复的污点图像上拖曳鼠标，释放鼠标，污点被去除，如图 5-88 所示。

图 5-87　污点修复画笔工具属性栏

(a) 污点修复原图　　　　　　(b) 涂抹污点处　　　　　　(c) 污点修复后

图 5-88　污点修复画笔的使用

2）修复画笔工具

使用修复画笔工具，可以将取样点的像素信息非常自然地复制到图像破损的位置。单击工具箱中的修复画笔工具 ，其属性栏如图 5-89 所示。模式：在弹出菜单中选择复制像素或填充图案与底图的混合模式；源：选择"取样"选项后，按住 Alt 键，光标变成 ⊕ 形状，单击鼠标获取样本的取样点，释放鼠标，在图像中要修复的位置单击并按住鼠标左键，拖曳鼠标复制出取样点的图像，选择"图案"后，将"图案"面板中选择的图案或自定义的图案填充图像；对齐：设置下一次的复制位置会和上次的完全重合。图像修复过程如图 5-90 所示。

图 5-89　修复画笔工具属性栏

(a) 原图　　　　　　(b) 获取取样点　　　　　　(c) 修复后

图 5-90　修复画笔工具的使用

3）修补工具

选择修补工具 ，利用修补工具在需要修补的图像周围绘制选区，其工具属性栏如图 5-91 所示。在选区中单击并按住鼠标左键，移动鼠标将选区中的图像拖曳到新放置的位置，选区中的图像被新放置的选区位置的图像所修补，如图 5-92 所示。

图 5-91　修补工具属性栏

(a) 原图　　　　　　　　(b) 移动修补区　　　　　　　(c) 修补后

图 5-92　修补工具的使用

4）红眼工具

可以修复人物红眼。单击工具箱中的红眼工具 ，其属性栏如图 5-93 所示，"瞳孔大小"用于设置瞳孔的大小，"变暗量"用于设置瞳孔的暗度。使用时，选中红眼工具，在人物的红眼的图像区域单击鼠标左键即可消除，如图 5-94 所示。

图 5-93　红眼工具属性栏

(a) 红眼原图　　　　　　　　(b) 红眼消除后

图 5-94　红眼工具的使用

（8）模糊工具组

模糊、锐化和涂抹工具主要用于对图像进行清晰或模糊处理。模糊工具 ：通过柔化突出的色彩和僵硬的边界使图像的色彩过渡平滑，不致显得那么棱角分明。锐化工具 ：

通过增大图像相邻像素的色彩反差而使图像的边缘更加清晰,与模糊工具原理相反。涂抹工具 ：用于模拟用手指在未干的画布上涂抹产生的涂抹效果。

这三种工具的使用基本类似,选择工具,设置工具属性栏中的参数后,在图像中需要处理的图像区域拖动鼠标即可,如图 5-95 所示。

(a) 原图　　　　　　(b) 模糊效果　　　　　　(c) 锐化效果　　　　　　(d) 涂抹效果

图 5-95　模糊工具的使用

(9) 减淡工具组

减淡、加深和海绵工具可以给图像创建一些特效。减淡工具 ：用于提高图像的曝光度来提高图像的亮度。加深工具 ：用于降低图像的曝光度来降低图像的亮度。海绵工具 ：用于增加或降低图像的色彩饱和度。

这三种工具基本类似,选择相应工具,在图像需要处理的图像区域拖动鼠标即可,其操作如模糊工具。

(10) 图像编辑操作

- 图像的复制、剪切和粘贴：可以将图像的局部区域复制到另一幅图像中。打开一幅要进行复制的图像,在图像窗口区用选取工具选择复制范围,打开"编辑"→"拷贝"菜单命令,或者按 Ctrl＋C 组合键复制所选取的图像,在需要粘贴的图像窗口中选择"编辑"→"粘贴"菜单命令,或按 Ctrl＋V 组合键进行粘贴,选择"编辑"→"剪切"菜单命令或按 Ctrl＋X 组合键可以对选取的图像进行剪切。

- 图像的移动：粘贴图像后,其位置往往不能满足要求,需要移动图像,选择工具箱中的移动工具 ,将鼠标指针移至图像窗口中,在要移动的图像上按住鼠标左键并拖动即可。

- 图像的裁切：如果图像中含有大面积的纯色区域或者透明区域,可以应用剪裁命令进行操作。选择"图像"→"裁切",弹出"裁切"对话框,如图 5-96 所示。透明像素：如果当前图像的多余区域是透明的,则选择此选项;左上角像素颜色：根据左上角的像素颜色来确定裁切的颜色范围;右下角像素颜色：根据图像右下角的像素颜色确定裁切的颜色范围。裁切：用于设置裁切的区域范围。

图 5-96　图像裁切

- 图像的旋转和变换：图像的变换将对整个图像起作用。选择"图像"→"图像旋转"命令,选择不同选项,对图像进行变换操作,如图 5-97 所示。

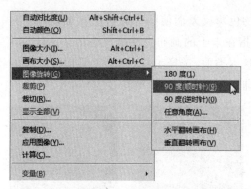

图 5-97　图像变换

- 清除图像：选择要清除的图像区域，然后选择"编辑"→"清除"命令或者按 Delete 键进行清除，清除后的区域会填入背景色。

3. 图层的创建与应用

（1）图层基本概念

图层是 Photoshop 中一个非常重要的概念，它是处理图像的关键。图层就相当于一张透明的纸，可以把组成图像的不同部分放置在不同的图层上，对每个图层上的图像内容进行编辑、修改或效果处理都是独立的，都不会影响到其他图层，最终所有的图层叠放在一起形成完整的图像效果，如图 5-98 所示。

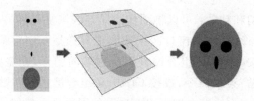

图 5-98　图层形象说明

常见的图层类型有以下几种。

- 普通图层：是最基本的图层类型，就相当于一张透明纸。
- 背景图层：相当于绘图时最下层不透明的画纸，一幅图像只能有一个背景图层，且不能和其他图层交换堆叠次序，但可以与普通图层相互转换。
- 文本图层：使用文字工具在图像中创建文字时，即新建一个文本图层，主要用于编辑文字的内容、属性等。可以对文本图层进行移动、复制、调整堆叠次序等操作，若要使用大多数编辑工具和命令还需将文本图层转换为普通图层才可以。
- 调整图层：利用调整图层可以调整其下所有图层中图像的色调、亮度和饱和度等，图层左侧有 ⬮ 图标。
- 效果图层：当为图层应用图层样式效果后，该图层就成为一个效果图层。

（2）图层控制面板的使用

图层控制面板列出了所有图层、组和图层效果，可以使用图层控制面板来显示和隐藏图层、创建新图层以及处理图层组等。其中，图层混合模式 正常 ▼：用于设定图层的混合模式。不透明度：用于设定图层的不透明度。填充：用于设定图层的填充百分比。

锁定透明像素 ：用于锁定当前图层中的透明区域，不能被编辑。锁定图像像素 ：使当前图层和透明区域不能被编辑。锁定位置 ：使当前图层不能被移动。锁定全部 ：使当前图层或叠放顺序完全被锁定。隐藏和显示图层 ：用于隐藏和显示图层。链接图标 ：使所选图层和当前图层成为一组。添加图层样式 ：为当前图层添加图层样式效果。添加图层蒙版 ：将在当前图层上创建一个蒙版，黑色代表隐藏图像，白色代表显示图像。创建调整图层 ：用于创建填充或调整图层。创建新组 ：可以创建新的图层组。新建图层 ：用于在当前图层上方创建一个新的图层。删除图层 ：可删除当前图层。

4. 路径与文字工具

在 Photoshop 中，路径主要用于勾画图像区域或对象的轮廓，可以沿着产生的线段或曲线对路径进行填充和描边，也可以将路径转换成选区进行图像处理，常用在特殊图像的选取、特效文字的制作、图案制作、标记设计等方面。

使用文字工具可以在图像中进行文本的编辑操作。

（1）路径基本概念

路径的基本组成元素有锚点、直线段、曲线段、方向点和方向线等。

- 锚点：所有与路径相关的点都称为锚点，标记着组成路径的各线段的端点。
- 直线段：使用钢笔工具在图像中单击两个不同的位置，即可在两点之间创建一条直线段，按住 Shift 键创建锚点，将以 45°或 45°的倍数绘制路径。
- 曲线段：拖动两个锚点就在两个平滑点之间创建曲线段。
- 方向点：用于标记方向线的结束端。
- 方向线：在曲线段上每个锚点都有一两个方向线。

（2）路径的创建

常用钢笔工具 和自由钢笔工具 创建路径，接下来介绍三种创建路径的方法。

1）钢笔工具

使用钢笔工具可以创建直线路径和曲线路径。单击钢笔工具，工具属性栏如图 5-99 所示。

图 5-99　钢笔工具属性栏

① 直线路径创建：单击钢笔工具，在图像中的任意位置单击鼠标创建第一个锚点，将鼠标移动到其他位置再次单击，创建第二个锚点，在两个锚点之间自动创建一条直线路径，以此类推，可以创建多条直线路径，当将鼠标移到起始锚点处，单击鼠标左键即可创建一条封闭的路径。

② 曲线路径创建：单击钢笔工具，在图像中创建路径的第一个锚点，按住鼠标左键，拖曳鼠标，将从起点建立一条方向线，释放鼠标，将鼠标移动到另一个位置后单击并拖动，创建路径的终点，即可在起点和终点之间创建一条曲线路径。

2）自由钢笔工具

选择自由钢笔工具，选择"磁性的"复选框，描绘的路径上将附着磁性节点，工具属性栏如图 5-100 所示。

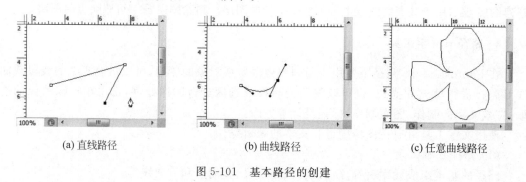

图 5-100　自由钢笔属性栏

使用自由钢笔工具与钢笔工具绘制路径一样,在文档窗口中的适当位置处按住鼠标左键并拖动即可创建所需的路径。

创建路径的常规方法,如图 5-101 所示。

| (a) 直线路径 | (b) 曲线路径 | (c) 任意曲线路径 |

图 5-101　基本路径的创建

3) 形状工具

也可以选择工具箱中的形状工具绘制不同形状的路径。选择自定义形状工具 ，如图 5-102 所示工具属性栏中,选择 绘制一个如图 5-103 所示的图形,在"路径"面板中单击"将路径作为选区载入"按钮 转换为选区,单击"从选区生成工作路径"按钮 ，可将刚转换的选区转换为路径。

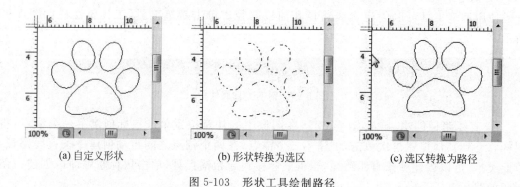

图 5-102　矩形工具属性栏

| (a) 自定义形状 | (b) 形状转换为选区 | (c) 选区转换为路径 |

图 5-103　形状工具绘制路径

（3）路径基本操作

- 添加锚点工具 ：添加锚点工具用于在创建好的路径上添加锚点。单击工具箱中的"添加锚点工具"按钮,将光标移动到需要添加锚点的路径上,单击鼠标左键即可添加一个锚点。

- 删除锚点工具 ：删除锚点工具用于删除不需要的锚点。选择删除锚点工具,将光标移动到需要删除的锚点上,单击鼠标左键,即可删除,同时路径上的形状也会发生相应的变化。

- 转换点工具 ![icon]：利用转换点工具可以在平滑点(曲线节点)和角点(直线节点)之间相互转换。选择转换点工具,单击路径中的一个锚点,拖曳鼠标形成曲线锚点。
- 路径转换为选区 ![icon]：在"路径"面板中,单击"将路径转换为选区"按钮 ![icon],或按 Ctrl＋Enter 组合键,即可转换为选区。
- 选区转换为路径 ![icon]：在"路径"面板中,单击"选区将转换为路径"按钮 ![icon],即可转换为选区。
- 路径选择工具：选择工具箱中的路径选择工具 ![icon],可以选择和移动整个路径。
- 直接选择工具：选择工具箱中的直接选择工具 ![icon],可以选择和移动路径中的某个锚点。

（4）文字的输入

单击"横排文字工具"按钮,如图 5-104 所示为其工具属性栏,设置字体样式、字体大小、字体颜色,将光标放置在图像窗口中,单击鼠标在插入光标处输入文字即可。

图 5-104　文本工具属性栏

（5）文字的编辑与转换

- 将文字转换为路径：输入文字后,选择"图层"→"文字"→"创建工作路径"命令,将在文字边缘创建路径,单击"路径"面板中的 ![icon] 按钮,将创建的路径转换为选区,选择"栅栏化文字"选项,可将文字图层转换为普通图层进行编辑操作。
- 将文字转换为形状：输入文字后,选择"图层"→"文字"→"转换为形状"命令,将在文字边缘创建形状路径。

其中,文字工具的使用如图 5-105 所示。

(a) 创建工作路径　　　　　(b) 路径转换为选区　　　　　(c) 文字栅栏化

(d) 文字图层转换为普通图层　　　　　(e) 文字转换为形状

图 5-105　文字工具的使用

- 沿路径排列文字：选择钢笔工具，单击"创建路径"按钮创建一条路径，再选择横排文字工具，当光标移动到路径上变成工形状时，在路径上单击鼠标，沿着路径出现闪动的光标，输入文字即可，如图 5-106 所示。

(a) 绘制路径　　　　　　　　　　　　(b) 沿路径输入文字

图 5-106　沿路径排列文字

5. 通道和蒙版

通道用于存放图像的颜色信息和选区信息，是选取图层中某图像部分的重要手段，可以利用通道来制作特殊效果、渐隐效果、阴影文字效果等。

通道主要包括颜色通道、Alpha 通道和专用通道三种。颜色通道：图像的颜色模式决定了通道的数量；Alpha 通道：编辑图像时，新创建的通道即为 Alpha 通道，存储了图像选区，用于保存蒙版；专用通道：用于指定专色油墨印刷的附加印。

（1）通道控制面板

通道控制面板可以管理所有的通道并对通道进行编辑操作。在通道放置区，用户可以对任一原色通道进行明暗度和对比度的调整，如图 5-107 所示。

在控制面板的底部有 4 个工具按钮，"将通道作为选区载入"按钮 ：用于将通道作为选择区域调出；"将选区存储为通道"按钮 ：用于将选择区域存入通道；"创建新通道"按钮 ：用于创建或复制新通道；"删除当前通道"按钮 ：用于删除图像中的通道。

图 5-107　"通道"面板

（2）通道基本操作

- 新建通道：单击"通道"面板底部的"创建新通道"按钮 ，即可创建一个 Alpha 通道；也可在 下拉菜单中选择"新建通道"命令创建，如图 5-108 所示。
- 复制通道：单击需要复制的通道，按住鼠标左键拖动到"创建新通道"按钮 上，当光标变成小手形状时释放鼠标左键即可复制出一个副本通道，如图 5-109 所示。
- 删除通道：用鼠标把需要删除的通道拖到底部"删除通道"按钮 上即可。
- 分离和合并通道：在 下拉菜单中选择"分离通道"命令进行分离；同样选择"合并通道"命令进行合并。

通道基本操作如图 5-110 所示。

图 5-108 新建通道

图 5-109 复制通道

(a) 原图

(b) 新建通道效果

(c) 复制通道效果

(d) "通道"面板

图 5-110 通道基本操作

（3）蒙版

蒙版用于保护图像的某些区域,使编辑过程不会影响到它。可以创建图层蒙版、快速蒙版、剪切蒙版和矢量蒙版。

- 图层蒙版：可为图像增加遮蔽效果，常用于图像合成，选择需要创建蒙版的图层，单击"图层"面板底部的"创建蒙版"按钮 在图层上创建蒙版，图层蒙版中黑色区域所对应的图像区域被遮蔽，从而显示底层图像；图层蒙版中白色的区域所对应的图像区域被显示；黑色和白色之间的灰色区域所对应的图像被半透明化。
- 快速蒙版：单击工具箱上的"以快速蒙版模式编辑"按钮 ，可以使图像区域快速进入蒙版编辑状态。
- 剪切蒙版：是使用某个图层的内容来遮盖其上方的图层。
- 矢量蒙版：也叫路径蒙版，是可以任意放大或缩小的蒙版，一般配合矢量工具使用。

6. 色彩与色调的调整

通过"图像"→"调整"命令可以调整图像的亮度、对比度、色相、饱和度等，使图像的色彩更加丰富。"色阶"命令用于调整图像的对比度、饱和度及灰度；"亮度和对比度"命令可以调节图像的亮度和对比度；"色彩平衡"命令用于调整图像色彩平衡度。

（1）色阶

打开需要调整的图像，选择"图像"→"调整"→"色阶"命令，或按 Ctrl+L 组合键，弹出"色阶"对话框，横坐标表示亮度值，纵坐标为图像的像素数值，如图 5-111 所示。

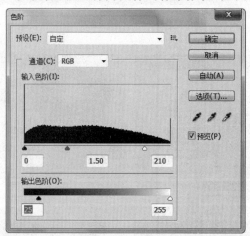

(a) "色阶"对话框

(b) 原图

(c) 调整后

图 5-111　色阶调整

（2）亮度/对比度

打开图像，选择"图像"→"调整"→"亮度/对比度"命令，弹出"亮度/对比度"对话框，如图 5-112 所示。可以通过拖曳亮度和对比度滑块来调整图像的亮度和对比度，单击"确定"按钮即可调整。亮度/对比度调整如图 5-112 所示。

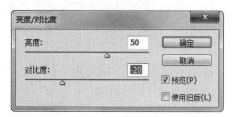

(a)"亮度/对比度"对话框

(b) 原图　　　　　　　(c) 调整后

图 5-112　亮度/对比度调整

（3）色彩平衡

选择"图像"→"调整"→"色彩平衡"命令，或按 Ctrl＋B 组合键，弹出"色彩平衡"对话框，如图 5-113 所示。

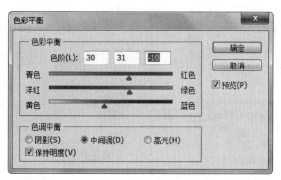

(a)"色彩平衡"对话框

(b) 色彩调整原图　　　　　　　(c) 色彩调整后

图 5-113　色彩调整

色彩平衡：用于添加过渡色来平衡色彩效果，拖曳滑块可以调整图像的色彩，也可以在色阶选项的数值框中输入数值调整。色调平衡：用于选择图像的阴影、中间调和高光。保持明度：用于保持原图像的明度。色彩调整效果如图 5-113 所示。

（4）反相

选择"图像"→"调整"→"反相"可以将图像或选区的像素反转为其补色，使其出现底片效果。

7. 滤镜

滤镜可以对图像进行各种特效处理，包括纹理、扭曲变形、画笔描边、模糊、艺术绘画等多种特效，在"滤镜"菜单中选择相应滤镜类型即可。

风格化滤镜：可以制作浮雕效果、模拟风的效果、拼贴效果。画笔描边滤镜：可以制作喷溅、墨水轮廓效果。扭曲滤镜：可以制作玻璃、海洋波纹、极坐标等 13 种效果。素描滤镜：可以制作炭精笔、影印效果。纹理滤镜：可以制作拼缀图、染色玻璃、纹理化等 6 种效果。像素化：可以制作彩块化、晶格化、铜板雕刻等 7 种滤镜效果。

滤镜效果设置如图 5-114 所示。

(a) 滤镜效果原图　　　　(b) 风格化"拼贴"效果　　　　(c) 画笔描边"喷溅"效果

(d) 扭曲"海洋波纹"效果　　　　(e) 纹理"颗粒"效果　　　　(f) 像素化"马赛克"效果

图 5-114　滤镜效果

5.4.4　动画制作

动画是在一段时间内显示的一系列图像或帧，每一幅图像比前一幅都有局部的变化。连续、快速地显示这些图像就产生了运动或变化效果。

1. 帧模式"动画"面板

选择"窗口"→"动画"菜单命令，启动帧"动画"控制面板，切换为帧模式，如图 5-115 所示。"动画"面板中显示了每帧的缩览图，利用鼠标选定可以逐一浏览各帧，每帧缩览图下端

"帧延迟时间"下拉列表  可以设置每帧的延迟时间,还可以使用底部的工具按钮设置循环次数、新建帧、删除帧、预览动画。

图 5-115　帧模式"动画"面板

2．创建帧动画

帧动画主要通过设置每帧对应图层的可见性来达到动态变化的目的。接下来结合实例来说明创建动画的过程,最终保存为 GIF 格式的文件。

(1) 选择"动画.psd"素材文件,这里已经创建好了 4 个图层,文档窗口和"图层"面板如图 5-116 所示。

(a) 帧模式动画文档窗口

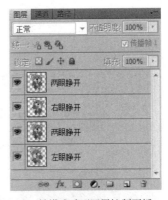
(b) 帧模式动画图层控制面板

图 5-116　帧模式动画

(2) 选择"窗口"→"动画"菜单命令,打开"动画"面板,切换为帧模式。选择第 1 帧,在"图层"面板中设置"左眼睁开"图层可见,其他图层不可见。在帧模式动画面板中,单击第 1 帧下端"帧延迟时间"下拉列表 0.2秒▾ ,选择延迟 0.2 秒。在帧模式动画面板的底部,设置动画帧播放的循环次数为"永远"。其中,图片显示效果、图层面板和帧动画面板如图 5-117 所示。

(3) 单击"动画"面板中的"复制所选帧"按钮 ,生成第 2 帧。在"图层"面板中将"两眼睁开"图层设为可见,其他图层不可见,其余参数与第 1 帧相同。其中,图片显示效果、图层面板和帧动画面板如图 5-118 所示。

(4) 同样的方法,创建第 3 帧。在"图层"面板中将"右眼睁开"图层设为可见,其余不可见,其余参数与第 1 帧相同。其中,图片显示效果、"图层"面板和"动画"面板如图 5-119 所示。

(5) 以此类推,创建第 4 帧。在"图层"面板中将"两眼睁开"图层设为可见,其余不可

(a) 第1帧图片显示效果

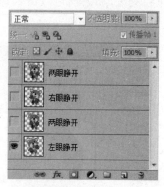

(b) 第1帧 "图层" 面板

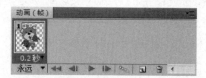

(c) 第1帧 "动画" 面板

图 5-117　创建第 1 帧动画

(a) 第2帧图片显示效果

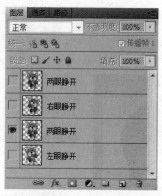

(b) 第2帧 "图层" 面板

(c) 第2帧 "动画" 面板

图 5-118　创建第 2 帧动画

见,其余参数与第 1 帧相同。其中,图片显示效果、"图层"面板和"动画"面板如图 5-120 所示。

　　(6) 设置完毕,保存"动画.psd"文件,选择"文件"→"存储为 Web 和设备所用格式"菜单命令,将文件存储为 GIF 动画文件,文件命名为"动画.gif"。

(a) 第3帧图片显示效果

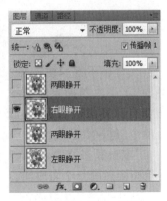

(b) 第3帧 "图层" 面板

(c) 第3帧 "动画" 面板

图 5-119　创建第 3 帧动画

(a) 第4帧图片显示效果

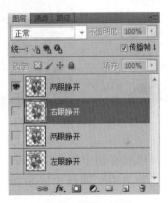

(b) 第4帧 "图层" 面板

(c) 第4帧 "动画" 面板

图 5-120　创建第 4 帧动画

5.4.5　Photoshop 实例

实例 1：利用选区工具，以"狗.jpg"和"背景.jpg"为素材，将两幅图片合成在一起。

步骤如下：

（1）打开两张图片素材，如图 5-121 所示。

(a)狗　　　　　　　　　　　　　(b)蘑菇屋

图 5-121　图像合成素材

（2）选取"狗.jpg"的图像区域，创建对应图层。选择工具箱中的快速选择工具，在"狗.jpg"文件中选取狗狗对应的图像区。按 Ctrl＋C 组合键复制选区，在"背景.jpg"文件中，按 Ctrl＋V 组合键，把选取中的图像复制在图层 1 中，将图层 1 更改为"狗"图层。其中，图像选取、图片显示效果、"图层"面板如图 5-122 所示。

(a)选取图像区域　　　　　　(b)图片显示效果　　　　　　(c)"图层"面板

图 5-122　选取图像和创建图层

（3）变换图像。选中"狗"图层，选择"编辑"→"缩放"菜单命令，图片处于编辑状态，将光标移动到图片边缘控制点处，光标变成 ↕ 图标，按住鼠标左键拖曳，双击图片区即可改变图像的大小。其中，图片显示效果如图 5-123 所示。

(a)图片缩放　　　　　　　　　　(b)图片合成效果

图 5-123　图片缩放和合成

图 5-124　合并图层

（4）合并图层，保存为"图片合成 1.jpg"。合成完毕，选择"文件"→"存储为"，保存为"图片合成 1.psd"。选择"图层"面板中的两个图层，单击右键，在弹出式菜单中选择"合并图层"，如图 5-124 所示。选择"文件"→"存储为"，将合成的图片保存为"图像合成 1.jpg"。

实例 2：利用渐变工具，创建图层蒙版，将"蓝天.jpg"和"花草.jpg"两幅图片合成在一起。

步骤如下：

（1）打开两张图片素材，如图 5-125 所示。

(a) 花草　　　　　　　　(b) 蓝天

图 5-125　图像合成素材

（2）移动"花草.jpg"的图像，创建对应图层。使用移动工具将图像合成素材中花草图像移至蓝天图像中，创建图层 1，将图层 1 更改为"花草"层，对花草图像进行变换调整，使图像缩放到与蓝天图像一样大小。选择"花草"图层，单击图层面板底部的"添加图层蒙版"按钮，创建图层蒙版，如图 5-126 所示。

（3）渐变填充图层蒙版。在工具箱中设置前景为黑色，背景为白色。选择渐变工具，选中"图层"面板区的图层蒙版，在图像窗口中按住鼠标左键，由上向下拖曳，松开鼠标，此时，图片显示效果和"图层"面板如图 5-127 所示。

图 5-126　添加图层蒙版

(a)图片显示效果　　　　　　(b) "图层" 面板

图 5-127　渐变填充图层蒙版

（4）显示"花草"图像底部花草区域。选择画笔工具，保持前景为白色，移动鼠标左键在底部花草部分涂抹，花草更清楚地显示出来。其中，图片显示效果和"图层"面板的变化如图 5-128 所示。

(a)图片最终效果　　　　　　　　(b)"图层"面板

图 5-128　涂抹显示花草

　　(5)设置完毕,保存图像文件。选择"文件"→"存储为",保存为"图片合成 2.psd"。选择"图层"面板中的两个图层,单击右键,在弹出式菜单中选择"合并图层",选择"文件"→"存储为",将合成的图片保存为"图像合成 2.jpg"。

　　实例 3:利用移动工具和选区工具,羽化边缘,将"花草背景.jpg"和"人物.jpg"两幅图片合成在一起。

　　步骤如下:

　　(1)打开两张图片素材,如图 5-129 所示。

(a)花草背景　　　　　　　　(b)人物

图 5-129　图像合成素材

　　(2)移动"人物.jpg"的图像,创建对应图层。使用移动工具 将图像合成素材中人物图像移至花草背景图像中,创建图层 1,将图层 1 更改为"人物"图层,调整人物图像显示位置。选择套索工具,在工具属性栏中设置羽化值为 20,选中"人物"图层,利用套索工具选择人物图像边缘,选择"选择"→"反向"命令,按 Delete 键,将人物背景删除。其中,羽化的目的就是虚化边缘,让人物边缘更加自然地融入背景图片中,如图 5-130 所示。

　　(3)保存文件,合并图层,存储合成的图像文件。操作完毕,选择"文件"→"存储为",保存为"图片合成 3.psd"。选择"图层"面板中的两个图层,单击右键,在弹出式菜单中选择"合并图层",选择"文件"→"存储为",将合成的图片保存为"图像合成 3.jpg"。

　　还有很多其他方法进行图像合成,应用时根据具体情况而定。

(a) 套索工具属性栏羽化设置

(b) 选取人物图像边缘　　　　　　　(c) 删除人物背景　　　　　　　(d) "图层" 面板

图 5-130　羽化人物图像

5.5　图形编辑处理软件

我们知道,矢量图是利用一些图形元素绘制而成的图形,对矢量图的编辑和处理方式都与位图有很大的不同。目前,有很多矢量图形编辑处理软件,比较专业的有 CorelDRAW,还有 Adobe 系列软件 Illustrator 和 Freehand。相比较,Freehand 较简单,本节主要学习 Freehand MX 的基本使用。

5.5.1　FreeHand 简介

FreeHand 是 Adobe 公司软件中的一员,简称 FH,是一个功能强大的平面矢量图形设计软件。无论要做广告创意、书籍海报、机械制图,还是要绘制建筑蓝图,FreeHand 都是一件强大、实用而又灵活的利器。

矢量绘图软件领域向来是 Illustrator、CorelDRAW 和 FreeHand 占主流地位,就 FreeHand 来说,自有它的优势。体积不像 Illustrator、CorelDRAW 那样庞大,十分"苗条",运行速度快,与 Macromedia 的其他产品如 Flash、Fireworks 等相容性极好。其文字处理功能尤为人称道,甚至可与一些专业文字处理软件媲美,FreeHand 对于相关的工作和设计人员而言,可以实现常用的大部分功能。

目前,FreeHand 的最新版本为 FreeHand MX(11.02)。

5.5.2　FreeHand 基本操作

启动 FreeHand MX 软件,选择"文件"→"新建"菜单项新建文档,主要界面如图 5-131 所示。FreeHand MX 主界面包括标题栏、菜单栏、主工具栏、工具箱、文档窗口、各类面板、状态工具栏等组件。

FreeHand MX 的基本操作主要包括文档操作、工具栏的调度、工具箱工具的使用、各种面板的使用。

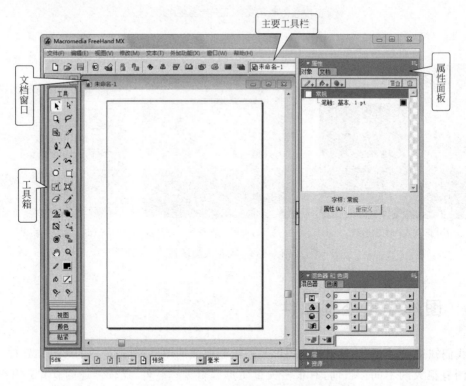

图 5-131　FreeHand MX 主界面

1. 文档操作

（1）新建文档：选择"文件"→"新建"菜单命令，或按快捷键 Ctrl＋N，或单击工具栏中的 □ 按钮，打开文档窗口，名称默认为"未命名-1"，一个文档可以有几页，如图 5-132 所示。

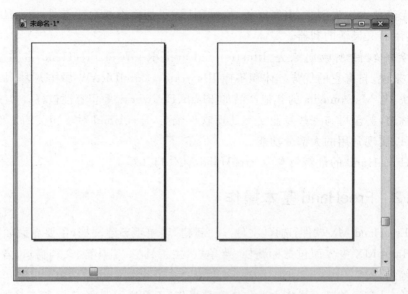

图 5-132　新建多页文档

（2）打开文档：选择"文件"→"打开"菜单命令，或按快捷键 Ctrl＋O，或单击工具栏中的 按钮，打开一个已经存在的文档，如图 5-133 所示。

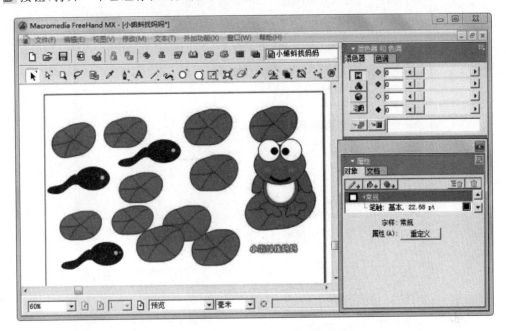

图 5-133　打开文档

（3）保存文档：文档编辑完成后选择"文件"→"保存"或"另存为"菜单命令，或单击工具栏中的"保存"按钮 进行保存，FreeHand 文档的扩展名为".fh11"，如图 5-134 所示。

图 5-134　保存文档

（4）导入、导出文档：选择"文件"→"导入"或"导出"可以导入导出其他类型的文件，或者 AI、WMF 文件。比如导入、导出".jpg"类型的文件，如图 5-135 和图 5-136 所示。

2. 工具栏的调度

选择"窗口"菜单下的工具栏即可打开或关闭，选中工具栏，移动鼠标可移动工具栏的位置。

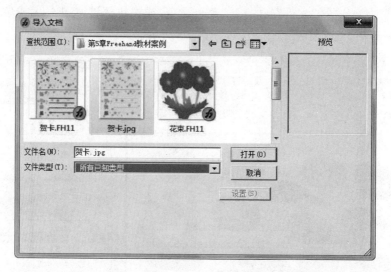

图 5-135　导入文档

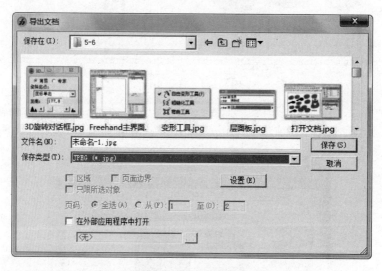

图 5-136　导出文档

3．工具箱工具的使用

（1）选取和删除对象：利用指针工具 选取对象，确定对象被选，按下 Delete 键删除；利用白色箭头工具 部分选定对象。

（2）文本工具：利用文本工具 A 输入文字。

（3）基本几何图形的绘制：利用矩形工具 可绘制任意大小的矩形，如果同时按住 Shift 键，则可绘制正方形，按住 Alt 键则以起始点为中心绘制；此外，双击 按钮可打开"矩形工具"对话框，设置矩形的圆角半径，半径值越大，则圆角越大。其他几何图形工具如多边形 工具、椭圆 工具、螺旋形 等使用方法类似于矩形工具，都以拖动鼠标来创建图形。其中，多边形工具、椭圆形工具和矩形工具一样在绘制时可同时按住 Shift 键或 Alt 键控制图形形状，如图 5-137 所示。

(a)"矩形工具"对话框　　　　　　(b)"多边形工具"对话框

图 5-137　创建规则几何图形

（4）非几何图形绘制工具：选中直线工具 ，用鼠标拖动就可以画出一条直线，同时按下 Alt 键，能够创建一条以鼠标定位点为中点的直线，移动鼠标，能够改变线的倾斜度（以线的中点为圆心）和长度，此时如果松开 Alt 键，将切换到普通的创建方式，如果画线的同时按下 Shift 键，则可以让直线的倾斜度在 45°的倍数角度之间转换。选择钢笔工具 ，按下 Alt 键并在画面中单击鼠标，然后在画面的另一处单击鼠标，可以在两点间创建一条直线路径；松开 Alt 键，继续在画面的另一处单击并拖动鼠标，创建与已绘路径相连的曲线路径，也可以利用贝塞尔工具 很容易地绘制几何图形。

（5）铅笔工具组：利用铅笔工具 、可变笔触钢笔工具 和书法笔工具 绘制线条。

（6）缩放比例工具组：利用缩放比例工具 可以按选中的图形不同比例和份数创建缩放后的图形，双击可调度"对齐和变形"对话框，进行属性的设置，如图 5-138 所示。旋转工具 、反射工具 和倾斜工具 的使用方法类似。

（7）自由变形工具组：利用自由变形工具 可以对图形进行变形，双击调出"自由变形工具"对话框，如图 5-139 所示。粗糙化工具 和弯曲工具 的使用方法类似。

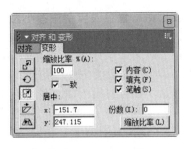

图 5-138　缩放比例工具　　　　　图 5-139　自由变形工具对话框

（8）透视工具组：这组工具主要设计有立体感的图形。利用透视工具 可以把二维图形制作出三维立体感；利用 3D 旋转工具 制作出立体旋转效果；选择鱼眼镜头工具 可以把图形制作出一种凸凹感，对话框如图 5-140 所示。

(a) "3D旋转"对话框

(b) "鱼眼镜头"对话框

图 5-140 透视工具组

（9）挤压工具组：利用挤压工具 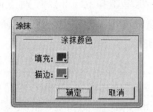、涂抹工具 和阴影工具 都可以制作出立体效果，设置时先选定图形，再利用工具设置，其设置对话框如图 5-141 所示。

(a) "涂抹"对话框 (b) "阴影"对话框

图 5-141 挤压工具组对话框

4. "属性"面板、"混色器和色调"面板

这里主要介绍"属性"面板、"混色器和色调"面板两个面板。

（1）"属性"面板：包括两个重要的属性，一个是文档属性，一个是对象属性。文档属性对文档纸张大小、纸张方向、打印分辨率进行设置；对象属性主要是对图形对象的编辑设置，如图 5-142 所示。

（2）"混色器和色调"面板：用于设置图形对象的颜色，如图 5-143 所示。

5.5.3 FreeHand 实例

实例：利用 FreeHand 绘制花朵，如图 5-144 所示，主要利用弯曲工具结合多边形工具来创建花朵。

步骤如下：

（1）新建文件，双击多边形工具，在弹出的多边形工具对话框中设置形状为多边形，边数值为 6，单击"确定"按钮，然后按住 Shift 键绘制一个正六边形，如图 5-145 所示。

（2）选中六边形，双击工具箱中的缩放比例工具 ，在参数设置框中设置缩放比例为 10%，份数为 1，单击"缩放比率"按钮，这样就可以复制出一个同心的小正六边形，大小只有原先的 10%，如图 5-146(a)所示。分别给这两个对象填充上颜色，取消笔触，大的六边形填

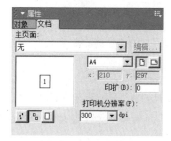

(a) 对象属性　　　　　　　　　　(b) 文档属性

图 5-142 "属性"面板

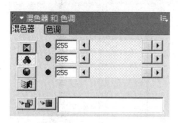

图 5-143 混合器和色调　　　　　　图 5-144 花束

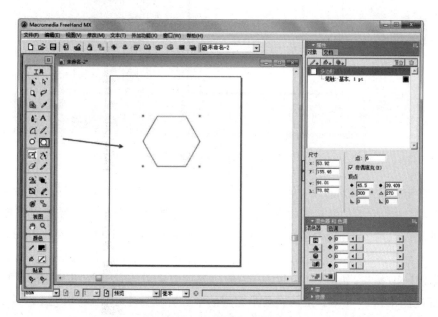

图 5-145 绘制六边形

充上玫红色(RGB 色为 254,0 和 127),小的六边形填充上黄色(RGB 色为 153,0 和 153),如图 5-146(b)所示。

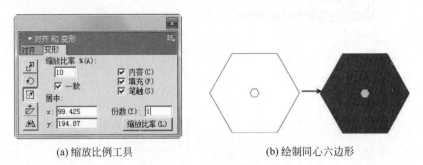

(a) 缩放比例工具　　　　　　　　　(b) 绘制同心六边形

图 5-146　绘制同心六边形

（3）利用 Ctrl＋A 快捷键选中两个六边形对象,选择"修改"→"接合"→"混合"菜单命令,然后在"对象"面板中,设置混合的步骤为 50 步,如图 5-147 所示。

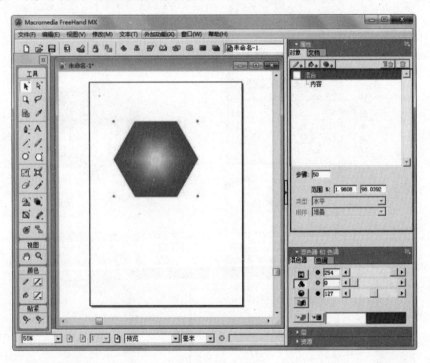

图 5-147　混合效果

（4）选中混合后的六边形,双击工具箱中的弯曲工具 ，设置弯曲数量为 5,单击"确定"按钮。选中混合后的六边形对象,按住 Shift 键,选择六边形的内部慢慢向外拖动,此时六边形的边线自动变弯曲,弯曲程度够了后,释放鼠标键,如图 5-148 所示。

（5）再给花朵添加一些花瓣,双击缩放工具 ，然后设置缩放比例为 70％,份数为 2,单击"缩放比率"按钮,如图 5-149(a)所示,此时程序自动将当前选择图形进行复制,然后每次分别都按比例缩小 70％。最后在最小花瓣的中心再画一个小圆圈,填充上一个比较亮的黄颜色球形的渐变色,就完成了这个效果的制作。最终效果如图 5-149(b)所示。

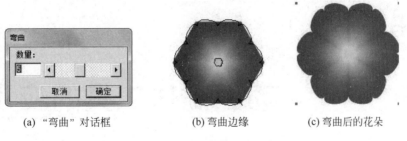

(a)"弯曲"对话框　　　　(b)弯曲边缘　　　　(c)弯曲后的花朵

图 5-148　弯曲花朵

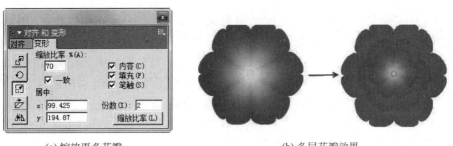

(a)缩放更多花瓣　　　　　　　　(b)多层花瓣效果

图 5-149　制作更多花瓣

（6）花朵的效果已经出来后，多绘制几朵花朵，再使用 3D 旋转的外加功能效果，然后用钢笔工具勾一些路径作为花朵的枝叶，并且选择一个绿颜色的渐变填充，如图 5-150 所示。

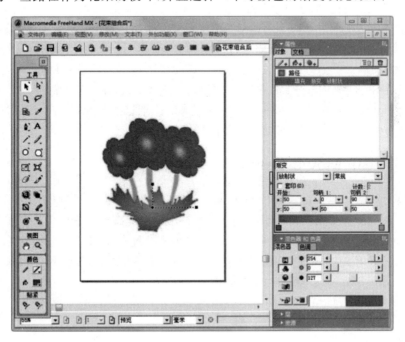

图 5-150　绘制枝叶

（7）绘制完毕，保存文件"花束.fh11"。

第6章

动画制作工具的应用

其实,大多数人都多多少少了解动画的概念是什么,Animate 在英文中的意思是:"……赋予生命,赋予动态"的意思。也就是说,动画就是"让原本没有生命的东西动起来,根据作者的意图,赋予它灵魂"。这一定义实际上是扩大了很多人脑中固有动画的概念。

动画制作分为二维动画与三维动画技术,如网页上流行的 Flash 动画就属于二维动画;最有魅力并运用最广的当属三维动画,包括常见的动画制作大片、电视广告片头、建筑动画等都要运用三维动画技术。现在三维动画软件的功能越来越强大,操作起来也相对容易,这使得三维动画有更广泛的运用。二维动画可以看成是一个分支,它的制作难度及对计算机性能的要求都远远低于三维动画。在本章仅就二维动画介绍几种实用工具。

6.1 动画 GIF 制作软件——GIF Movie Gear

要制作 GIF 动画,首先要知道 GIF 动画是怎么动起来的。GIF 动画其实也和电影一样,是由一幅一幅的静止的画面按顺序连续显示的结果。所以,我们制作 GIF 动画也要先把每一幅静止的画面都做好,再把它们按照一定的规则连起来。这里的每一幅静止画面就叫作一帧。静止的画面一般都是在一些图形图像工具软件中制作,如 Photoshop、CorelDraw、Painter 等,在 Animate GIF 中要完成的是把这些静止的画面按顺序放在一起,并加入一些对每幅画面的停顿时间等参数的设置。

6.1.1 GIF Movie Gear 简介

GIF Movie Gear 是一款实用的 GIF 文件制作、编辑、优化、转换软件。这款软件几乎拥有制作 GIF 动画所需要的全部编辑功能;无须再用其他的图形软件辅助。它可以处理背景透明化而且做法容易,做好的图片可以做最佳化处理使图片"减肥"。另外,它除了可以把做好的图片存成 GIF 的动画图外,还可支持 PSD、JPEG、AVI、BMP、GIF 等格式输出。下面一起来领略一下 GIF Movie Gear 的强大功能。

6.1.2 GIF Movie Gear 基本操作

1. 导入帧

启动 GIF Movie Gear 软件,如图 6-1 所示就是 GIF Movie Gear 的主窗口,这是一个典型的 Windows 窗口,窗口顶部是菜单栏和工具栏,下面的大块区域是用来显示 GIF 动画中的各个帧的。

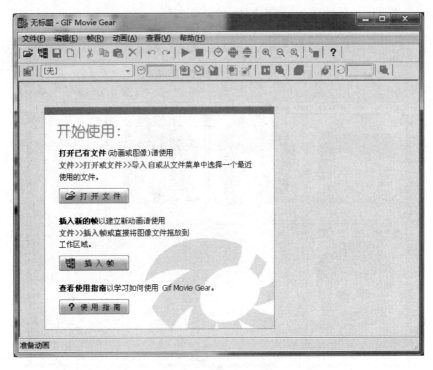

图 6-1　GIF Movie Gear 软件的启动界面

　　要制作 GIF 动画，首先要把已经做好的单帧的图片导入进来，单击工具栏上的"插入帧"按钮 ，或单击在启动界面中的"插入帧"按钮 ，在弹出的对话框中选择已经做好的图，再单击"打开"按钮，如图 6-2 所示。

图 6-2　插入帧

　　在选择单帧图的时候可以一次选择很多张,这样可以提高效率。现在 GIF Movie Gear
窗口中已经出现导入的画面了,如图 6-3 所示。

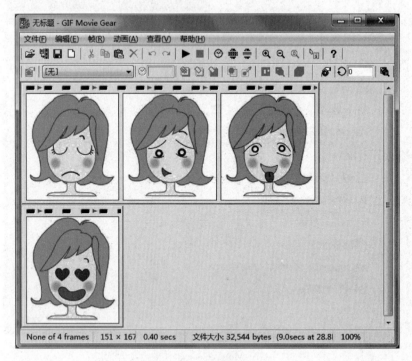

图 6-3　导入帧后的界面

　　单击工具栏上的"显示动画预览"按钮 ▶ ,GIF Movie Gear
立刻弹出了一个预览窗口,我们做的 GIF 正在窗口中播放,如
图 6-4 所示。

　　现在我们动画的速度有些快了,看起来眼花缭乱,这时就要
把这个动画的播放速度改慢一些。

2. 改变帧速率

　　先关闭预览窗口,单击工具栏上的"动画属性"按钮 ,
打开 GIF Movie Gear 的动画属性对话框,在这个对话框中可
以对这个动画的整体效果进行控制。选择"全局属性"选项
卡,有一个"动画"选项,这个选项是这个动画中每一帧的显示

图 6-4　预览动画

时间,单位是百分之一秒。现在默认的是 1,也就是 10ms,我们把它改为 10,即 100ms,如
图 6-5 所示。

　　单击"确定"按钮后,再预览一下。现在是不是好多了?

3. 动画属性

　　在"动画属性"对话框中不仅可以控制动画的播放速率,还可以设置 GIF 动画的很多
选项。

　　在"动画"选项卡中，如图 6-6 所示可以看到这个 GIF 文件的路径和文件名，由于现在是新建的一个文件，还没有保存，所以这一栏中是空的。下面还有这个 GIF 的总帧数。可以在"重复次数"栏中指定这个动画播放的次数，如果这里填入了 0，这个动画就会始终循环播放了。"全局调色板"是这个 GIF 动画所用的调色板，这一项一般不用管。"宽度"和"高度"是这个动画的宽度和高度，这两项也可以随意改变，不过如果改的太小了，可能会造成画面不完整。在这一项的旁边有一个"自动调整大小"按钮，它可以帮助我们自动设置动画的宽度和高度。"GIF 背景色"可以选择一种颜色作为 GIF 的背景色，不过这个颜色在浏览器中是不会被显示的，如果我们做了一个透明背景的 GIF 动画，并在这里指定了一个背景色，那么，在看图软件中可以看到这个动画有一个背景颜色，但把这个动画放到浏览器中观看时就变成透明背景了。

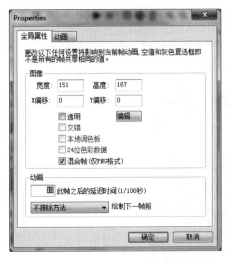

图 6-5　改变帧速率

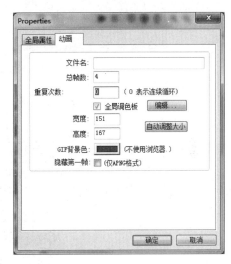

图 6-6　动画属性

　　在"全局属性"选项卡中，如图 6-5 所示，可以控制这个动画中所有帧的显示方式。这里所控制的是所有帧的共同属性，它将影响到动画中的每一个画面。如果有空白的数值或灰色的检查框，则表示动画的某些帧在这一项中指定了与其他帧不同的值。"宽度"和"高度"是帧的宽度和高度；"X 偏移"和"Y 偏移"是帧的偏移量，我们可以通过改变这两项的值来使帧在整个画面中进行移动。"透明"项是动画中的透明色，如果我们做的动画中想使用透明色，可以单击旁边的"编辑"按钮，从调色板或画面中选择一种颜色。这样，在动画中出现的所有这种颜色都将变为透明色。

　　我们来试一试，设好透明色后，如图 6-7 所示选择白色作为透明色，确定后执行"文件"→"GIF 动画另存为"把这个文件保存起来。然后再把这个有透明色的 GIF 动画放到主页中去，可以看到图片中以前是白色的地方现在是透明的了，可以显示出下面的背景图形的图案，如图 6-8 所示。

　　再回到 GIF Movie Gear 中，继续学习"全局属性"选项卡中的各项。在"全局属性"选项卡中还有一项"……绘制下一帧前"，它用来决定下一帧画面出现的方式，也就是在下一帧画面出现之前所对当前这一帧画面进行的处理。这一项的作用讲起来有些抽象，下面找一个例子来看一看。

图 6-7　设置透明色为白色

图 6-8　设置透明后在 IE 中的显示效果

执行"文件"→"重新开始",单击"插入帧"按钮,在弹出的对话框中选择一系列豹子奔跑的图,再单击"打开"按钮,它的背景默认就是透明色,如图 6-9 所示。

单击工具栏上的"动画属性"按钮 ,在弹出的"动画属性"对话框中选择"全局属性"选项卡,先把它的延迟时间设置为 6,现在它的"……绘制下一帧前"项是"保持原样",如图 6-10 所示。确定后保存成 GIF 动画文件,在图片浏览器中重新预览一下。这时会发现,动画中的每一帧在显示时都无法将前一帧清除掉从而使画面变得凌乱不堪(如图 6-11 所示)。

怎么解决这个问题呢?再打开"动画属性"对话框中的"全局属性"选项卡,在"……绘制下一帧前"项中有 4 种不同的选择。"不排除方法":不做任何处理直接显示下一帧;"保持原样":和上面一项效果相同,也是不做任何处理直接显示下一帧;"还原背景":在显示下一帧前先用背景色填充画面;"恢复到以前":在显示下一帧前先把画面恢复为显示当前帧

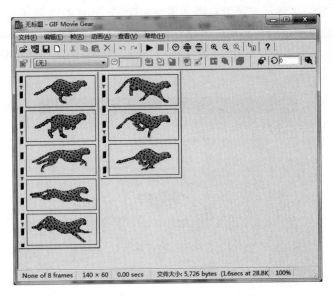

图 6-9 奔跑的豹子

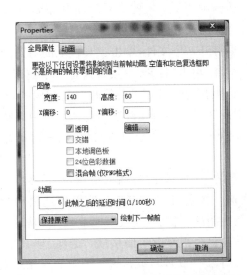

图 6-10 "绘制下一帧前"的参数为"保持原样"

的上一帧。我们把"保持原样"改为"还原背景",单击"确定"按钮。

图 6-11 显示效果凌乱不堪

再预览一下，这一次是不是就没有刚才那个问题了（如图 6-12 所示）？这 4 个选项在我们做透明 GIF 动画时或动画中各帧大小都相同时非常有用，其中的奥妙可以在实际运用中仔细体会。有一点一定要记住：在"动画属性"对话框中设置的选项都是对当前正在编辑的所有帧都起作用的。

图 6-12　把"保持原样"改为"还原背景"后的显示效果

4. 设置特定帧的属性

有时我们并不想一个动画中的每一帧的显示时间都相同，那么，在 GIF Movie Gear 中如何为某一帧或几帧进行特殊的设置呢？其实也不难，GIF Movie Gear 允许我们对动画中的每一帧单独进行设置。再打开一个文件，单击工具栏上的"打开文件"按钮 ，从"打开文件"对话框中选择 eye. gif 文件，单击"打开"按钮。这是一个眨眼睛的动画，单击"显示动画预览"按钮，是不是感觉眼睛睁开的时间和闭上的时间是相同的，很不舒服？我们来把眼睛睁开的时间改长一些，再把眼睛闭上的时间改短一些。先选中眼睛睁开的这一帧，再单击工具栏上的"帧属性"按钮，如图 6-13 所示（也可以用鼠标双击指定的帧）。打开"帧属性"对话框（如图 6-14 所示）。

这个对话框和前面讲到的"动画属性"对话框很像，只是多了一个"帧"选项卡。在"帧"选项卡中就可以对选定的这一帧进行特殊控制。这里的选项和"全局属性"选项卡是一样的，只是这里的选项都只能控制这一帧。"宽度"和"高度"只是这一帧的宽度和高度，"X 偏移"和"Y 偏移"只是这一帧在整个画面中的偏移量，"透明"项只是这一帧中的透明色，下面的"……此帧之后的延迟时间（1/100 秒）"只是这一帧画面显示的时间。我们把这个时间延长一点儿，由原来的 105 改成 200，设置好后单击"确定"按钮。下面再选中眼睛闭上的一帧，再单击工具栏上的"帧属性"按钮，把这帧画面的显示时间由原来的 105 改成 10，设置好后单击"确定"按钮。播放一下看看，是不是好多了？

5. 插入、删除帧

我们还可以向正在制作的 GIF 动画中添加新的帧，先用鼠标单击要插入帧的位置，再单击工具栏上的"插入帧进入动画"按钮 ，然后从对话框中选择要插入的文件，单击"打开"按钮，这个文件就被插入到选定的帧的位置前面了。如果在插入帧时选择了一个 GIF 文件，GIF Movie Gear 会把这个 GIF 文件的每一帧都插入到指定的插入点之前。如果要删除某一帧，只需要先选中这一帧，再单击工具栏上的"删除帧"按钮 就可以了。

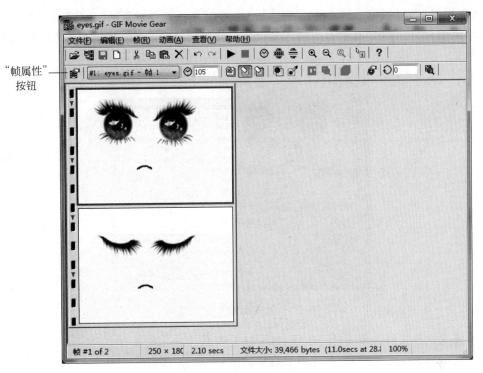

"帧属性"按钮

图 6-13　单击"帧属性"按钮

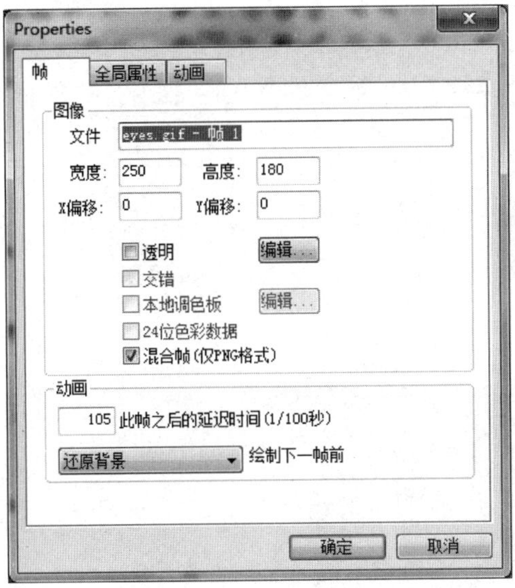

图 6-14　"帧属性"对话框

6．编辑帧

　　GIF Movie Gear 还允许我们对动画中的某一帧进行移动、旋转等处理。比如，要移动某一帧在画面中的位置，只需先用鼠标选中要处理的帧，然后再执行"帧"→"移动/复制…"。在弹出的"移动裁剪帧"对话框中，如图 6-15 所示，左面显示着这一帧的图案，图中有一个矩形的框,可以用鼠标拖动来改变框的位置和大小,也可以在右边用具体的数值来进行设置,下面有几个复选框分别为:"显示上一帧""显示下一帧""显示第一帧""显示裁剪后的帧"。

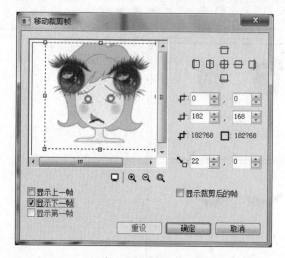

图 6-15   "移动裁剪帧"对话框

按要求设置完后单击"确定"按钮,这一帧就改变了。

帧的旋转方法也差不多,先选中要旋转的帧,再执行"帧"→"旋转",再从它的下级子菜单中选择想旋转的角度:"旋转 180°""顺时针旋转 90°""逆时针旋转 90°""水平翻转""垂直翻转"。如图 6-16 所示。比如我们选择"顺时针旋转 90°",这一帧就改变了。

图 6-16   对帧的旋转

7. 文件格式的转换

前面还提到 GIF Movie Gear 可以在 GIF、ANI、AVI 等文件之间相互转换。比如我们可以很方便地把一个 AVI 文件转换为可以当作动画鼠标的 ANI 文件,而且操作也十分简单。先单击工具栏上的"重新启动"按钮 □ 新建一个文件,再执行"文件"→"导入│AVI 文件…",从"打开文件"对话框中选择要转换的 AVI 文件,这里选择"龙.avi",单击"打开"按钮导入它。

现在已经可以从窗口中看到这个 AVI 文件被转换为 GIF 文件的各帧了,如图 6-17 所示。

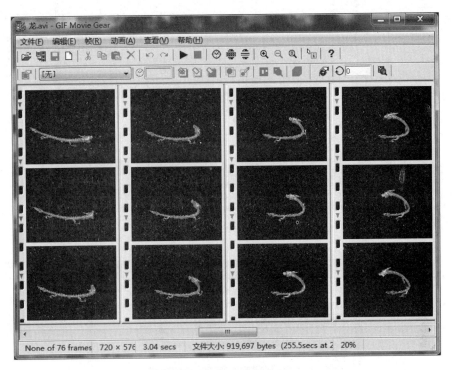

图 6-17　导入 AVI 文件

在"动画属性"对话框的"全局属性"选项卡中设置"透明"为"黑色"。

然后再执行"文件"→"另存为"命令,在"另存为"对话框中,设置"保存类型"项为 Windows animated cursor(.ani)把它转换为动画指针,在"另存为"对话框中指定保存文件的目录和文件名。由于我们是把它转换为鼠标的指针,所以在"另存为"对话框的下面还需要选择这个鼠标指针的基准点,单击画面的左上角,或在下面的 x、y 文本框中都输入 0,最后,单击"保存"按钮,如图 6-18 所示。

现在从保存目录找到这个 ANI 文件,在它的文件名上单击鼠标右键,选择"属性",看到它已经是一个会动的鼠标指针了。打开"控制面板",如图 6-19 所示,在"经典模式"下(对于 XP/VISTA)选择"鼠标"项目,再选择"指针"选项卡,在列表中选择合适的项目,浏览 ANI 文件位置,最后单击"确定"按钮退出。这时,你的鼠标就变成我们制作的"龙"的动画了。

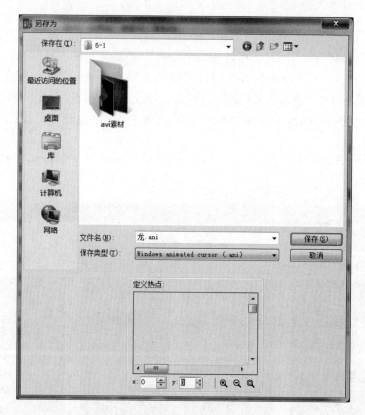

图 6-18　保存为 ANI 文件

图 6-19　设置动画鼠标

其他几种文件之间的转换也是这个步骤,只是在转换 GIF 文件时可以直接打开或者直接保存 GIF 文件,而不必再去导入或另存为它,因为 GIF Movie Gear 的默认文件格式就是 GIF 文件。

6.1.3　GIF Movie Gear 制作 GIF 动画实例

下面试着将如图 6-20 所示的一幅完整的火柴人的图片"火柴人.jpg"做成 GIF 动画。

图 6-20　火柴人.jpg 图片

（1）打开 PS 软件，在 PS 中打开"火柴人.jpg"，并将整幅图片中每个肢体不同的画面裁剪成大小相同的小图片并保存为独立的 21 个文件。

（2）打开 GIF Movie Gear 软件，执行"插入帧"命令，将这 21 个文件插入到各帧中，在"动画属性"对话框的"全局属性"选项卡中设置"透明"为"白色"，修改适当的"延迟时间"。

（3）预览。

（4）满意后保存为 GIF 文件即可。

6.2　快速制作 Flash 动画工具——SWiSHmax

您可能会觉得奇怪，动画制作软件中为何有 Flash 还要有 SWiSH？其实 Flash 和 SWiSH 就好像火车与出租车一样，SWiSH 好比火车，可以很快地由火车站到某个省市，但是却无法到达小巷中特定的位置。所以好好利用这两套动画制作工具可以使动画制作事半功倍。

6.2.1　SWiSHmax 简介

SWiSHmax 是 SWiSH 的最新版本。新版完全支持 Flash 中的语法，并做了大量的改进，功能强劲。使用这个软件做 Flash 动画不需要学习专业知识，用它就可以更快速、更简单地在网页中加入 Flash 动画，并有超过 150 种可选择的预设效果。只要单击几下鼠标，就可以加入让网页在众多网站中令人注目的酷炫动画效果。用户可以创造形状、文字、按钮以及移动路径，也可以选择内建的超过 150 种诸如爆炸、漩涡、3D 旋转以及波浪等预设的动画效果。用户可以用新增动作到物件，来建立自己的效果或制作一个互动式电影。

SWiSHmax 也有明显的弱点，它所生成的交互性 swf 文件导入 Flash 中后，脚本语句基本不能应用,它压缩 MP3 声音和处理形状变形的能力很差,如果要做复杂动画,它的功能要较 Flash 逊色。

6.2.2 SWiSHmax 操作界面说明

双击桌面上的快捷图标  ,第一次进入时,会出现一个"您想要做什么?"的询问对话框,如图 6-21 所示。如果不想在下次启动时显示该提示,可以去掉左下角"启动时显示该提示"前复选框中的小勾。

通常单击"开始新建一个空影片"按钮,进入 SWiSHmax 的主界面,如图 6-22 所示。

(1) 标题:显示目前编辑的文件名和使用的软件名称。

(2) 菜单栏:下拉菜单,包含 SWiSH 软件的所有功能。

(3) 工具列:常用命令的快速执行按钮。

图 6-21　SWiSHmax 启动画面

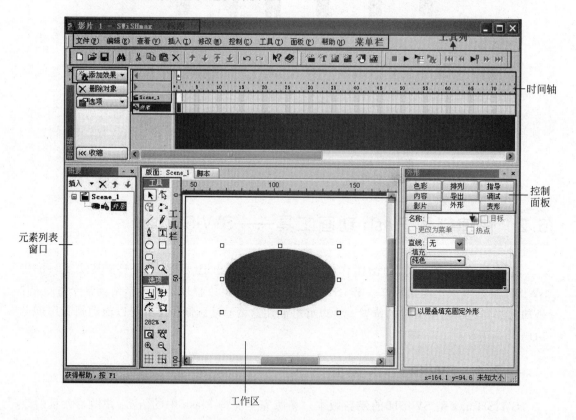

图 6-22　SWiSHmax 主界面

(4) 添加效果:SWiSH 中提供了三百多种特效,用户可直接使用。

(5) 时间轴:用于安排动画的每个画面(即每一帧)的顺序和对象的叠放顺序,是学习动画的核心,通过时间轴的巧妙安排,可以做出丰富的动画影片。在时间轴设置效果后,效果持续的画面数量就反映在时间轴上,可以在时间轴上移动效果的位置或改变效果的持续帧数,以改变动画的节奏。也可以在时间轴前面的"图层"面板处拖移对象的位置,以调整对象的叠放顺序,如图 6-23 所示。

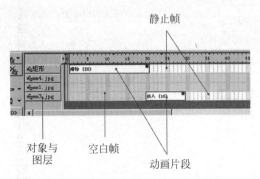

图 6-23　SWiSHmax 时间轴说明

（6）元素列表窗口：影片所用到的文字、图形、精灵、按钮等角色,都会呈现在该面板中。

（7）工具栏：在编辑的时候对设计元素进行选择,绘制几何图形。

（8）工作区：场景展示的窗口。

（9）控制面板：提供文字、图片、精灵、按钮的元素修改功能。

6.2.3　SWiSHmax 基本操作

利用 SWiSHmax 软件进行动画制作的流程可以通过图 6-24 概括出来。

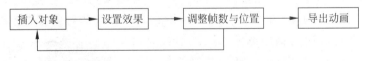

图 6-24　SWiSHmax 基本操作流程

1. 插入对象

对象包括文本、按钮、精灵、图像、音频等内容,设置的动画是基于这些动画对象而存在的。

2. 设置效果

利用 SWiSHmax 进行效果设定方法非常简单,选中需要设置动画的对象,对插入的对象进行效果设定,单击鼠标右键,选择菜单中的效果,根据需要设置合适类型的动画。设定好后,会发现在"时间线"面板中该对象的时间线上多了一段"动画名称（时间）"的显示,其中,括号里的数字表示这种特效持续时间,这个时间可以通过在时间轴上拖动动画边缘来改变,也可以通过右键选择动画属性来设置,如图 6-25 所示。

动画设置完成后,单击工具栏中的"播放影片"按钮 ▶ ,就可以看到动画了。要退出播放,单击工具栏中的"停止播放"按钮 ■ 。

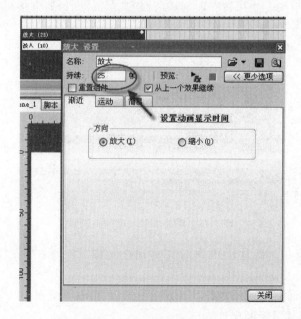

图 6-25　设置动画显示时间

3．调整帧数与位置

在动画设计过程中需要反复修改，以期达到满意的效果，其中包括对动画帧数的调整，对对象位置的调整，以及对对象层次的调整。当把图片插入到场景中后，会发现图片往往会盖住先前输入的文字。其实，在 SWiSHmax 中默认将后插入的对象放在上层，这时就需要改变对象的层次，通过时间轴左侧的"轮廓"面板对对象进行调整，在该面板中所有插入的对象都按插入的先后顺序由下到上排列着。调整对象层次方法有两种：一是选中要移动的对象，单击"工具栏"中的向上箭头（向前放）一次，将对象上移一层；单击按钮向下箭头（向后放）一次，将对象下移一层。二是选中要移动的对象，直接用鼠标拖到想去的层次然后松开鼠标即可，如图 6-26 所示。

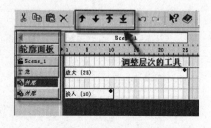

图 6-26　调整对象层次

4．导出动画

动画制作完成后，就可以将源文件保存或导出动画了。执行"文件"→"导出"命令，选择导出的文件格式，如图 6-27 所示，在弹出的对话框中对文件进行命名。

6.2.4　SWiSHmax 动画实例

很多 Flash 文字动画非常绚丽，但是制作起来却很费时，现在就来尝试一下使用 SWiSHmax 来制作文字动画。

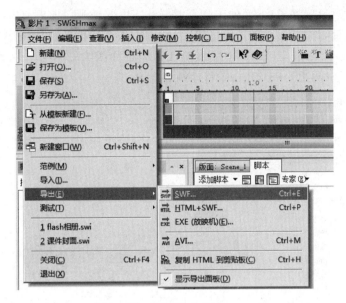

图 6-27　导出动画

（1）打开 SWiSHmax 软件，进入工作界面。

（2）单击"开始新建一个空影片"按钮，如图 6-28 所示。

（3）影片设置：在工具面板中选择"影片"工具，设置影片的背景色，影片的宽度和高度，帧频等参数，具体参数如图 6-29 所示。

图 6-28　新建一个空影片

图 6-29　影片设置

（4）单击工具栏中的"插入文本"按钮 ✳T 。

（5）这时在工作区出现一个文本输入框，当前字体的颜色为黑色。

（6）在工具面板中选择"文本"标签，在文本输入框内输入自己需要的文字，改变字体的样式、颜色、字号、是否粗体、是否倾斜等，如图 6-30 所示。

（7）单击"添加效果"按钮，如图 6-31 所示，这里有一百多种动画效果，可以选择任意一个合适的效果类型用来设置动画效果。这里选择"添加效果"→"回到起始"→"波浪-标准波浪"。

（8）单击工具栏上的"播放影片"按钮 ▶ ，预览动画效果。

（9）导出文件。

图 6-30　设置文本样式

　　文字动画效果设置好了，下面的工作就是导出 Flash 动画。导出前需要在"导出"选项卡中进行一些设置，首先要设置"导出选项"为 SWF(Flash)，再设置"要导出的 SWF 版本"，系统提供了 SWF4、SWF5 和 SWF6，选择 SWF6，设置如图 6-32 所示。一切设置完成后就可以执行"文件"→"导出"→SWF 命令将动画导出了。

图 6-31　添加动画效果

图 6-32　设置导出选项

　　(10) 导入到 Flash。

　　启动 Flash CS6，按 Ctrl＋F8 组合键打开"创建新元件"对话框，从类型选项中选择"影片剪辑"命令，命名为"波浪文字"。然后执行"文件"→"导入"命令，找到 SWiSHmax 导出的 swf 文件进行导入。最后回到主场景，把影片剪辑"波浪文字"拖到场景中，这样在 Flash 的动画中就有带动画效果的文字了。

第7章 音视频处理工具的应用

平常我们都喜欢听音乐,看视频,用哪些软件可以很好地播放音频以及视频,让试听效果非常好? 而有时候自己也想用软件剪辑制作音频,录制一段声音或者音乐。或者自己录制好了一段视频后,想用软件重新制作下,让视频变得更好看。本章就介绍几种好用的音视频工具。

7.1 音视频基本知识

1. 常见的音频文件格式

音频有两种,一种是模拟音频(Analog Audio),另外一种是数字音频(Digital Audio)。模拟音频是将声波以一种模拟的方式记录的音频。这种模拟手段主要是将声音从磁信号和电信号之间转换来实现的声音的记录。如我们知道的磁带,就是记录的模拟信号。磁带上磁粉的多少和磁头的质量就决定着声音的质量。数字音频是将声波以一种数字方式记录的音频。这种数字手段是将声波以二进制的数字方式记录下来,就形成数字音频。

在录制声音的时候,话筒输出的是音频模拟信号,声卡从话筒获取音频模拟信号后,通过模数转换器(ADC),将声波振幅信号采样转换成一串数字信号并存储到计算机中。重放时,这些数字信号送到数模转换器(DAC),以同样的采样速度还原为模拟波形,放大后送到扬声器发声。

常见的音频格式有 CD、WAVE、APE、AU、MPEG、MP3、MPEG-4、MIDI、WMA、RealAudio、VQF、OggVorbis、AMR。

CD 格式的音质是比较高的音频格式。在大多数播放软件的打开文件类型中,都可以看到 *.cda 格式,这就是 CD 音轨了。CD 音轨可以说是近似无损的,因此它的声音基本上是忠于原声的。标准 CD 格式也就是 44.1kHz 的采样频率,速率 88kHz/s,16 位量化位数。一个 CD 音频文件是一个 *.cda 文件,这只是一个索引信息,并不是真正包含声音信息,所以不论 CD 音乐的长短,在计算机上看到的 *.cda 文件都是 44B 长。注意:不能直接复制 CD 格式的 *.cda 文件到硬盘上播放,需要使用抓音轨软件或者格式转换软件把 CD 格式的文件转换成 WAV 或者其他音频格式。

WAVE(*.WAV)是微软公司开发的一种声音文件格式,它符合 RIFF(Resource Interchange File Format),用于保存 Windows 平台的音频信息资源,被 Windows 平台及其应用程序所支持。标准格式的 WAV 文件和 CD 格式一样,也是 44.1kHz 的采样频率,速率 88kHz/s,16 位量化位数,WAV 格式的声音文件质量和 CD 相差无几,也是目前 PC 上广为流行的声音文件格式,几乎所有的音频编辑软件都能识别 WAV 格式。

APE 是流行的数字音乐无损压缩格式之一,APE 这类无损压缩格式,是以更精练的记录方式来缩减体积,还原后数据与源文件一样,从而保证了文件的完整性。APE 由软件 Monkey's audio 压制得到,开发者为 Matthew T. Ashland,源代码开放。相较同类文件格式 FLAC,APE 有查错能力但不提供纠错功能,以保证文件的无损和纯正;其另一个特色是压缩率约为 55%,比 FLAC 高,体积大概为原 CD 的一半,便于存储。

MP3 的中文全称是动态影像专家压缩标准音频层面 3(Moving Picture Experts Group Audio Layer III)。它被设计用来大幅度地降低音频数据量。利用 MP3 的技术,可将音乐以 1∶10 甚至 1∶12 的压缩率,压缩成容量较小的文件,而对于大多数用户来说,重放的音质与最初的不压缩音频相比没有明显的下降。

MIDI(Musical Instrument Digital Interface,乐器数字接口)是 20 世纪 80 年代初为解决电声乐器之间的通信问题而提出的。MIDI 是编曲界最广泛的音乐标准格式,可称为计算机能理解的乐谱。它用音符的数字控制信号来记录音乐。一首完整的 MIDI 音乐只有几十 KB 大,而能包含数十条音乐轨道。几乎所有的现代音乐都是用 MIDI 加上音色库来制作合成的。MIDI 传输的不是声音信号,而是音符、控制参数等指令,它指示 MIDI 设备要做什么,怎么做,如演奏哪个音符、多大音量等。它们被统一表示成 MIDI 消息(MIDI Message)。

WMA(Windows Media Audio)是微软公司推出的与 MP3 格式齐名的一种音频格式。WMA 在压缩比和音质方面都超过了 MP3,即使在较低的采样频率下也能产生较好的音质。WMA 的压缩率一般都可以达到 1∶18 左右,WMA 的另一个优点是内容提供商可以通过 DRM(Digital Rights Management)方案,如 Windows Media Rights Manager 7 加入防复制保护。微软官方宣布的资料中称 WMA 格式的可保护性极强,甚至可以限定播放机器、播放时间及播放次数,具有相当的版权保护能力。应该说,WMA 的推出,就是针对 MP3 没有版权限制的缺点而来的。

RealAudio 音频主要适用于网络上的在线音乐欣赏。Real 的文件格式主要有几种:RA(RealAudio)、RM(RealMedia,RealAudio G2)、RMX(RealAudio Secured),还有更多。这些格式的特点是可以根据网络带宽的不同而改变声音的质量,在保证大多数人听到流畅声音的前提下,可以让带宽较好的听众获得较好的音质。

VQF 格式是由 YAMAHA 和 NTT 共同开发的一种音频压缩技术,其压缩率比标准的 MPEG 音频压缩率高出近一倍,可以达到 18∶1 左右甚至更高。也就是说把一首 4min 的歌曲(WAV 文件)压成 MP3,大约需要 4MB 左右的硬盘空间,而同一首歌曲,如果使用 VQF 音频压缩技术的话,那只需要 2MB 左右的硬盘空间。因此,在音频压缩率方面,MP3 和 RA 都不是 VQF 的对手。相同情况下压缩后 VQF 的文件体积比 MP3 小 30%~50%,更利于网上传播,同时音质极佳,接近 CD 音质 16 位 44.1kHz 立体声。

OggVorbis 音频文件的扩展名是.OGG。这种文件的设计格式是非常先进的。现在创建的 OGG 文件可以在任何播放器上播放,因此,这种文件格式可以不断地进行大小和音质的改良,而不影响旧有的编码器或播放器。

AMR 全称为 Adaptive Multi-Rate,即自适应多速率编码,主要用于移动设备的音频,压缩比比较大,但相对其他的压缩格式质量比较差,由于多用于人声、通话,效果还是很不错的。

以上是常见的音频格式,现在对这些音频做下比较:作为数字音乐文件格式的标准,WAV 格式容量过大,因而使用起来很不方便。因此,一般情况下我们把它压缩为 MP3 或 WMA 格式。压缩方法有无损压缩,有损压缩,以及混成压缩。MPEG、JPEG 就属于混成压缩,如果把压缩的数据还原回去,数据其实是不一样的。当然,人耳是无法分辨的。因此,如果把 MP3、OGG 格式从压缩的状态还原回去的话,就会产生损失。然而,APE 格式即使还原,也能毫无损失地保留原有音质。所以,APE 可以无损失高音质地压缩和还原音频文件。

2. 常见的视频文件格式

视频文件格式有不同的分类,如微软视频:wmv、asf、asx;Real Player:rm、rmvb;MPEG 视频:mpg、mpeg、mpe;手机视频:3gp;Apple 视频:mov;Sony 视频:mp4、m4v;其他常见视频:avi、dat、mkv、flv、vob。

AVI 全称为 Audio Video Interleaved,即音频视频交错格式。AVI 文件将音频(语音)和视频(影像)数据包含在一个文件容器中,允许音视频同步回放。类似 DVD 视频格式,AVI 文件支持多个音视频流。AVI 信息主要应用在多媒体光盘上,用来保存电视、电影等各种影像信息。

WMV(Windows Media Video)是微软开发的一系列视频编解码和其相关的视频编码格式的统称,是微软 Windows 媒体框架的一部分。微软也开发了一种称为 ASF(Advanced Systems Format)的数字容器格式,用来保存 WMV 的视频编码。在同等视频质量下,WMV 格式的文件可以边下载边播放,因此很适合在网上播放和传输。

MPEG(Moving Picture Experts Group,动态图像专家组)是 ISO(International Standardization Organization,国际标准化组织)与 IEC(International Electrotechnical Commission,国际电工委员会)于 1988 年成立的专门针对运动图像和语音压缩制定国际标准的组织。MPEG 标准主要有以下 5 个:MPEG-1、MPEG-2、MPEG-4、MPEG-7 及 MPEG-21。MPEG 标准的视频压缩编码技术主要利用了具有运动补偿的帧间压缩编码技术以减小时间冗余度,利用 DCT 技术以减小图像的空间冗余度,利用熵编码在信息表示方面减小了统计冗余度。这几种技术的综合运用,大大增强了压缩性能。

MKV 即 Matroska 多媒体容器(Multimedia Container),是一种开放标准的自由的容器和文件格式,是一种多媒体封装格式,能够在一个文件中容纳无限数量的视频、音频、图片或字幕轨道,所以其不是一种压缩格式,而是 Matroska 定义的一种多媒体容器文件。其目标是作为一种统一格式保存常见的电影、电视节目等多媒体内容。Matroska 最大的特点就是能容纳多种不同类型编码的视频、音频及字幕流。

RM 是 RealNetworks 公司开发的一种流媒体视频文件格式,可以根据网络数据传输的不同速率制定不同的压缩比率,从而实现低速率的网络上进行视频文件的实时传送和播放。它主要包含 RealAudio、RealVideo 和 RealFlash 三部分。RMVB 是一种视频文件格式,其中的 VB 指 Variable Bit Rate(可变比特率)。MOV 即 QuickTime 影片格式,它是 Apple 公司开发的一种音频、视频文件格式,用于存储常用数字媒体类型。当选择 QuickTime(*.mov)

作为保存类型时,动画将保存为.mov文件。QuickTime用于保存音频和视频信息,适用于 Apple Mac OS以及Windows 7在内的所有主流计算机平台。

FLV是Flash Video的简称。FLV流媒体格式是随着Flash MX的推出发展而来的视频格式。由于它形成的文件极小、加载速度极快,所以适合网络播放。FLV利用了网页上广泛使用的Flash Player平台,将视频整合到Flash动画中。也就是说,网站的访问者只要能看Flash动画,自然也能看FLV格式视频,而无须再额外安装其他视频插件,FLV视频的使用给视频传播带来了极大的方便。

MOD格式是JVC生产的硬盘摄录机所采用的储存格式名称。

7.2 音频处理软件

7.2.1 Adobe Audition简介

Adobe Audition是一个专业音频编辑和混合环境,原名为Cool Edit Pro,被Adobe公司收购后,改名为Adobe Audition。Adobe Audition是一个完善的多声道录音室,可提供灵活的工作流程并且使用简便。无论是要录制音乐、无线电广播,还是为录像配音,Adobe Audition中的工具都能帮助用户创造出最高质量的丰富、细微音响。本节使用的Adobe Audition的版本是CS6。该版本最多混合128个声道,可编辑单个音频文件,创建回路并可使用45种以上的数字信号处理效果。Adobe Audition是一个完善的多声道录音室,可提供灵活的工作流程并且使用简便,可以制作出音质饱满、细致入微的最高品质音效。

7.2.2 Adobe Audition基本操作

1. Adobe Audition主界面

Adobe Audition的主界面如图7-1所示。也可以选择Adobe Audition的经典界面。单击"窗口"→"经典",出现的经典界面如图7-2所示。在使用后,如果想恢复默认窗口,可选择"工作区"→"默认",再选择"工作区"→"重置默认"。如果有些面板不小心关闭了,可以通过"窗口"菜单找出来。

在"效果"菜单中有一些常用的功能,比如振幅与压限、特殊效果、立体声声像等,在"收藏夹"菜单中,有淡入、淡出、移除人声等。

2. 编辑音频文件

在编辑音频文件之前,先在主窗口打开音频文件。方法:启动Adobe Audition CS6后,在窗口顶端可以看到菜单栏、工具栏以及播放控制按钮。在Adobe Audition CS6的菜单栏中选择"文件"→"打开"命令,在弹出的"打开"对话框中选择要打开的音频文件,然后单击"打开"按钮,这时文件就出现在编辑器面板中,在窗口中可以看到音频文件的波形、音频文件的名称、音频文件的属性,如图7-3所示。如果只是导入音频文件,而暂时不编辑,就选择"文件"→"导入"命令,将音频文件导入。

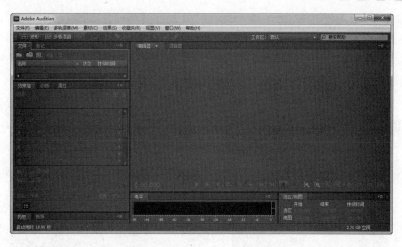

图 7-1　Adobe Audition 主界面

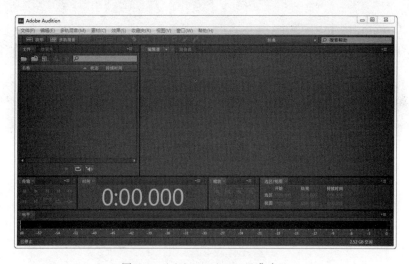

图 7-2　Adobe Audition 经典窗口

图 7-3　打开音频文件后的主界面

1）截取音频文件

如果想截取其中一段音频，可以用直接选中复制的方法进行。先选中一段，被选中的音频呈反相显示，如图 7-4 所示。再单击鼠标右键，在右键菜单里选择"复制"，如图 7-5 所示。如果要让该段音频单独成为一个文件，选择"复制为新文件"。

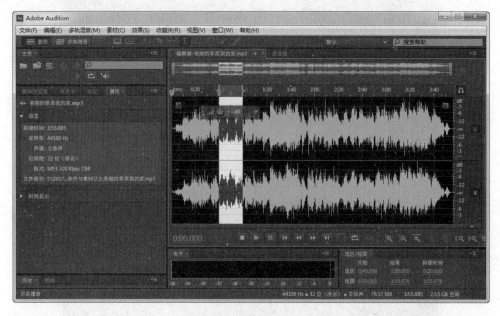

图 7-4　截取音频文件

图 7-5　选择"复制"命令

复制好的波形可以粘贴到任何位置，也可以粘贴到其他音频文件，如图 7-5 所示。复制为新文件的波形可以单独保存为音频文件，如图 7-6 所示。再选择"文件"→"另存为"存储音频文件,这样不会覆盖掉原来的音频文件。在存储的时候,注意存储格式,通过"格式"可以进行选择,如图 7-7 所示。

图 7-6　新的音频文件

也可以设置开始、结束、持续时间来选择音频,如图 7-8 所示。

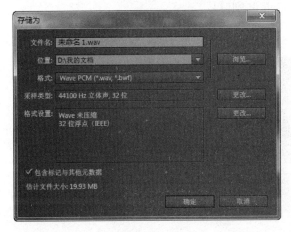

图 7-7　存储文件

图 7-8　设置音频范围

2) 音频效果设置

如果想修改音频的音量大小,可以选择"效果"→"振幅与压限"→"增幅",如图 7-9 所示。然后向右移动滑块,便可使音频的音量增大,向左移动滑块,便可使音频的音量减小,如图 7-10 所示。

如果音频文件的开始部分突然很大声地出现,或者结束部分突然没有声音,可以通过 Adobe Audition 设置淡入淡出的效果。方法:可以先选择需要淡入或者淡出效果的音频段,再选择"收藏夹"→"淡入"或者"淡出",如图 7-11 所示。如果想设置某段音频为无声,先选中该音频,再选择"效果"→"静默",如图 7-12 所示。

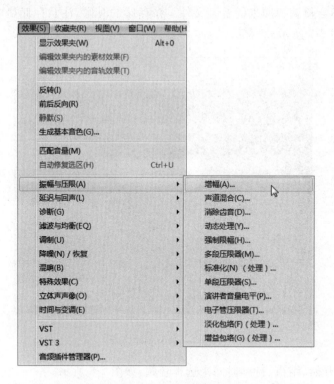

图 7-9　振幅与压限

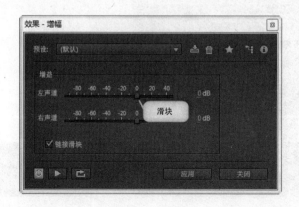

图 7-10　增幅

3）去除人声

如果需要伴奏曲，但网上只能找到该首歌曲，可以通过该歌曲使用 Adobe Audition 自己制作伴奏。一般歌曲人声都是在中间位置。Adobe Audition 消声的原理是过滤掉立体声音频信号中间的部分，有时会消除某些乐器的声音，但得到的是立体声的效果。

步骤：

（1）在 Adobe Audition 中打开需要制作伴奏的音频文件。

（2）选择"效果"→"立体声声像"→"中置声道提取"，会弹出"效果"→"中置声道提取"的对话框，在"预设"下拉列表选择"人声移除"，如图 7-13 所示。

图 7-11 淡入/淡出

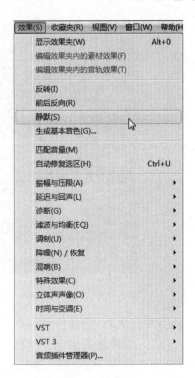

图 7-12 静默

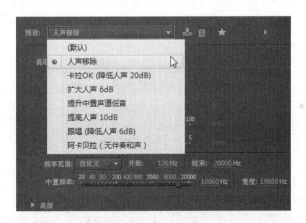

图 7-13 人声移除

（3）在"频率范围"中进行选择，如果歌曲是男声唱的就选择男声，如果歌曲是女声唱的就选择女声，如图 7-14 所示。如果想自己设置音频，就在频率范围中选择"自定义"，自行选择开始的频率和结束的频率。

（4）最后单击"应用"按钮，再选择"文件"→"另存为"。

另外，也可以单击"收藏夹"→"移除人声"，就不用自己选择频率范围，由 Adobe Audition 来设置音频。

4）歌曲串烧

如果想把几首歌连接在一起，可以单击"文件"→"新建"→"多轨混音项目"。在弹出的

图 7-14　频率范围选择

对话框中设置混音项目名称，混音项目的存放位置，如图 7-15 所示。在轨道 1 单击右键，选择"插入"→"文件"。如果选择的文件和新建项目文件的采样率不同，例如项目文件为 48 000Hz，而打开的文件为 44 100Hz，则会弹出一个匹配采样率的提示框，在提示框中单击"确定"按钮，将会对打开的文件建立一个统一采样率的副本。然后再定位到该歌曲的最后，再次单击右键，选择"插入"→"文件"，插入第二首歌曲，如图 7-16 所示。以此类推，可插入多首歌曲，最后先选择"文件"→"存储"，再选择"导出"→"多轨混缩"→"完整混音"，将音频文件存储成自己需要的格式。

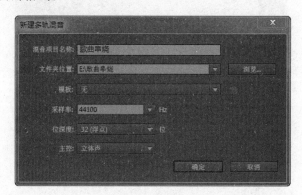

图 7-15　新建多轨混音

还有一种更为简单的方法：先打开一首需要串烧的歌曲文件，再选择"文件"→"追加打开"→"到当前"，但要记住存储的时候选择"另存为"，否则刚才的歌就被覆盖了。

5）歌曲混音

先选择"文件"→"新建"→"多轨混音项目"，在弹出的对话框设置混音项目名称，混音项目的存放位置。在轨道 1 单击右键，选择"插入"→"文件"，插入第一首歌曲。再在轨道 2 单击右键，选择"插入"→"文件"，插入第二首歌曲，如图 7-17 所示。最后先选择"文件"→"存储"，再选择"导出"→"多轨混缩"→"完整混音"，将音频文件存储成自己需要的格式。

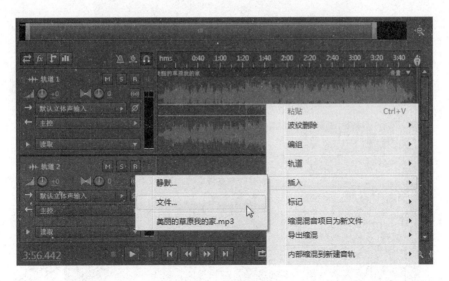

图 7-16　歌曲串烧

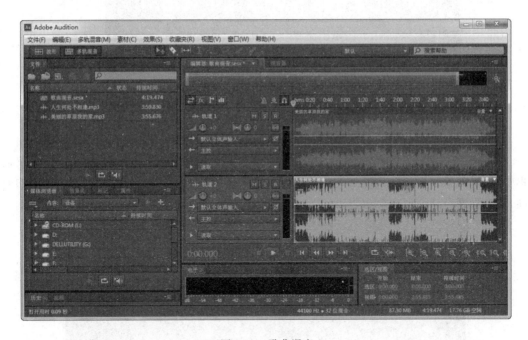

图 7-17　歌曲混音

3．录制声音文件

（1）如果想录制自己的声音文件，需要先准备好麦克风，将麦克风插好后会弹出提示是否打开音频硬件首选项的对话框，如图 7-18 所示，选择"是"。然后弹出音频硬件首选项的对话框，选择合适的等待时间、采样率，如图 7-19 所示。如果麦克风和扬声器的采样率不匹配，录制的时候软件会提示，然后再到控制面板进行修改，修改的时候将麦克风和扬声器的频率设置为一致，再重新启动 Adobe Audition 录制。

图 7-18　选择更改音频硬件首选项

图 7-19　音频硬件首选项修改

　　(2) 准备好录音后,单击面板上的红色圆形按钮进行录音,如图 7-20 所示。在录制过程中,如果需要暂停,单击 ▌▌ 按钮,如果结束录制,单击 ▄ 按钮,如图 7-21 所示。录制的时候,就会看到声音波形在轨道出现。

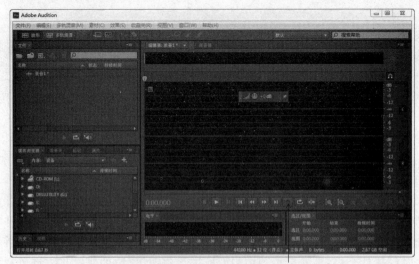

单击此处开始录音

图 7-20　开始录制

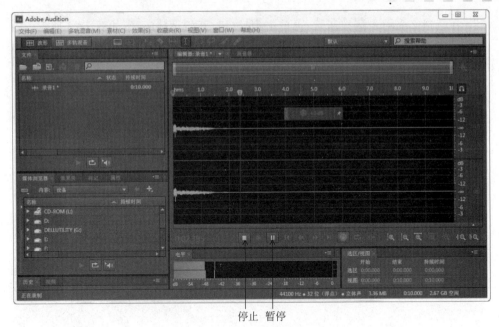

停止 暂停

图 7-21　录制声音

（3）录制完毕，选择"文件"→"存储"，选择自己需要的文件类型。

7.2.3　实例：制作有伴奏的录音

步骤：

（1）先选择"文件"→"新建"→"多轨混音项目"，在弹出的对话框中设置混音项目名称，混音项目的存放位置。

（2）在轨道 1 单击右键，选择"插入"→"文件"，插入伴奏曲，如图 7-22 所示。

图 7-22　插入伴奏曲

（3）在轨道 2 先单击 ▣ 按钮后，再单击 ▣ 按钮，开始录制声音，如图 7-23 所示。

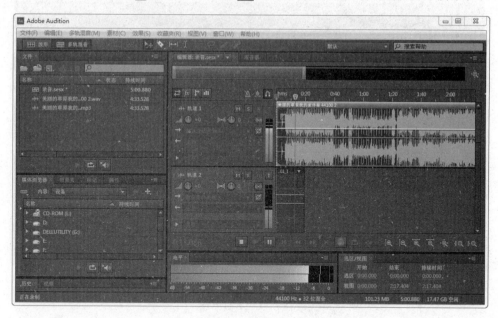

图 7-23　录制声音

（4）录制完毕，单击 ▣ 结束录制。如果发现录制的声音过小，可以选中录制的声音，对其增大音量。如果有多余的噪声波形出现，可以对该段波形设置为静默。方法：先选中该段声音，再选择"效果"→"静默"。

（5）保存录制好的文件，先选择"文件"→"存储"，保存项目文件，再选择"文件"→"导出"→"多轨混缩"→"完整混音"，得到有伴奏的录音文件。

7.3　MP3 录音软件——楼月

7.3.1　楼月简介

楼月 MP3 录音软件可以录制从麦克风输入的外部声音，也能仅录制从计算机播放的声音（即声卡发出的声音），还可以将麦克风及计算机发出的声音同时进行录制，并且还可以设置为将这两个声音保存在左右不同的声道中。而且该录音软件能调节软件录音的采样频率及比特率。

7.3.2　楼月基本操作

1. 楼月主界面

启动楼月后会看到如图 7-24 所示主界面，单击"开始"按钮即可开始录音。

图 7-24 楼月主界面

2．用楼月进行录音

楼月有以下三种录制声音的方式。

（1）如果需要录制麦克风声音，选择"文件"→"设置"，出现如图 7-25 所示对话框，选择"仅录制从麦克风输入的声音"，再单击"确定"按钮。设置完毕后，单击"开始"按钮即可开始录制声音，录制完毕，单击"停止"按钮，文件即可保存，然后单击"查看"按钮，即可看到自己的录音文件，这里默认存放在 D:\我的文档\mp3recorder，如图 7-26 所示。

图 7-25 楼月录制声音设置

图 7-26 录制从麦克风输入的声音

（2）如果需要录制在线播放的音乐，选择"仅录制从电脑播放的声音"，单击"确定"按钮，就可以录制在线播放的音乐，如图 7-27 所示。录制完毕，单击"停止"，单击"查看"即可看到声音文件。

图 7-27　录制从计算机播放的声音

（3）如果要对麦克风及计算机发出的声音都进行录制，设置选择"输入及播放的声音均进行录制"即可。

7.4　视频剪辑处理软件

常用的视频剪辑软件有微软公司的 Windows Movie Maker，Adobe 公司的 Adobe Premiere 以及友立公司的会声会影。这里介绍使用 Camtasia Studio。

7.4.1　Camtasia Studio 简介

Camtasia Studio 是最专业的屏幕录像和编辑的软件套装。软件提供了强大的屏幕录像（Camtasia Recorder）、视频的剪辑和编辑（Camtasia Studio）、视频菜单制作（Camtasia MenuMaker）、视频剧场（Camtasia Theater）和视频播放功能（Camtasia Player）等。使用该软件，用户可以方便地进行屏幕操作的录制和配音、视频的剪辑和过场动画、添加说明字幕和水印、制作视频封面和菜单、视频压缩和播放。这里介绍的版本是 Camtasia Studio 8.6。

7.4.2　Camtasia Studio 界面

启动 Camtasia Studio 8.6 后，会出现如图 7-28 所示欢迎界面，如果不小心关掉，需要重新打开该帮助界面时，选择菜单栏的"帮助"→"显示欢迎窗口"，就可以重新看到欢迎界面。

选择"录制屏幕"可以开始计算机视频录制，选择"导入媒体"可以导入需要的媒体文件，这里支持的媒体文件有图像文件、音频文件、视频文件。欢迎界面上还可以显示最近使用的三个项目文件名称，要打开只需单击相应的文件即可。

录制屏幕   导入媒体文件

图 7-28　欢迎界面

关闭欢迎界面后，会看到 Camtasia Studio 主界面，如图 7-29 所示。主界面由菜单栏，素材区，视频播放区以及编辑区构成。

素材区   菜单栏   视频播放区

编辑区

图 7-29　主界面

7.4.3　Camtasia Studio 视频录制

要使用 Camtasia Studio 完成屏幕视频录制，需要完成以下步骤。

1.先设置好选项

选择"工具"→"选项",可以设置好转换、图像、标注、动画、创建预览、标题的持续时间,时间的单位是秒,如图 7-30 所示。如果不修改,使用默认时间。

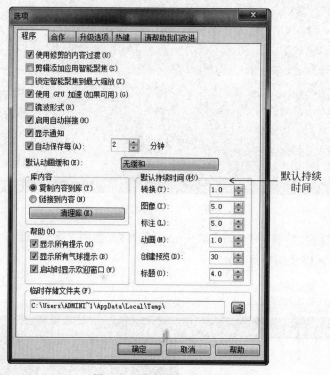

图 7-30　录制前的选项设置

2.录制屏幕

(1)单击"录制屏幕"按钮即可开始屏幕录制,单击"录制屏幕"按钮,会出现录制屏幕的对话框。在对话框中,先根据需要设计录制屏幕的大小,这里设置的屏幕大小是 1280×720。如果需要打开摄像头,单击"摄像头"按钮打开,如果同时要录制音频,单击"麦克风"按钮,如图 7-31 所示。都设置好了,再单击 rec 按钮开始录制。

图 7-31　屏幕录制对话框

(2)录制完毕或者想暂停录制,单击任务栏上的 C 按钮,弹出录制结束的对话框,如图 7-32 所示。如果只是暂停录制,单击"暂停"按钮,又想开始录制的时候,再单击"开始"按钮,如果是录制完毕,单击"停止"按钮,如果这段视频录制得不好,单击"删除"按钮。

图 7-32 录制结束工具栏

现在如果视频录制好了,单击"停止"按钮,会出现如图 7-33 所示"预览"对话框。如果现在想编辑视频,单击"保存并编辑"按钮,如果觉得视频可以了,单击"生成"按钮,如果预览后觉得视频没弄好,单击"删除"按钮。

图 7-33 视频预览

7.4.4 Camtasia Studio 视频剪辑

如果上述视频录制好了,可以对其进行编辑,以下是编辑的操作步骤。

(1) 首先单击"保存并编辑"按钮,会弹出保存视频文件的对话框,视频文件的默认格式是 trec,如图 7-34 所示。Camtasia Studio 的 trec 格式是一种自定义的文件格式,其他视频编辑软件不能读取或打开 trec 格式。

(2) 接下来就可以对录制好的视频进行剪辑修改了。在修改之前先保存该剪辑项目工程,选择"文件"→"保存项目"。项目文件的扩展名是 camproj,如图 7-35 所示,保存完毕会弹出提示对话框,单击 OK。注意:如果是对已经准备好的视频进行剪辑修改,只需在窗口中单击 导入媒体▾ 按钮,将视频文件导入。Camtasia 支持的媒体文件有图像、音频以及视频文件。

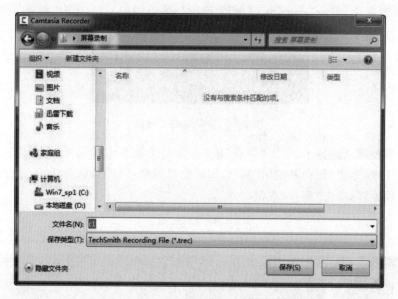

图 7-34 保存视频文件

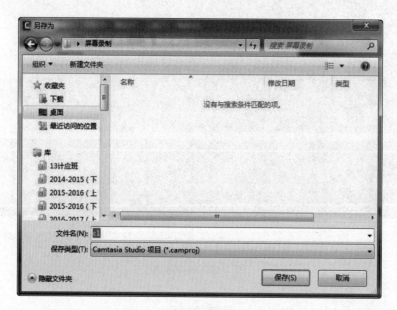

图 7-35 保存视频项目文件

① 如果其中有段视频需要删除,先单击选中需要剪切的视频或者音频轨道,选中后会成为蓝色,接下来拉动控制杆,到需要剪切的初始位置,再单击"分割"按钮 ,再到需要剪切的末位置,再单击"分割"按钮 ,这样需要删除的部分就独立出来了,选中要删除的部分,单击"剪切"按钮 ,或者单击右键,在右键菜单里选择"删除",这段视频就被剪切掉了,如图 7-36 所示。再选中右边的视频或者音频往左边移动,就和左边的视频连在一起了。

也可以用控制杆左右两边的滑块 选中需要的视频:将左边绿色的滑块往左拉动,右边红色滑块往右拉动。绿色和红色滑块之间的内容就是选中的视频。

剪切按钮　分割按钮

需要删除的视频段　控制杆

图 7-36　剪切视频

② 如果需要对录制的音频做修改，先选中音频，再选择"工具"→"音频"，或者直接单击"音频"按钮 ，如图 7-37 所示。再拉动音频选项的滑块出现音频编辑工具，如图 7-38 所示，可以选择增加降低，淡入淡出以及设置为静音等。

滑块

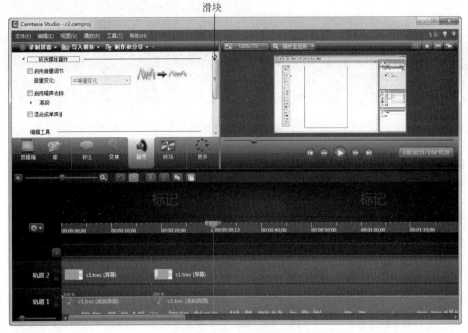

图 7-37　编辑音频

图 7-38　音频工具

③ 在视频编辑过程中,如果需要为视频添加说明文字,单击 按钮,在窗口中会出现默认的标注标记,如图 7-39 所示。单击 Border 按钮,可以修改标注的轮廓颜色以及线条粗细等,如图 7-40 所示。单击 Fill 按钮,可以修改标注的填充颜色,如图 7-41 所示。单击 Effects 按钮,可以选择标注的效果,如图 7-42 所示。也可为标注设置淡入淡出效果。

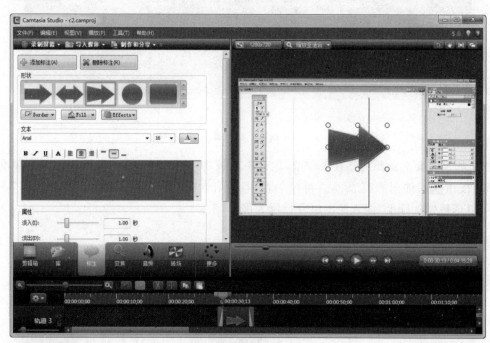

图 7-39　添加标注

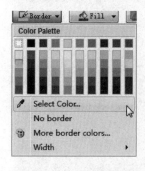

图 7-40　修改标注轮廓

图 7-41　修改标注填充颜色

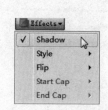

图 7-42　修改标注效果

④ 在视频编辑过程中,需要添加其他的图片、音频或者视频,单击"导入媒体"就可以添加,如图 7-43 所示。添加后,如图 7-44 所示。再将图片、音频或者视频拖动到某一轨道,比如这里拖动到了轨道 3。

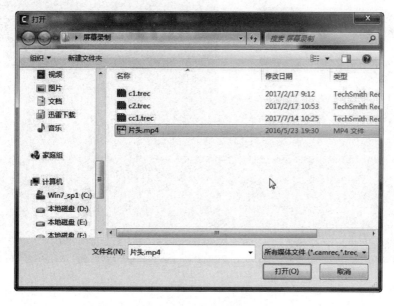

图 7-43　导入媒体

图 7-44　媒体导入到剪辑箱

⑤ 如果有几个视频需要连接到一起,或者有些图片加入到视频,最好设置一些转场效果,这样使得视频与视频之间,或者视频与图片之间能够衔接自然,不会让人感到突兀。转场设置如图 7-45 所示。使用的时候,先选中一种转场效果,将其拉动到两个视频之间,这样两个视频之间有了转场效果的标记。播放后可看到视频转场的特效,实现视频之间的平稳过渡。

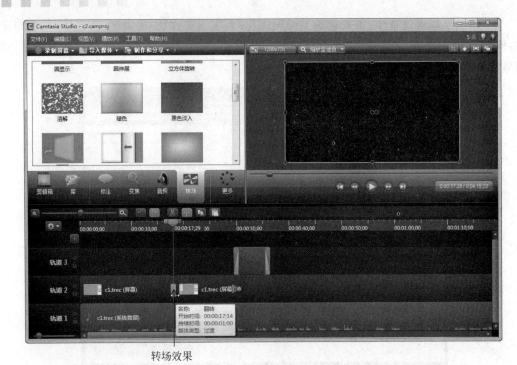

转场效果

图 7-45　转场效果

⑥ 完成画中画的效果有两种，一种是在录制屏幕的时候，选择打开摄像头，录制的视频就会有画中画的效果；第二种是准备好的视频加入到当前视频中。方法为：先导入该视频，再将该视频拖动到某个轨道上，比如这里拖动到轨道 3，如图 7-46 所示。

导入的视频

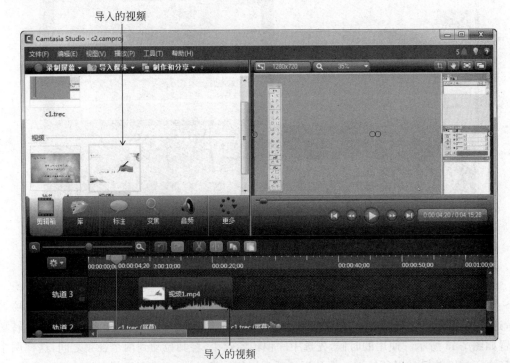

导入的视频

图 7-46　导入视频到轨道

⑦ 再将控制条拉动到该视频处,再在视频播放窗口中,选中该视频,将视频修改缩小,形成画中画效果,如图 7-47 所示。

图 7-47　画中画效果

⑧ 字幕设置有以下方法,可以一边播放视频,一边输入字幕文件;也可以先设置好字幕文件,再使用同步字幕功能;还可以使用语音到文本的功能,将视频中的声音转录成文本;如果制作好了字幕文件,可以单击"导入字幕"按钮。要使用字幕功能,先单击 按钮,选择字幕,即出现字幕工具栏,如图 7-48 所示。

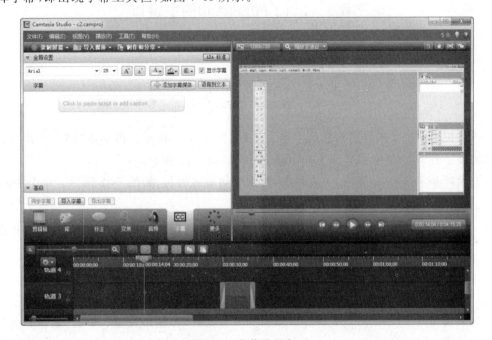

图 7-48　字幕设置窗口

- 如果是一边播放视频，一边输入字幕，就单击输入字幕的文本进行输入，最后效果如图 7-49 所示。

图 7-49　输入字幕效果

- 如果事先准备好了字幕的文本文件，在记事本里先写好，注意一句一行，如图 7-50 所示。

图 7-50　字幕文本

再将记事本里文本复制粘贴到字幕文本框，如图 7-50 所示。再单击"同步字幕"按钮，出现同步字幕的对话框，再单击 Continue 按钮，如图 7-51 所示。

开始同步字幕后，一边听，一边单击，听到哪句单击哪句，如图 7-52 所示。单击 ▶ 按钮暂停，单击 ■ 按钮停止。

- 单击"语音到文本"按钮，会将视频中的语音进行识别转换成为文本，并且和正在编辑的视频的时间段匹配，但是准确度通常不高，如图 7-53 所示。

7.4.5　Camtasia Studio 视频输出

如果编辑好了视频，可以先保存好编辑的项目文件，再输出视频。单击"制作和分享"，弹出对话框，这个对话框是一个生成向导，输出的视频格式很全面，包括 MP4、WMV、AVI、

M4V、MP3、GIF 等，可以使用 Camtasia Studio 默认的视频格式，也可以选择自定义设置，这里选择自定义设置，如图 7-54 所示。

图 7-51　同步字幕

图 7-52　选择字幕文本

图 7-53　语音到文本

图 7-54 视频生成向导

在选择自定义生成设置后,会弹出对话框,选择自己需要的视频格式,这里选择 MP4 (这里的 MP4 格式是为 Flash 和 HTML5 播放优化过的),如图 7-55 所示。

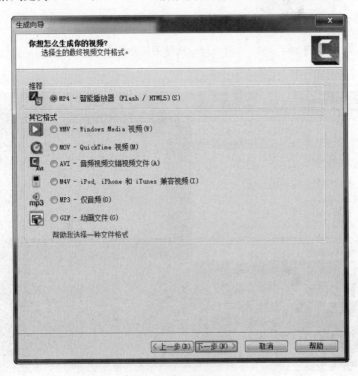

图 7-55 选择视频格式

再选择是否要生成一个 Flash/HTML5 的控制器，如果不需要，就取消前面的选中状态，如图 7-56 所示。

图 7-56　控制器选择

再依次根据实际情况选择大小，视频设置、音频设置，如图 7-57～图 7-59 所示。不用修改就直接选择默认值。

图 7-57　视频大小设置

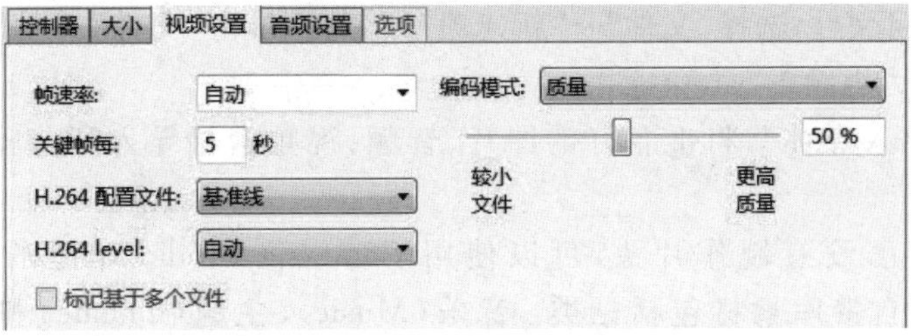

控制器　大小　视频设置　音频设置　选项

帧速率：　自动　　　　　　编码模式：质量

关键帧每：　5 秒　　　　　　　　　　　　　　50 %

H.264 配置文件：基准线　　　较小　　　　　更高
　　　　　　　　　　　　　　文件　　　　　质量
H.264 level：　自动

☐ 标记基于多个文件

图 7-58　视频设置

图 7-59　音频设置

　　设置完毕,再单击"下一步"按钮,可以进一步设置作者信息以及水印信息,如图 7-60 所示。再单击"下一步"按钮,出现如图 7-61 所示对话框,再单击"完成"按钮。

图 7-60　视频选项

7.4.6　实例：剪辑并修饰视频

　　如果想剪辑并制作一段自己想要的视频,也可以利用 Camtasia Studio 完成。步骤如下。

　　(1) 新建项目文件,选择"文件"→"新建项目",然后单击"文件"→"保存项目",这里设置项目的文件名为视频 1.camproj。

　　(2) 单击"导入媒体",将准备好的图片、音频、视频素材导入到剪辑箱中,如图 7-62 所示。

　　(3) 如果自己没有制作片头,可以使用 Camtasia Studio 库里的准备好的片头。Camtasia Studio 自带库素材包括三类：音乐(Music)、主题(Theme)和标题剪辑(Title Clip),其中主题中又包括片头和标注等。单击"库",找一合适的主题,并拖动到轨道 1,如图 7-63 所示。

图 7-61　视频最后生成

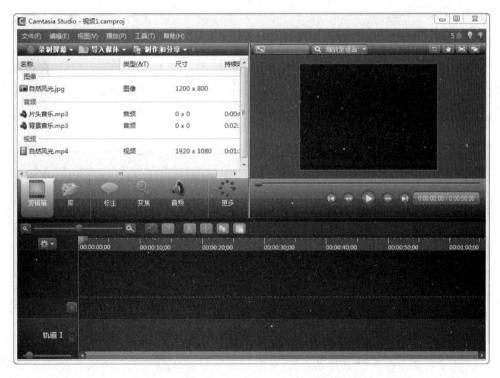

图 7-62　视频导入剪辑箱

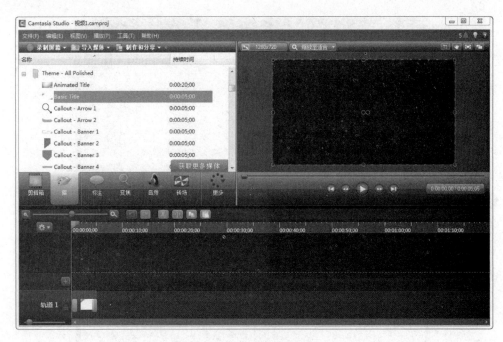

图 7-63　从库里选主题

（4）单击"播放"按钮，在出现默认文字的时候暂停，双击文字，对文字进行修改，如图 7-64 所示。并可以修改文字的字体、大小以及颜色。

图 7-64　修改片头文字

（5）如果需要为片头添加背景音乐，单击轨道 1 上面的 增加一条轨道，再将片头音乐拖动到新增的轨道 2，如图 7-65 所示。如果片头音乐比片头时间长，将光标移动到片头音乐最末,待出现双向箭头 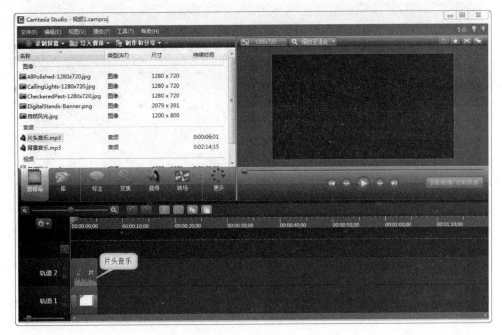 后,拉动片头音乐。

图 7-65　添加背景音乐

（6）把自然风光的视频拉动到轨道 1 片头的后面。如果需要为视频增加背景音乐,选中视频,先将其音频设置为静音,如图 7-66 所示。再按照之前讲的,可对视频进行剪切操作,将所需视频保留下来。

图 7-66　视频调整

（7）将背景音乐拖动到轨道 2,调整到和视频一样的时间长度,如图 7-67 所示。

（8）最后,为整个视频加个结尾。将图片拖动到视频后面,单击标注,写上"谢谢欣赏",

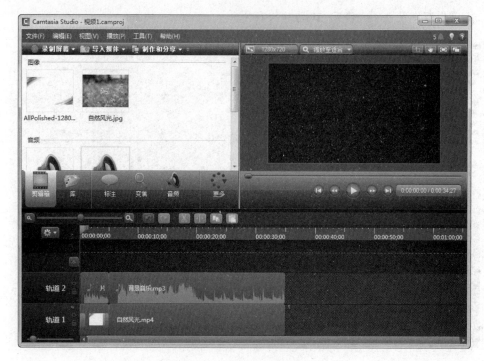

图 7-67　为视频加背景音乐

调整字体的大小、颜色等，如图 7-68 所示。

（9）视频编辑好后，先保存好项目文件，再单击"制作和分享"，导出 MP4 文件。

图 7-68　为视频加结尾

第8章 计算机安全工具的应用

当我们使用计算机的时候,有时候会遇到这样的问题,比如计算机中了病毒,账号被盗,被黑客攻击,计算机死机,文件被删等。由于网络技术的迅速发展,越来越多的人依赖于网络,而我们的计算机受到越来越多的威胁。本章将介绍一下关于计算机安全的相关知识,让我们的计算机使用起来更安全。

8.1 计算机安全的基本常识

8.1.1 计算机安全的定义

计算机安全是指计算机资产安全,即计算机信息系统资源和信息资源不受自然和人为有害因素的威胁和危害。国际标准化委员会的定义是:为数据处理系统和采取的技术和管理的安全保护,保护计算机硬件、软件、数据不因偶然的或恶意的原因而遭到破坏、更改、泄漏。中国公安部计算机管理监察司对其下的定义是:计算机安全是指计算机资产安全,即计算机信息系统资源和信息资源不受自然和人为有害因素的威胁和危害。

计算机要处于安全状态,要具备以下属性:可用性、可靠性、完整性、保密性、不可抵赖性、可控性和可审查性等。可用性是指得到授权的实体在需要时能访问资源和得到服务。可靠性是指系统在规定条件下和规定时间内完成规定的功能。完整性是指信息不被偶然或蓄意地删除、修改、伪造、乱序、重放、插入等破坏。保密性是指确保信息不暴露给未经授权的实体。不可抵赖性是指通信双方对其收、发过的信息均不可抵赖,也称不可否认性。可控性对信息的传播及内容具有控制能力。可审性是指系统内所发生的与安全有关的操作均有说明性记录可查。

8.1.2 计算机安全的类型以及常用的防护方法

计算机安全的类型可分为三种:实体安全、系统安全、信息安全。

1. 实体安全

实体安全又称物理安全,主要指主机、计算机网络的硬件设备、各种通信线路和信息存储设备等物理介质的安全。

计算机在使用过程中,对外部环境有一定的要求,即计算机周围的环境应尽量保持清洁、温度和湿度应该合适、电压稳定,以保证计算机硬件可靠的运行。计算机安全的另外一项技术就是加固技术,经过加固技术生产的计算机防震、防水、防化学腐蚀,可以使计算机在野外全天候运行。计算机的芯片和硬件设备也会对系统安全构成威胁。比如 CPU,CPU 内部集成有运行系统的指令集,这些指令代码都是保密的,我们并不知道它的安全性如何。据有关资料透漏,国外针对中国所用的 CPU 可能集成有陷阱指令、病毒指令,并设有激活办法和无线接收指令机构。他们可以利用无线代码激活 CPU 内部指令,造成计算机内部信息外泄、计算机系统灾难性崩溃。硬件泄密甚至涉及电源。电源泄密的原理是通过市电电线,把计算机产生的电磁信号沿电线传出去,利用特殊设备从电源线上就可以把信号截取下来还原。计算机里的每一个部件都是可控的,所以叫作可编程控制芯片,如果掌握了控制芯片的程序,就控制了计算机芯片。只要能控制,那么它就是不安全的。因此,我们在使用计算机时首先要注意做好计算机硬件的安全防护。

2. 系统安全

系统安全是指主机操作系统本身的安全,它出现安全问题的原因有以下几点。

(1)操作系统本身有内存管理、CPU 管理、外设的管理,每个管理都涉及一些模块或程序,如果在这些程序里面存在问题,比如内存管理的问题,外部网络的一个连接过来,刚好连接一个有缺陷的模块,可能出现的情况是,计算机系统会因此崩溃。所以,有些黑客往往是针对操作系统的不完善进行攻击,使计算机系统特别是服务器系统立刻瘫痪。操作系统支持在网络上传送文件、加载或安装程序,包括可执行文件,这些功能也会带来不安全因素。

(2)操作系统可以创建进程,支持进程的远程创建和激活,支持被创建的进程继承创建的权利,这些机制也提供了在远端服务器上安装间谍软件的条件。

(3)操作系统有守护进程,也是系统的一些进程,总是在等待某些事件的出现,但如果被破坏就会出现不安全的现象。

(4)操作系统会提供一些远程调用功能,而远程调用要经过很多的环节,中间的通信环节可能会出现被人监控等安全问题。

(5)操作系统的后门和漏洞。一旦后门被黑客利用,或在发布软件前没有删除后门程序,容易被黑客当成漏洞进行攻击,造成信息泄密和丢失。

所以,平时应该注意操作系统的安全性,比如要对文件进行读写控制、系统要进行口令认证、对文件加密和用户管理等方面。

3. 信息安全

这里的信息安全仅指经由计算机存储、处理、传送的信息,而不是广义上泛指的所有信息。实体安全和系统安全的最终目的是实现信息安全。所以,从狭义上讲,计算机安全的本质就是信息安全。信息安全要保障信息不会被非法阅读、修改和泄漏。它主要包括软件安全和数据安全。

在实现生活中,大多数用户涉及的都是数据安全。计算机信息系统中的数据组织形式有两种:一种是文件,一种是数据库。数据库文件的保护主要由数据库管理系统完成。数据库的安全要求主要体现在以下几方面:数据库完整性,可审计性,访问控制性,保密性与可用性。数据库面临的安全威胁主要有:篡改,损坏和窃取三种情况。

现在由于互联网的发展,对于用户来说在网络上也要注意实体安全,系统安全以及信息安全。而对于用户来说,应该利用网络管理控制和技术措施,保证在一个网络环境里,数据的保密性、完整性及可使用性受到保护。保证系统设备及相关设施受到物理保护,免于破坏、丢失等。同时也要保证信息的完整性、保密性和可用性。

所以,为了保证计算机处于安全状态,应该做好以下工作。

1) 安装杀毒软件

对于一般用户而言,首先要做的就是为计算机安装一套杀毒软件,并定期升级所安装的杀毒软件,打开杀毒软件的实时监控程序。

2) 安装个人防火墙

安装个人防火墙以抵御黑客的袭击,最大限度地阻止网络中的黑客来访问个人计算机,防止他们更改、拷贝、毁坏重要信息。

3) 分类设置密码并使密码设置尽可能复杂

在不同的场合使用不同的密码,如网上银行、E-Mail、聊天室以及一些网站的会员等,应尽可能使用不同的密码,以免因一个密码泄漏导致所有资料外泄。对于重要的密码(如网上银行的密码)一定要单独设置,并且不要与其他密码相同。设置密码时要尽量避免使用有意义的英文单词、姓名缩写以及生日、电话号码等容易泄漏的字符作为密码,最好采用字符、数字和特殊符号混合的密码。

4) 不下载来历不明的软件及程序

应选择信誉较好的网站下载软件,将下载的软件及程序集中放在非引导分区的某个文件夹,在使用前最好用杀毒软件查杀病毒。不要打开来历不明的电子邮件及其附件,以免遭受病毒邮件的侵害。同样也不要接收和打开来历不明的 QQ、微信等发过来的文件。

5) 防范流氓软件

对将要在计算机上安装的共享软件进行选择,在安装共享软件时,应该仔细阅读各个步骤出现的协议条款,特别留意那些有关安装其他软件行为的语句。

6) 仅在必要时共享

一般情况下不要设置文件夹共享,如果共享文件则应该设置密码,一旦不需要共享时立即关闭。共享时访问类型一般应该设为只读,不要将整个分区设定为共享。

7) 定期备份

如果遭到致命的攻击,操作系统和应用软件可以重装,而重要的数据就只能靠日常备份了。所以,无论采取了多么严密的防范措施,也不要忘了随时备份重要数据。

8.2　安全防范工具

对待计算机系统病毒的方法应当是以防为主。但目前绝大多数的杀毒软件都在扮演事后诸葛亮的角色,即计算机被病毒感染后杀毒软件才去发现、分析和治疗。这种被动防御的消极模式远不能彻底解决计算机安全问题。杀毒软件应立足于将病毒拒之计算机门外。因此应当安装杀毒软件的实时监控程序,应该定期升级所安装的杀毒软件(如果安装的是网络版,在安装时可先将其设定为自动升级),给操作系统打上必要的补丁、升级引擎和病毒定义码。由于新病毒的出现层出不穷,现在杀毒软件厂商的病毒库更新十分频繁,应当设置每天定时更新杀毒实时监控程序的病毒库,以保证其能够抵御最新出现的病毒的攻击。

防范病毒的软件有 360 安全卫士以及 360 杀毒软件,百度卫士,瑞星杀毒软件,金山毒霸等,这里以 360 安全卫士以及 360 杀毒软件为例,介绍计算机系统安全防范工具。

8.2.1　360 安全卫士及杀毒软件

360 安全卫士拥有查杀木马、清理插件、修复漏洞、电脑体检等多种功能,并独创了木马防火墙功能,依靠抢先侦测和云端鉴别,可全面、智能地拦截各类木马,保护用户的账号、隐私等重要信息。360 安全卫士自身非常轻巧,同时还具备开机加速、垃圾清理等多种系统优化功能,可大大加快计算机运行速度,内含的 360 软件管家还可帮助用户轻松下载、升级和强力卸载各种应用软件。

360 杀毒是中国用户量最大的杀毒软件之一,360 杀毒是完全免费的杀毒软件,它创新性地整合了 5 大领先防杀引擎,包括国际知名的 BitDefender 病毒查杀引擎、小红伞病毒查杀引擎、360 云查杀引擎、360 主动防御引擎、360QVM 人工智能引擎。5 个引擎智能调度,能提供全时全面的病毒防护,不但查杀能力出色,而且能第一时间防御新出现的病毒木马。

最新的 360 杀毒软件方便用户操作:全能一键扫描,只需一键扫描,快速、全面地诊断系统安全状况和健康程度,并进行精准修复。

8.2.2　360 安全卫士的基本操作

打开 360 安全卫士,主界面如图 8-1 所示。如果想对计算机系统做个检测,可以直接单击"立即体检"。在主界面窗口顶部列出了几大基本功能,如电脑体检、木马查杀、电脑清理等,可以根据自己的需要打开相应的功能卡。

图 8-1　360 安全卫士主界面

安装好安全卫士后要选择开机自动运行,实时监控计算机系统。实时监控包括木马防火墙,网盾,保镖。单击主界面左下角的"防护中心"即可出现实时监控主界面,如图 8-2 所示。

图 8-2　360 安全卫士立体防护

安全卫士的立体防护是自动运行的,如果不需要防护,可以单击"安全设置",会弹出如图 8-3 所示对话框,单击"开机启动项设置",可设置不启动安全防护中心。但建议一直开启实时防护。

图 8-3　360 设置中心

安全卫士的安全防护中心,包含以下防护内容。

网页安全防护:可以自动拦截网页中的欺诈信息,拦截网页中的危险 Flash 文件,自动上传可疑代码到 360 安全中心等。

看片安全防护:防止有些网站病毒。

搜索安全防护:搜索引擎优势会利用 Cookies 记录上网踪迹,如果被木马、黑客、病毒以及商业公司利用,会泄漏个人隐私。

网络安全防护:可以拦截下载器自动下载木马程序,拦截恶意推广程序,拦截黑客远程控制本机,拦截盗号木马。

摄像头安全防护:可以设置当有程序开启摄像头时,会弹窗提示,让用户自己掌握摄像头的每次开启。

驱动防护:会拦截一些有危害的进程、服务、驱动项。

聊天安全防护:会监测使用聊天工具传输文件的安全性,单击聊天软件中发来的网址,自动检测安全性,添加陌生聊天号码时,自动监测安全性。

下载安全防护:增加 U 盘等移动磁盘设备和计算机硬盘间文件传输检测,增加局域网共享文件传输检测。

U 盘安全防护:默认选择普通模式,U 盘插入后立即扫描。也可以选择免打扰模式以及智能模式,免打扰模式是 U 盘插入后静默扫描,有风险时提示,智能模式是 U 盘插入后自动打开 U 盘,同时静默扫描 U 盘。

隔离可疑程序:在下载到风险或者未知文件后,提示在沙箱中隔离运行。

应用防护:有浏览器防护,输入法防护,桌面图标防护以及安装防护。

第三方广告拦截:开启 IE 广告优化,优化弹窗广告,页面欺诈信息以及其他影响浏览体验的广告。

开发者模式:可将编译输出的路径加入信任列表,减少弹窗提示,提高开发效率。但存在一定的安全风险。

自我保护:开启 360 自我保护后,病毒、木马将无法破坏 360 产品,计算机系统始终处于 360 的全面保护中。

主动防御服务:开启主动防御服务,360 会提供实时保护、文件变化监控、智能扫描加速等。还可以利用文件审计技术与文件关联,扩展查杀木马相关文件。这样能在清除木马时,一并将木马相关文件检测出来,降低木马重复感染计算机系统的概率,提高查杀效果。

360 安全卫士还具有以下功能。

1．电脑体检

体检功能可以全面检查计算机的系统、软件是否有故障,检测是否有垃圾文件,检测计算机运行速度是否受到影响、系统是否有漏洞影响安全等各项状况。体检完成后会提交给用户一份优化意见,可以根据需要对计算机进行优化。

电脑体检会进行故障检测,包括检测、浏览器防护、系统防护、入口防护、IE 相关设置、桌面设置、关联项设置、常规扫描、快捷方式、系统设置。垃圾检测,包括检测插件、常用软件垃圾、系统垃圾、Cookies 信息、清理软件等。安全检测,包括网购防护、安全防护、家庭网络、高危漏洞、痕迹信息、注册表等。

2．木马查杀

木马查杀可以选择全盘查杀或者按位置查杀。启动后可进行顽固木马查杀,查杀易感染区,系统设置,系统启动项,浏览器组件,文件和内存系统,常用软件,系统综合,系统修复项等,如图 8-4 所示。

主界面上有信任区,如果查杀出的文件是正常文件,可以单击"信任区"将正常文件添加进去,如图 8-5 所示。如果想恢复或者彻底删除被处理的文件,单击"恢复区",选择要恢复或者彻底删除文件。

图 8-4　木马查杀

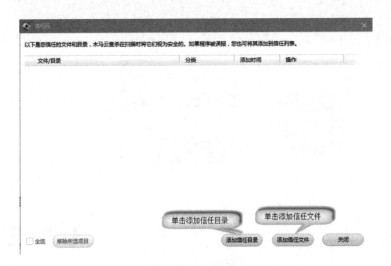

图 8-5　添加信任文件

3．电脑清理

安全卫士的电脑清理可以清理垃圾、痕迹、插件,释放更多的内存空间。

4．系统修复

系统修复包括常规修复,修复会影响常规使用的软件,比如浏览器插件、系统常用组件等,如图 8-6 所示。漏洞修复,修复可能会被木马、病毒利用的漏洞。软件修复,修复常用软件的严重安全漏洞。驱动修复,让计算机硬件正常使用。

5．优化加速

优化加速可以优化网络配置,提高硬盘传输速率,全面提高系统性能,如图 8-7 所示。

图 8-6　系统修复

图 8-7　优化加速

6. 功能大全

安全卫士的功能大全提供了各种小工具,用户可根据自己的需要选择下载,如图 8-8 所示。

8.2.3　360 杀毒软件的基本操作

启动 360 杀毒软件会出现主界面,如图 8-9 所示。360 杀毒软件有全盘扫描,快速扫描,以及功能大全的选项。

1. 360 杀毒软件设置

单击主界面的"设置"按钮 设置 对杀毒软件进行设置,如图 8-10 所示。

可以进行常规设置,升级设置,多引擎设置,病毒扫描设置,实时防护设置,文件白名单,免打扰设置,异常提醒,系统白名单。

图 8-8　功能大全

图 8-9　360 杀毒主界面

图 8-10　360 杀毒软件设置

1）常规设置

可以设置是否在登录 Windows 后自动启动，是否将"360 杀毒"添加到右键菜单等，如图 8-11 所示。

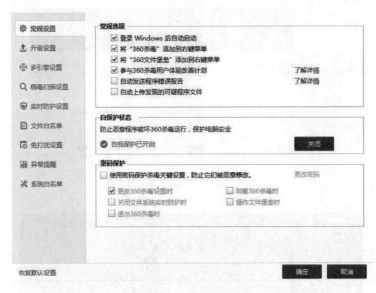

图 8-11 常规设置

2）升级设置

升级设置可以设置是否自动升级病毒特征库及程序，一般默认自动升级。

3）多引擎升级

可以选择云查杀引擎，QVMⅡ人工智能引擎，系统修复引擎等。

4）病毒扫描设置

可以设置扫描的文件类型，选择扫描所有文件或者仅扫描程序及文档文件。

5）实时防护设置

可以设置防护级别，这里设置为中度防护，能确保病毒无法入侵运行，对系统影响很小。

6）文件白名单

加入白名单的文件以及目录在病毒扫描和实时防护时将被跳过。

7）免打扰设置

一般设置在运行全屏程序时进入免打扰模式，免打扰模式会减少对系统资源的占用，并忽略非紧急的弹出提示。

8）异常提醒

可以在检测到系统中上网环境异常时，提醒用户进行上网加速等。

9）系统白名单

可以看到用户自己添加的信任项目，也可以取消信任。

2. 扫描病毒

病毒扫描有全盘扫描、快速扫描、自定义扫描以及宏病毒扫描。

全盘扫描：会对整个计算机系统进行病毒扫描，如图 8-12 所示。

图 8-12 全盘扫描

全盘扫描可以扫描系统设置、常用软件、内存活跃程序、开机启动项以及所有磁盘文件。对扫描出的问题，用户可以选择暂不处理或者立即处理。

快速扫描：只扫描系统设置，常用软件，内存活跃程序，开机启动项。

自定义扫描：单击"自定义扫描"，会出现选择扫描目录的对话框，对需要扫描的文件、目录或者分区选中，如图 8-13 所示。

图 8-13 自定义扫描目录

宏病毒扫描：单击后会提示关闭所有的 Office 文档，然后开始扫描。

3. 其他工具

单击主窗口中的"功能大全"弹出系统安全、系统优化、系统急救的功能选项，如图 8-14 所示。

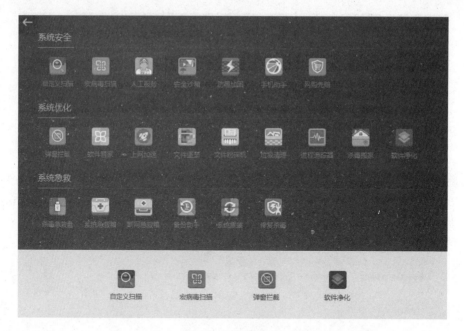

图 8-14　其他工具

　　其他工具里有个沙箱工具,360 的沙箱工具集合智能识别与轻量虚拟化技术,自动识别特定软件进入沙箱,不留痕迹。在沙箱里,所有操作都是虚拟的,当觉得程序或者文件有问题时,可以在沙箱里完成运行,不会改变系统设置,如图 8-15 所示。

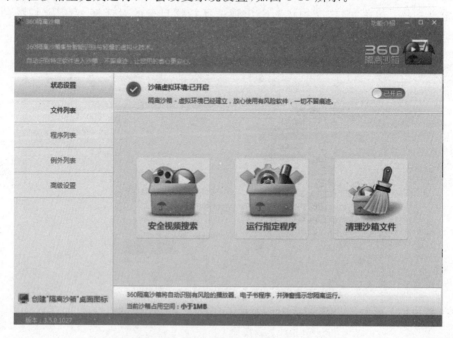

图 8-15　360 沙箱

　　360 杀毒软件还提供了人工服务,可以在线提出使用的问题;手机助手,可以进行手机的扫描、清理以及体检的工作;还有文件粉碎机,能帮助用户强力删除无法删除的文件等。

8.2.4 U盘病毒专杀工具——USBCleaner

当前大家使用 U 盘非常频繁,也会在不同的计算机上使用 U 盘,这样就容易让 U 盘感染一些常见的病毒,比如 autorun. inf、vbs 病毒、exe 病毒等。U 盘病毒会迅速感染计算机里的文件。这里介绍一个小巧的专门针对 U 盘病毒的杀毒软件 USBCleaner。

启动后界面如图 8-16 所示,可以看到有些工具和插件。再单击"首页"选中"检测移动盘"就可以对 U 盘进行检测,如图 8-17 所示。最后需要注意的是,杀毒软件并不能将所有的病毒查找并删除掉,所以在使用计算机时不要因为安装了杀毒软件就放松警惕,仍然需要注意观察计算机是否有异常。

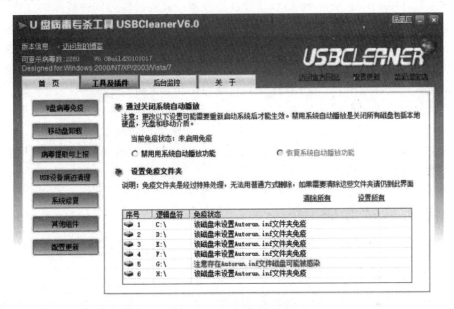

图 8-16 启动 USBCleaner

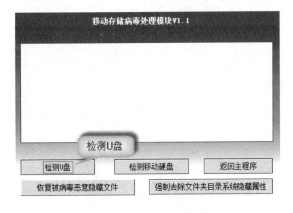

图 8-17 检测 U 盘病毒

第9章 系统维护与检测工具的应用

操作系统(Operating System,OS)是管理和控制计算机硬件与软件资源的计算机程序,是直接运行在"裸机"上的最基本的系统软件,任何其他软件都必须在操作系统的支持下才能运行。由此可见,操作系统是计算机的灵魂,也是人机互动的桥梁。一个操作系统的稳定性、安全性和健壮性,直接影响到计算机硬件的性能和运行状态。也就是说,尽可能提高操作系统的运行速度和效率,是充分发挥计算机硬件性能的关键。

随着计算机技术的不断发展和普及,越来越需要我们了解操作系统,掌握操作系统的使用和安装,掌握各种优化和管理软件,这是使用计算机必备的技能。

本章主要从系统的安装、系统驱动、系统检测、系统优化、系统的备份和还原几个方面来学习操作系统的维护和检测。

9.1 操作系统安装

9.1.1 操作系统安装方式

在使用计算机的过程中,常常遇到需要重装操作系统的情况。比如:系统文件损坏,不能进入操作系统;系统中了病毒,杀毒软件不能处理;想更换其他版本的操作系统;系统出现各种错误,修改设置比较麻烦,直接重装系统更便捷等。安装操作系统很简单,具体的安装过程要看选择什么样的安装方式安装,不同的安装方式其安装步骤不同。常见的安装方式有如下几种。

1. 光盘安装操作系统

这种方法是最传统的一个安装操作系统的方法,首先去市场上购买正版光盘,使用光驱安装操作系统。

2. U盘安装系统

这种方法需要使用U盘启动程序制作系统启动盘,然后将系统文件(* . gho, * . iso)直接复制进制作的U盘启动盘,选择USB启动安装操作系统。

3. 硬盘安装系统

这种方法不借助光盘和U盘等其他介质,将现有的操作系统文件使用第三方软件(硬盘安装器、一键还原工具)对其进行恢复;也可以使用系统启动盘制作软件在本地模式下利用现有的系统急救或克隆来创建一个急救系统来完成,前提是需要安装操作系统的计算机能正常启动。

以上是最常见的三种方法,到底选择哪种方式需要依具体情况而定。

9.1.2　操作系统安装步骤

以 Windows 7 操作系统安装为例,如果选择光驱安装,先准备好正版的光盘,按照以下步骤完成安装。

(1) 设置光驱引导。将安装光盘放入光驱,重新启动计算机,当计算机重新启动时,按 Delete(或 F1、F11、F5、F2,不同机型不一样)键,进入 BIOS 设置界面,在 Advanced BIOS Features 设置项中选择 First Boot Device,利用键盘上的方向键选择 CD/DVD(代表光驱)为 First Boot Device(第一启动设备),如图 9-1 所示。完成后按 F10 键,选择 Y,退出 BIOS 重启计算机。

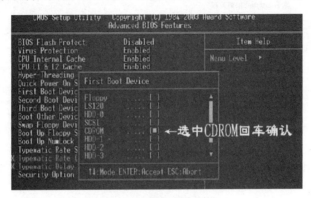

图 9-1　设置光驱引导

(2) 光驱引导。选择光驱引导,当屏幕上出现"Press any key to boot from cd..."的字样时立即按任意键以继续光驱引导。

(3) 选项设置。系统信息检测完成后进入到正式安装界面,如图 9-2 所示。选择安装的语言类型、时间和货币方式、键盘和输入方式,进行下一步操作。

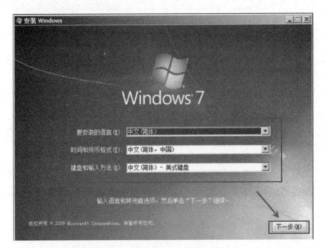

图 9-2　Windows 7 选项设置

（4）接受许可协议。进入许可协议确认页面，在阅读并认可后选中"我接受许可条款"复选项，进行下一步操作，如图 9-3 所示。

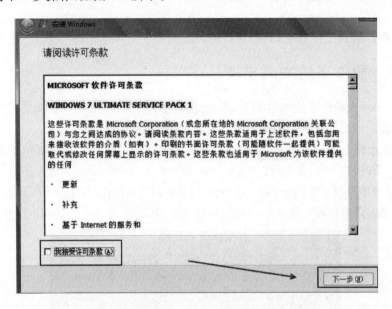

图 9-3　确认许可协议

（5）设置分区。启动分区界面，如果硬盘处于未分区状态，单击"驱动器选项（高级）"，创建新分区。如果已分好分区，则选择需要安装的分区（一般选择 C 盘）；如果想对硬盘分区进行删除或者格式化操作，同样在"驱动器选项（高级）（A）"启动界面中进行相关操作，如图 9-4 所示。

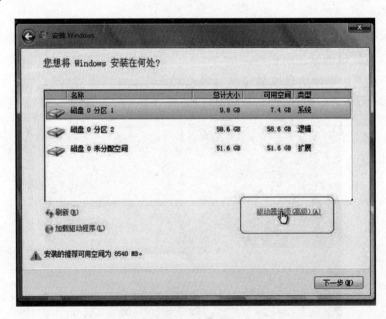

图 9-4　选择分区

（6）系统文件复制、展开、更新等操作。选择好对应的磁盘空间后，启动包括对系统文件的复制、展开系统文件、安装对应的功能组件、更新等操作，如图 9-5 所示。

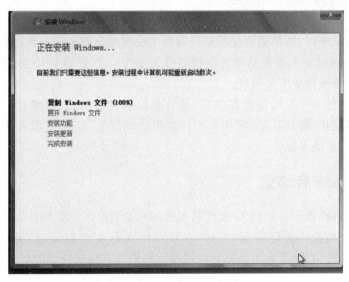

图 9-5　系统文件复制、展开和更新

（7）系统安装。文件复制完成，10 秒后自动重启，也可以选择"立即重新启动"。这时把光驱中的光盘取出，等待着从硬盘启动进入系统安装。如果没取出，重启后会重复出现刚才的画面，这时不要做任何操作，等待它从硬盘启动。

（8）创建账号、设置计算机名称。安装结束时出现创建个人账号和设置计算机名称的提示，如图 9-6 所示。创建账号时可以设置对应的账户密码；也可以不设置进入下一步，输入 Windows 7 的产品序列号；也可以等待进入系统后再激活系统，这时系统基本完成安装。

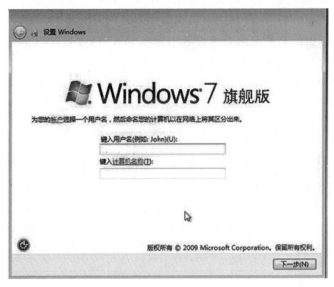

图 9-6　创建账号、设置计算机名称

（9）安装完成。安装完成后，进入 Windows 7。

9.2　系统启动盘制作软件

在安装操作系统时,如果遇到使用的计算机上没有光驱或者没有系统安装光盘的情况,这时可以选择使用 U 盘和系统启动盘制作软件来制作一个 U 盘启动盘,用制作好的 U 盘启动盘一样可以很便捷地安装系统。

目前,有很多种系统启动盘制作软件,最常见的有老毛桃、大白菜、U 盘大师。这些软件都做到了一键制作,简单易用,使用方便。使用这些软件,只要 U 盘在手,使用者可以做到丢掉光驱,随时更换系统。

9.2.1　系统启动盘

什么是系统启动盘? 一般的 U 盘可以直接用来安装操作系统吗? 为了回答这些问题,首先要了解一个概念——启动盘(Startup Disk),又称紧急启动盘(Emergency Startup Disk)或安装启动盘,它是写入了操作系统镜像文件的具有特殊功能的移动存储介质(U 盘、光盘、移动硬盘以及早期的软盘),主要用来在操作系统崩溃时进行修复或者重装系统。早期的启动盘主要是光盘或者软盘,随着移动存储技术的成熟,逐渐出现了 U 盘和移动硬盘作为载体的启动盘,它们具有移动性强、使用方便等特点。

另外,一般的 U 盘不可以直接安装操作系统,需要利用启动盘制作软件制作成启动盘,才能成为系统启动盘并安装操作系统。

9.2.2　大白菜制作工具简介

大白菜制作工具是一款真正的快速一键制作万能启动 U 盘的工具,所有操作只需单击鼠标,操作简单方便,受到广泛好评。大白菜制作工具大大提高了 U 盘启动的兼容性,更有独特的隐藏分区的功能,将所有启动文件置于隐藏分区内,可有效防止病毒感染启动文件,而又不会影响 U 盘可见分区的正常使用。

访问大白菜官网(www.bigbaicai.com),下载最新装机版的安装文件,安装好之后的运行界面如图 9-7 所示。

1. 制作模式

大白菜制作工具有三种制作模式,分别为默认模式、ISO 模式和本地模式,其中:

(1) 默认模式:将普通 U 盘制作为启动 U 盘。

(2) ISO 模式:系统文件来源方式为光盘映像文件。

(3) 本地模式:没有现存的系统安装文件,运用计算机上已有的系统进行克隆,制作一个急救系统采用的模式。

2. 写入模式

这里的写入模式有 4 个选择:HDD-FAT32、ZIP-FAT32、HDD-FAT16、ZIP-FAT16。其中,HDD 代表硬盘,FAT32 和 FAT16 是硬盘的分区模式,都是兼容性特别好,一些新型

图 9-7 大白菜运行界面

主板或笔记本计算机 BIOS 支持的模式；ZIP 是早期的软盘启动模式，现在基本不用，一般老式的主板 BIOS 中支持 ZIP 模式的比较多，通常在 HDD-FAT32 和 HDD-FAT16 中选择一个即可。

3. U 盘分区模式

智能模式和增强模式支持 Windows 平板电脑启动，一般选择兼容模式即可。

4. 个性化设置

可以在高级设置中选择各个选项，进行相应的操作，一般默认设置即可。

9.2.3 制作系统启动盘

大白菜制作工具制作系统启动盘，首先需要做好两个准备工作：一是准备一个存储空间大于 4GB 的干净、安全的 U 盘；二是准备一个操作系统文件（＊.gho 或 ＊.iso）。其中，操作系统文件可以在正规官网上下载。比如网站：微软 gho,www.wrgho.com；系统之家,www.xitongzhijia.net；雨林木风,www.ylmfeng.com。也可以把操作系统安装光盘中的文件制作成光盘映像文件来使用。

选择默认模式制作 U 盘启动盘，基本步骤如下。

（1）启动大白菜 U 盘启动盘制作工具，如图 9-8 所示，插入 U 盘，选择"默认模式"，选择插入的 U 盘，单击"开始制作"按钮。

（2）弹出的将删除 U 盘上所有数据提示窗口，如图 9-9 所示，单击"确定"按钮。

（3）启动数据写入窗口，如图 9-10 所示，耐心等待数据写入过程。

图 9-8　U 盘启动盘制作设置

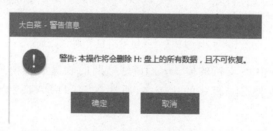

图 9-9　提示窗口

图 9-10　数据写入

（4）制作成功后会提示是否模拟启动，如图 9-11 所示，单击"是"按钮。

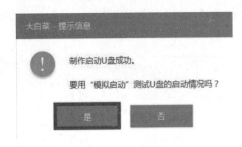

图 9-11　选择模拟启动

（5）计算机可以模拟启动，说明 U 盘启动盘制作成功，如图 9-12 所示，按 Ctrl＋Alt 组合键释放鼠标，选择关闭窗口即可。

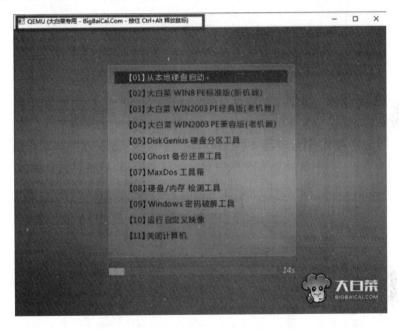

图 9-12　模拟启动界面

以上是大白菜 U 盘启动盘制作过程，使用 U 盘安装系统可以参照 9.2.4 节的安装步骤。

9.2.4　系统启动盘安装系统

本节介绍用大白菜 U 盘启动盘安装 Windows 7 系统的过程。首先将 Windows 7 系统安装包复制到大白菜 U 盘中，按照以下步骤重装系统。

（1）将制作好的大白菜 U 盘启动盘插入 USB 接口（台式计算机用户建议将 U 盘插在主机机箱后置的 USB 接口上），然后重启，出现开机画面时，通过使用启动快捷键引导 U 盘启动，进入到大白菜主菜单界面，如图 9-12 所示，选择【02】大白菜 Win8PE 标准版（新机器），按 Enter 键确认，该选项适用于新机器安装操作系统，否则会对硬盘进行重新分区。

（2）登录大白菜装机版 PE 系统（Preinstall Environment，预安装环境，为安装准备的最小操作系统）桌面，系统会自动弹出"大白菜 PE 装机工具"窗口，如图 9-13 所示，单击"浏览"按钮进入下一步操作。

图 9-13 "大白菜 PE 装机工具"窗口

（3）打开存放在 U 盘中的 Ghost Windows 7 系统镜像包，如图 9-14 所示，单击"打开"按钮后进入下一步操作。

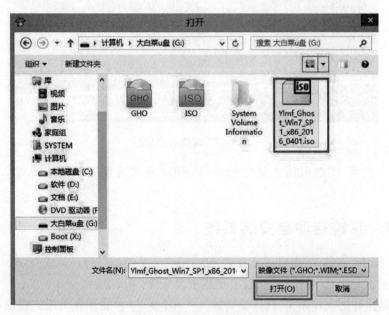

图 9-14 选择映像文件

（4）等待大白菜 PE 装机工具提取所需的系统文件后，如图 9-15 所示，在下方选择一个磁盘分区用于安装系统使用，然后单击"确定"按钮进入下一步操作。

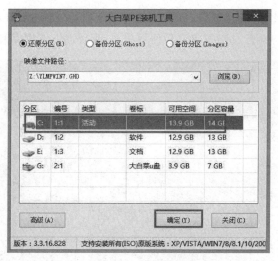

图 9-15　选择分区

（5）如图 9-16 所示，单击"确定"按钮进入系统安装窗口。

图 9-16　确认还原

（6）如图 9-17 所示，此时耐心等待系统文件释放至指定磁盘分区过程结束。

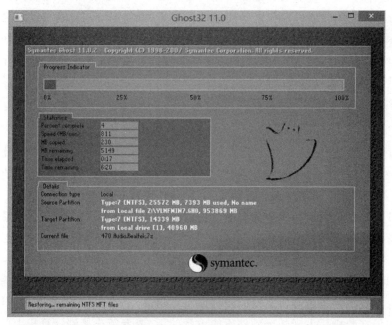

图 9-17　系统文件释放窗口

　　（7）释放完成后，计算机会重新启动，稍后将继续执行安装 Windows 7 系统后续的安装步骤，如图 9-18 所示。所有安装完成之后便可进入到 Windows 7 系统桌面。

图 9-18　安装界面

　　以上就是大白菜装机版 U 盘安装 Windows 7 系统的操作步骤。

9.3　系统驱动管理软件

　　我们知道，操作系统是安装在计算机裸机之上的第一个系统软件，主要用来管理和控制计算机硬件设备、协调软硬件资源之间通信的。但是，操作系统与计算机硬件之间不能直接通信，需要一个特殊的硬件接口来完成，这个硬件接口就是硬件设备的驱动程序。

　　系统驱动管理就是对计算机系统中设备驱动程序的管理，涉及计算机本身的硬件设备以及连接在计算机上的硬件设备的驱动程序。

9.3.1　系统驱动简介

　　驱动程序一般指的是设备驱动程序（Device Driver），是一种可以使计算机和硬件设备通信的特殊程序，相当于硬件的接口，操作系统只有通过这个接口，才能控制硬件设备的工作。假如某个设备的驱动程序未能正确安装，设备便不能正常工作。

　　正因为这个原因，驱动程序在系统中所占的地位十分重要。一般当操作系统安装完毕后，首要的便是安装硬件设备的驱动程序。不过，大多数情况下，我们并不需要安装所有硬件设备的驱动程序，例如硬盘、显示器、光驱等不需要安装驱动程序，而显卡、声卡、扫描仪、摄像头、Modem 等需要安装驱动程序。另外，不同版本的操作系统对硬件设备的支持也是不同的，一般情况下版本越高所支持的硬件设备也越多。

　　所以，如果在装机后发现某个硬件不能正常使用，或者新连接到计算机上的某个硬件设备不能使用,就要考虑安装该硬件设备的驱动程序,让驱动程序把硬件的功能告诉给操作系统,并且将系统的指令传达给硬件。

由此发现,一台计算机上可能需要连接多个硬件,为了更好地管理和维护这些硬件设备的驱动程序,出现了很多集成驱动工具,如驱动人生、驱动精灵、万能集成显卡驱动等。这里主要介绍驱动精灵的基本使用。

9.3.2　驱动精灵

驱动精灵是一款集驱动管理和硬件检测于一体的、专业级的驱动管理和维护工具。驱动精灵为用户提供驱动备份、恢复、安装、删除、在线更新等实用功能,具有超强的硬件检测、驱动智能升级、驱动维护等优势。

下载安装最新版本的驱动精灵,启动界面如图 9-19 所示。可以看到当前计算机的型号和安装的操作系统。同时,还可以看到驱动精灵的几个核心的功能:全面体检、诊断修复、软件管理、垃圾清理、硬件检测等。

图 9-19　驱动精灵启动界面

(1) 全面体检:在上述界面中,单击"立即体检"按钮,驱动精灵就可以对整个计算机进行一次全面检查,检查结果涵盖驱动管理、诊断恢复和优化清理三项,显示在检查概要中,如图 9-20 所示,用户可以根据具体的提示做出相应的操作。

(2) 驱动管理:在上述界面中,选择"驱动管理"功能选项卡,启动对当前计算机的设备驱动情况的检测。可以看到各硬件设备的驱动程序的版本、大小,还可以看到可以对各项进行的操作,如图 9-21 所示。在相应操作列表中,可以备份、还原、卸载等。如果发现某个硬件设备不能正常工作,可以在该界面中对对应的驱动程序进行卸载、再安装操作。一般遇到有待升级的驱动程序,尽量先备份,再安装升级的驱动程序,这样可以避免升级后的驱动程序出现问题,有备份就可以还原到升级前的版本,继续使用。

图 9-20　全面检测界面

图 9-21　驱动管理界面

- 备份：选择操作列表中的"备份"，进入"驱动备份还原"界面，可以修改备份存放的文件路径，可以一键备份，也可以单独备份，如图 9-22 所示。
- 还原：在上述界面中，选择"还原驱动"功能选项卡，可以看到如图 9-23 所示，用户可以根据情况，选择需要还原的驱动程序完成还原操作。
- 卸载：驱动卸载的操作也比较简单，这里不建议鲁莽地卸载机器上的驱动程序，在确认备份后再卸载，出现问题后还可以还原回去。

以上是驱动精灵最核心的一个功能——驱动管理。

图 9-22 驱动备份还原界面

其余的诊断修复、软件管理、垃圾清理、硬件检测功能,用户可以根据具体情况选择相应的操作,这里不再介绍。

图 9-23 还原驱动

9.4 系统硬件检测软件

有时候需要检测一下计算机系统的性能,或者了解一下硬件有没有异常,亦或是检查一下硬件的运行情况,这就需要用到系统硬件检测软件。系统硬件检测软件有很多,比如CUP-Z 能够提供全面的 CPU 检测,HWINFO32 可以进行全面的硬件性能检测,HD Tune可以对硬盘进行全面检测,鲁大师可以提供专业的硬件检测等。在选择时,用户可以根据具体情况来选择合适的检测软件检测。

9.4.1　硬件检测的重要性

计算机系统离不开硬件,为了更好地发挥硬件的性能和优势,我们必须要了解硬件系统的特点;为了提高硬件设备的使用寿命,有时还要监控和跟踪硬件系统的使用情况,更安全更健康地维护和管理这些硬件;这是使用电子设备必须要有的两个意识。

其中,硬件检测是跟踪硬件运行情况的一个手段,也是了解硬件、更好使用硬件的一个途径,它的重要性是显而易见的。

9.4.2　鲁大师

鲁大师(原名:Z 武器)是一款个人计算机系统工具,它能轻松辨别计算机硬件真伪,保护计算机稳定运行,清查计算机病毒隐患,优化清理系统,提升计算机运行速度。鲁大师提供国内最领先的计算机硬件信息检测技术,包含最全面的硬件信息数据库。而与其他检测软件相比,鲁大师提供更为全面的检测项目,并支持最新的各种 CPU、主板、显卡等硬件。

鲁大师不仅简单易用,而且适用于各种品牌台式计算机、笔记本计算机、DIY 兼容机、平板电脑、手机的硬件检测。使用鲁大师,我们可以对关键性部件进行实时监控预警和做出全面的计算机硬件有效故障预防。

下载最新版的鲁大师,安装启动界面如图 9-24 所示。可以看到当前计算机硬件温度情况。同时,还可以看到鲁大师的几个核心功能:硬件体检、硬件检测、温度管理、性能测试等。

图 9-24　鲁大师启动界面

(1)硬件体检:可以查看硬件信息,清理优化项,开启硬件防护,检查硬件故障等,如图 9-25 所示。定期体检可有效提升硬件性能,延长硬件寿命。

图 9-25 硬件体检

(2) 硬件检测：可以看到计算机的概览，如型号、操作系统、处理器、主板等信息；还可以查看到各硬件的详细信息，了解硬件情况，如图 9-26 所示。

图 9-26 硬件检测

(3) 温度管理：可以实时监控关键部件的温度，设置高温预警，查看各部件的工作运行情况，做出预防保护，如图 9-27 所示。

(4) 性能测试：选择"性能测试"选项卡查看计算机性能，可以对处理器、显卡、内存和磁盘的性能进行检测,如图 9-28 所示。

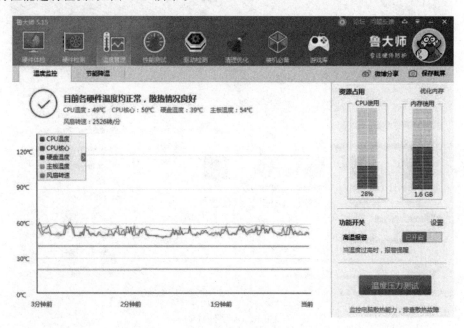

图 9-27　温度管理

图 9-28　性能测试

其他的功能可以根据情况来选择。

9.5　系统备份还原软件

在使用计算机的过程中,经常会遇到系统故障或崩溃的情况,可能不得不重装操作系统。可以选择前几节所讲的方法来重装系统,但相对比较麻烦,有一种比较简单的方法,那就是利用系统备份来还原操作系统,前提是要有备份好的系统,就可以利用备份的系统一键还原了。

系统备份与还原有两种基本方法:一是利用 Windows 7 内置的备份和还原功能;二是利用备份和还原软件。常见的备份/还原软件有一键 Ghost、OneKey 一键还原、一键还原精灵等。

9.5.1　系统备份和还原

在计算机领域,备份是为了防止计算机数据及应用等因计算机故障而造成的丢失及损坏,从而在原文中独立出来单独储存的程序或文件副本;还原是指将已经备份的文件还原到备份时的状态。

常见的备份分为系统备份、分区备份、磁盘备份、分区表备份,相应的还原分为系统还原、分区还原、磁盘还原、分区表还原。对于系统备份,生成的系统备份文件称为 GHO 文件。而在系统安装或还原时,还常用到一种系统文件包的格式是 ISO 文件格式。接下来就针对这两类文件格式分别进行描述。

- GHO 文件:Ghost 的映像文件,扩展名为. gho。GHO 文件是利用 Ghost 软件备份的硬盘分区或整个硬盘的所有文件信息,通常称为"克隆"。这类文件通常是普通的 ISO 镜像文件的扩展,一般包含系统文件、引导文件、分配表信息等,可使用 GhostXP 来浏览、修改或提取。
- ISO 文件:是光盘镜像文件。镜像文件其实和 ZIP 压缩包类似,它将特定的一系列文件按照一定的格式制作成单一的文件,以方便用户下载和使用。例如一个测试版的操作系统、游戏等。很多时候我们下载下来的系统文件包是将 GHO 文件制作成 ISO 文件,可以利用一些还原软件来获取。

9.5.2　OneKey 一键还原简介

OneKey 一键还原(也称为 OneKey Ghost)是雨林木风开发的一款人性化、设计专业、操作简便、可以在 Windows 下对任意分区进行一键还原恢复、备份的绿色软件,以 Ghost 11.0.2 为核心,支持 ISO 文件、光盘、U 盘里的 GHO 文件硬盘安装。支持多硬盘、混合硬盘(IDE/SATA/SCSI)、混合分区(FAT16/FAT32/NTFS/exFAT)、未指派盘符分区、盘符错乱、隐藏分区以及交错存在的非 Windows 分区,支持品牌机隐藏分区等,支持 Windows 8 系统,支持 32、64 位操作系统。

接下来介绍该软件的系统备份和还原操作。

9.5.3　一键备份系统

在系统备份之前,可以使用系统优化工具完成系统的优化,保证系统是干净、快速、安全、稳定的。比如:安装必要的应用工具软件,不必过多,而且尽量避免安装过多的程序到 C 盘;避免系统存在漏洞,修复漏洞,安装必要的系统补丁;检测硬件设备的驱动是否正常,必要时安装或升级相应的驱动程序;清空回收站,清除垃圾文件、临时文件,释放更多的磁盘空间;整理磁盘碎片,提高磁盘的访问速度;查杀病毒,尽可能保证计算机处于安全状态。

准备工作做好之后,利用 OneKey 一键还原备份系统,具体操作步骤如下。

(1) 启动 OneKey 一键还原,选择"备份分区"。常规设置:启动 OneKey 一键还原软件,选中"备份系统"选项;单击"保存"按钮可以修改映像文件保存路径,亦可默认;选择磁盘分区列表中需要备份的系统所在的分区,一般是选择 C 盘,如图 9-29 所示。

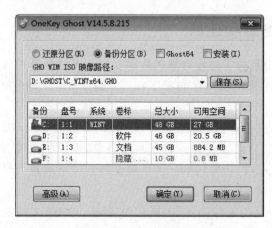

图 9-29　备份分区

(2) 高级选项设置。单击"高级"按钮,如图 9-30 所示。可以选择"自定义 GHOST 版本"设置不同的版本;当硬盘模式为 SATA 时,可以选择"禁用访问 IDE 设备"来提高备份还原速度,否则选择默认;可以选中"密码"复选框,输入密码生成有密码保护的映像文件;选择"快速压缩"设置备份压缩率;可以单击"搜索"设置映像文件在磁盘分区上存放的目录层次结构,如果目录深度为 1,表示直接存放在磁盘分区的根目录中;备份完成后可选重启,抑或关机。

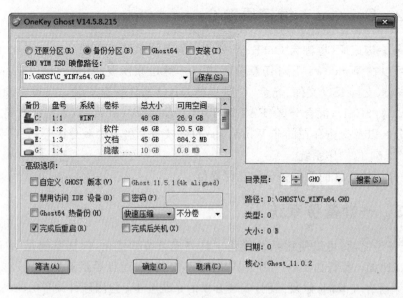

图 9-30　高级选项设置

（3）备份系统。单击图 9-30 中的"确定"按钮，弹出是否马上重启提示窗口，如图 9-31 所示。单击"是"按钮立即重启，重启后备份系统；单击"否"按钮手动重启备份；单击"取消"按钮，返回不备份，撤销操作。

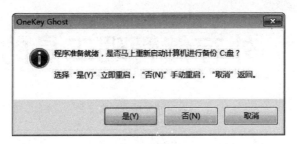

图 9-31　确认备份

9.5.4　一键还原系统

相对地，还原系统是系统备份的逆操作，就是利用已经备份的系统文件将系统还原到备份时的状态。利用 OneKey 一键还原软件还原系统操作相对简单，但要求系统是可启动状态。具体的操作为：启动 OneKey 一键还原，如图 9-32 所示。选择"还原分区"，单击"打开"按钮选择映像文件所在路径，在还原分区列表中选择将系统还原在哪个磁盘分区上，一般系统还原在 C 盘中，单击"确定"按钮，开始系统还原。

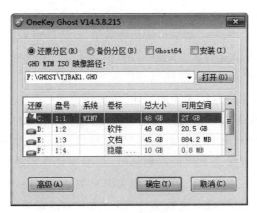

图 9-32　还原分区

第10章

外存储管理工具的应用

10.1 数据恢复工具

误删除导致文件丢失是人们在使用计算机过程中最不愿看到的情况。当你误删除计算机上的文件、U盘上的文件,当你格式化硬盘、U盘后,能否恢复重要的文档数据?带着需求在百度上输入"如何恢复被删除的文件",可以看到很多相关的文章介绍。引其中两篇提问作答:"可以,只要你未对硬盘做过类似格式化,或是清理磁盘碎片等的操作,你完全有可能正常恢复。在DOS下也是可以恢复这些文件的。建议你使用软件恢复。推介:EasyRecovery Pro""用数据恢复软件,数据恢复软件有不少,易我数据恢复、SuperRecovery、EasyRecovery、undelete_plus、finaldata308等。比较简单适合初级用户使用的是易我数据恢复,如果是删除恢复就选择删除恢复。如果格式化磁盘了,就选择格式化恢复。下一步…"

网上的回答提及使用相应的软件能够解决,例如EasyRecovery。但是好像要有先决条件才行。是不是所有被删除的数据都能得到恢复呢?显然不是。那是否"只要你未对硬盘做过类似格式化,或是清理磁盘碎片等的操作"就能恢复呢?

再看看网上的这篇文章:是不是所有被删除的文件都能恢复呢?当然不是。如果被删除的文件已被其他文件取代或者文件数据占用的空间已经分配给其他文件,那么该文件也就不可能恢复了。因此,当发现文件被误删除时,如果文件在系统分区(如C盘),那么首先要做的就是立即关掉电源,以防止新的操作覆盖原来文件所在的物理区域,如果误删除的文件在非系统分区并且当前分区没有交换文件,那么这时就没有必要立刻关掉电源了。另外,如果被误删除的文件在有物理损坏的硬盘(或者其他移动存储器)时,也不能恢复。

但是为什么被删除了的文件甚至硬盘都被格式化了,还可能恢复呢?下面介绍一下基本原理。

10.1.1 文件删除恢复的原理

事实上,平时我们所谓的物理删除文件(放到回收站清空或者直接物理删除)并没有真正删除,只是Windows给这些文件做了删除标记,以后放新文件时才会覆盖掉这些被删除的文件。

新买回的硬盘需分区、格式化后才能安装系统使用。以传统的硬盘为例,一般要将硬盘分成主引导扇区、操作系统引导扇区、文件分配表(FAT,一般为两个,其中一个作为备份)、目录区(DIR)和数据区(Data)5 部分。

　　磁盘上存储文件的时候并不是像我们想象的都存放在一个地方,而是会根据文件大小按照计算机事先设置好的文件簇(可以 4KB、8KB、16KB 等)的大小把文件切割成若干块(不到一个簇大小的分配一个簇,那个簇中占而未用的部分就成为碎片)在计算机存储设备数据区(Data)空闲的簇中存放(并非全部连续存放,很可能是随机存取)。在磁盘中,有两个非常重要的区域,一个是根目录区,用于存放文件的名称、大小、建立修改时间、属性等各种和文件相关的信息,其中一个重要的信息就是文件的起始簇号,也就是文件被分割后第一簇所在的物理地址。而顺藤摸瓜,从第一簇找到第二簇,第二簇找到第三簇,就像它们之间有个链条一样,这个链接地址关系就存放在另一重要的区域文件分配表(FAT 区)中。

　　在定位文件时,操作系统会根据目录区中记录的起始单元,并结合文件分配表区知晓文件在磁盘中的具体位置和大小。实际上,硬盘文件的数据区尽管占了绝大部分空间,但如果没有前面各部分,它实际上没有任何意义。人们平常所做的删除,只是让系统修改了文件分配表中前面的部分信息(相当于作了"已删除"标记),同时将文件所占簇号在文件分配表中的记录清零,以释放该文件所占空间。因此,文件被删除后硬盘剩余空间就增加了;而文件的真实内容仍保存在数据区,它须等写入新数据时才被新内容覆盖,在覆盖之前原数据是不会消失的。

　　恢复工具就是利用这个特性来实现对已删除文件的恢复。对硬盘分区和格式化,其原理和文件删除是类似的,前者只改变了分区表信息,后者只修改了文件分配表,都没有将数据从数据区真正删除,所以才会有形形色色的硬盘数据恢复工具。

10.1.2　360 文件恢复

　　360 文件恢复工具是在 360 安全卫士的功能大全里剥离出来的软件。360 文件恢复可以帮助用户快速从硬盘、U 盘、SD 卡等磁盘设备中恢复被误删除的文件,而且因为是独立版,不会产生任何垃圾文件,也不会关闭后常驻内存占用资源。当然,也可以直接打开 360 安全卫士的"功能大全",找到"数据安全"项目中的"文件恢复",单击可下载运行,如图 10-1 所示。运行后的主界面如图 10-2 所示。

图 10-1　360 安全卫士中运行文件恢复软件

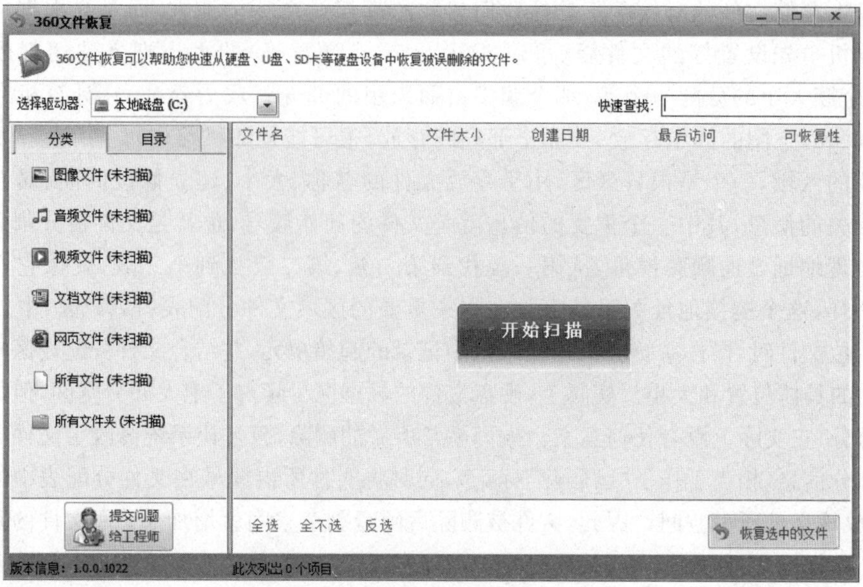

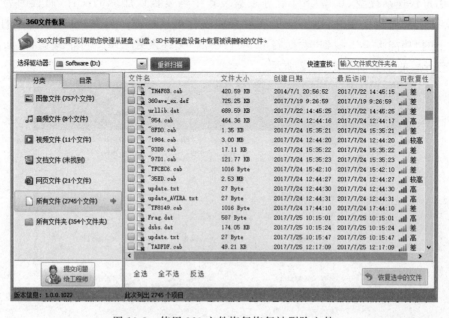

图 10-2　360 文件恢复工具主界面

只需要选择相应的驱动器、分类或目录，即可查找出已经被删除的相关文件。例如，选中 d：盘，选择所有文件，单击扫描后可查找出已经删除的文件，并标记了其相关属性，如图 10-3 所示。这里值得关注的是"可恢复性"选项。从图中可以观察到，有差、较高、高等不同分类，一般来讲，可恢复性高的被恢复的可能性最大。选择，单击"恢复选中的文件"按钮即可完成恢复工作。

图 10-3　使用 360 文件恢复恢复被删除文件

10.1.3　360 文件恢复实例

使用 360 文件恢复工具恢复已删除的文件。

将 d:\study.rar(如图 10-4 所示)文件物理删除(注意不是放到回收站中,如果是请在回收站中找到并删除或者清空回收站)。

图 10-4　找到物理删除目标 d:\study.rar

启动 360 文件恢复工具,选择 D:盘,扫描全部被删除的文件。在被删除的文件中找到 study.rar(如图 10-5 所示),或者利用工具中的"查找",可以迅速定位到 study.rar 文件(如图 10-6 所示)。这里有个提示,列表标题:文件名、文件大小、创建日期等都可以单击,效果是按照所单击的栏目进行排序,以便找到想恢复的那个或那些文件。

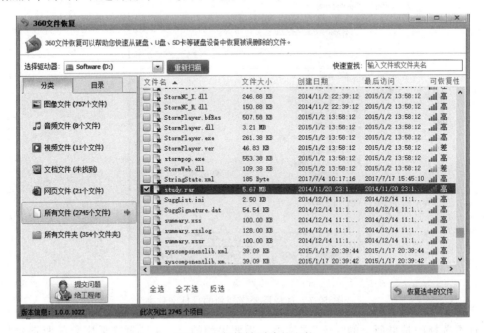

图 10-5　扫描被删除的文件

找到后,选中该文件,单击"恢复选中的文件"按钮,这个时候会弹出一个对话框,选择要恢复的位置,如图 10-7 所示。

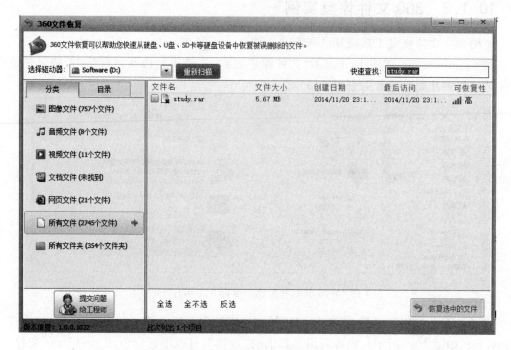

图 10-6　在被删除的文件中快速查找

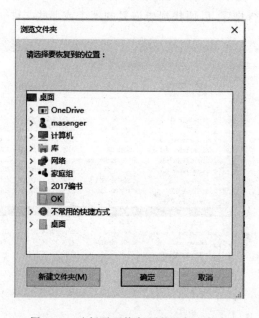

图 10-7　选择需要恢复到的目标文件夹

　　这里选择的是桌面上的"OK"文件夹。需要提醒的是：文件删除后恢复的驱动器号（本例中是 D：）一定不要和原文件所在的驱动器号相同，否则可能会导致恢复错误或影响该盘上的其他文件不能被恢复。最后，在桌面上的"OK"文件夹中，可以查看已经恢复出来的文件，如图 10-8 所示。

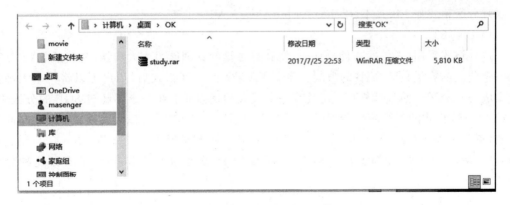

图 10-8　查询恢复出来的文件

10.2　硬盘的分区与维护

一个硬盘从出厂到使用一般要经历以下三个步骤：低级格式化、分区、高级格式化。低级格式化好比修建大楼楼层，一般由厂商完成，特殊情况下用户可以自己实施（如硬盘产生可恢复的物理故障等，尝试搜索下载专业的低级格式化工具）；分区好比在一个楼层上分出很多个房间；高级格式化也就是我们平时所说的格式化，对于已经分区的盘进行格式化好比把房间彻底清理一下，以便放置新的数据。

10.2.1　硬盘分区相关知识

1. 分区简介

分区有什么好处呢？有人说，不要那么复杂，简单点儿，一个硬盘就一个区。在Windows 平台下可以实现吗？答案是肯定的。但是，一般并没有这样做。分多个区有很多好处，一是有利于管理，系统一般单独放一个区，这样系统分区由于只放操作系统，产生的碎片很少，系统也比较稳定，而且这样硬盘的寿命会更长。软件放一个区，软件升级或者安装软件，会产生些碎片，这样放一个分区容易管理也容易整理碎片。多媒体文件和 BT 的东西最好能再放一个区，BT 对硬盘损坏比较大，虽然现在 BT 都有缓冲的功能，但也不会减少对硬盘的损坏。因此，多个分区会比较安全。就算一个区损坏，那么其他分区的数据也很少受到影响。文件夹多会降低分区文件搜索速度，而且删除增加也会产生比较多的碎片；而分区是将硬盘分成几个部分，虽然分区有利于管理、搜索、维护，但也不要滥分，一般不要超过6 个，根据实际需求来定制。

2. 分区格式

分区的操作系统设计的文件系统结构，不同的操作系统会使用不同的分区格式。作为我们使用最多的 Windows 系统，主要包含 FAT、NTFS 格式，而越来越多的人开始使用的Linux 操作系统，则包括其他一般计算机用户不是很熟悉的分区格式。常见的 Windows 分区格式有 FAT16、FAT32、NTFS、exFAT 等，最普遍使用的是 FAT32 和 NTFS。Linux 操作系统分区格式如 Linux Ext2、Ext3、Linux swap、VFAT 等。

1) FAT32

这种格式采用 32 位的文件分配表，使其对磁盘的管理能力大大增强，突破了 FAT16 对每一个分区的容量只有 2GB 的限制。运用 FAT32 的分区格式后，用户可以将一个大硬盘定义成一个分区。而且，FAT32 还具有一个最大的优点是：在一个不超过 8GB 的分区中，FAT32 分区格式的每个簇容量都固定为 4KB，与 FAT16 相比，可以大大地减少硬盘空间的浪费，提高了硬盘利用效率，但是 FAT32 的单个文件不能超过 4GB。Windows 98 到现在最新的 Windows 10 等都支持这种格式，早期的 DOS 系统和 Windows 不支持这种分区格式。

2) NTFS

NTFS 是一种新兴的磁盘格式，早期在 Windows NT 网络操作系统中常用，但随着安全性的提高，在 Windows XP 直至 Windows 10 操作系统中也开始使用这种格式，现在的 U盘和移动硬盘也支持 NTFS 分区。其显著的优点是安全性和稳定性极其出色，在使用中不易产生文件碎片，对硬盘的空间利用及软件的运行速度都有好处。而且单个文件可以超过 4GB。在安全性方面，它能对用户的操作进行记录，通过对用户权限进行非常严格的限制，使每个用户只能按照系统赋予的权限进行操作，充分保护了网络系统与数据的安全。

3. Windows 分区类型

对于按照 Windows 操作系统的机器在硬盘分区之后，会形成三种形式的分区状态，即主分区、扩展分区和逻辑分区。

对于 Windows 操作系统，主分区则是一个比较单纯的分区，通常位于硬盘的最前面一块区域中，构成逻辑 C：盘。其中的主引导程序是它的一部分，此段程序主要用于检测硬盘分区的正确性，并确定活动分区，负责把引导权移交给活动分区的 Windows 或其他操作系统。如果此段程序损坏将无法从硬盘引导，但从光驱或 U 盘引导启动之后可对硬盘进行读写。

扩展分区是主分区分完后剩下空间可以划分的区域，可以简单地理解为：硬盘的容量＝主分区的容量＋扩展分区＋未用分区的容量。对于扩展分区，可以再进行逻辑盘的划分（也就是逻辑分区）。也就是说，扩展分区的容量＝各个逻辑分区的容量之和。举个例子，打开某个计算机的"我的电脑"，可以看到有 C：、D：、E：、F：4 个盘。其中，一般情况下 C：盘就是安装了 Windows 的主分区。而扩展分区划分了三个逻辑分区，分别是 D：、E：、F：。

10.2.2　分区管理工具 Paragon Partition Manager 介绍

能够进行分区管理的工具软件非常多，本节以 Paragon Partition Manager 为例介绍。这是一款磁盘管理软件，也是目前为止最好用的磁盘管理工具之一，能够优化磁盘使应用程序和系统速度变得更快，在不损失磁盘数据的情况下调整分区大小，对磁盘进行分区，并可以在不同的分区以及分区之间进行大小调整、移动、隐藏、合并、删除、格式化、搬移分区等操作，可复制整个硬盘资料到分区，恢复丢失或者删除的分区和数据，无须恢复受到破坏的系统就可使磁盘数据恢复或复制到其他磁盘。能够管理安装多操作系统，方便地转换系统分区格式，也有备份数据的功能。

Paragon Partition Manager 有着直接的图形使用界面并支持鼠标操作。其主要功能包括：能够在不损失硬盘资料的情况下对硬盘分区做大小调整，能够将 NTFS 文件系统转换成 FAT、FAT32 或将 FAT32 文件系统转换成 FAT 文件系统，支持制作、格式化、删除、复制、隐藏、搬移分区，可复制整个硬盘资料到其他分区，支持长文件名，支持 FAT、FAT32、NTFS、HPFS、Ext2FS 分区。

　　打开 Partition Manager 主界面（如图 10-9 所示），其主要功能一览无遗。这是标准的 Windows 窗口界面，可以使用菜单、工具和鼠标右键方便地进行各种操作。顶层是菜单栏，几乎所有的功能都能在菜单栏上实现；下面是常用工具栏；左边区域是快速操作区域；中间部分则显示出本机当前的磁盘状态，其中，上半部分是逻辑盘基本参数，下半部分是磁盘分区情况。

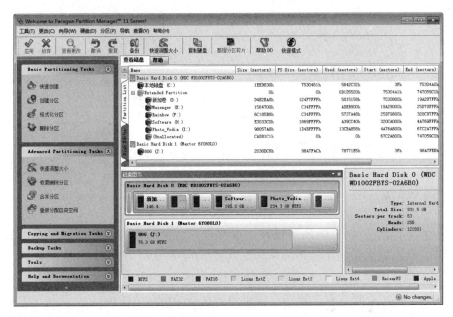

图 10-9　Paragon Partition Manager 主界面

　　通过观察，我们发现本机的基本情况如下。

　　（1）本机有两个硬盘，一个是 Basic Hard Disk 0（WDC WD1002FBYS-02A6B0）西部数据平台的硬盘，容量大约为 1TB，一个是 Basic Hard Disk 1（Maxtor 6Y080L0）迈拓的硬盘，容量大约为 80GB。

　　（2）1TB 的硬盘分了两个区域，一个主分区是 C：盘，一个扩展分区。而扩展分区中又分了 6 个逻辑盘，分别是 D：、E：、F：、G：、H：、I：和一个未分配使用的区域（Free Space）。这个可以在"我的电脑"里得到验证。

　　80GB 的硬盘（实际不足 80GB）只分了一个区域，盘符为 J：。

　　Paragon Partition Manager 的主要功能集中在两个菜单，一个是向导菜单（如图 10-10 所示），一个是分区菜单（如图 10-11 所示）。通过对这两个菜单

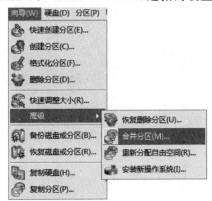

图 10-10　向导菜单功能

的阅读,可以清晰地看到本软件的基本功能。此外,选中某个盘符单击鼠标右键通过弹出的快捷菜单(如图 10-12 所示)进行操作也是常用的方法之一。

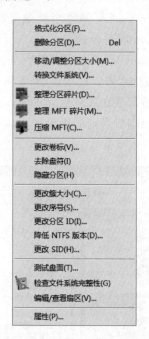

图 10-11　分区菜单功能　　　　图 10-12　鼠标右键菜单功能

当然,在不同的分区、不同的逻辑盘上单击鼠标右键会得到不同的效果。在本机上实验,看到有一块区域名字叫 Unallocated(也就是 Free Space),表示未分配的区域。如果想启用它,可以鼠标右键单击这个区域,选择"创建分区"(如图 10-13 所示),并可完成选择大小、文件系统、卷标(给该盘取个别名)、指定相应盘符和格式化操作。

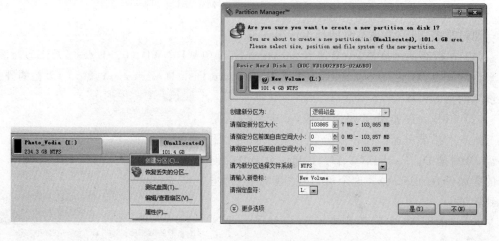

图 10-13　创建分区

10.2.3　利用 Paragon Partition Manager 调整分区大小

调整分区大小是每个分区管理软件的重点操作。这里以图例的方式举例说明。在本机上看到，对于 WDC 西部数据的硬盘来讲，C：盘所占空间较少，但是 D：盘只用了一部分（深色区域标示），空闲区域较多（如图 10-14 所示），所以准备将 D：盘割出一部分空间给C：盘。

图 10-14　分区大小

根据需求，拟将 D：盘拿出 40GB 左右空间分给 C：盘以解决其空间大小不足的问题。首先需要注意的是，D：是逻辑分区，属于扩展分区部分，所以一定要先将扩展分区缩小后才能用于 C：盘主分区的扩大。

具体操作步骤如下。

（1）右击 D：盘，选择"移动/调整分区大小"。

（2）鼠标从左向右拉，缩小 D：盘空间大小，腾出 40GB 空间，单击"是"按钮，如图 10-15所示。

图 10-15　调整 D：盘大小

（3）这个时候，在扩展分区下方（D：盘之前）出现了一个未分配的区域名字叫Unallocated（也就是 Free Space），这个区域即将划分给 C：盘，如图 10-16 所示。

（4）右击扩展分区，选择"移动/调整分区大小"。

（5）鼠标左键从左向右拉动，缩小扩展分区大小，拟腾出空间，单击"是"按钮，如图 10-17所示。

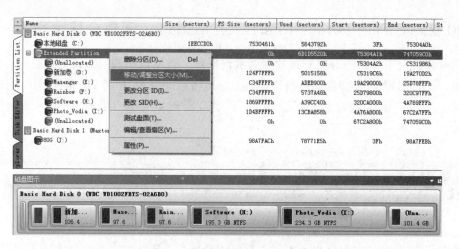

图 10-16　拟调整扩展分区大小

图 10-17　调整扩展分区大小

（6）这时，在 C：盘下方出现了一个未分配的区域名字叫 Unallocated，这个区域即是从扩展分区中将划分出来的自由空间。

（7）右击 C：盘，选择"移动/调整分区大小"，如图 10-18 所示。

（8）鼠标左键从 C：盘结束处从左向右拉动，扩大 C：盘空间，单击"是"按钮，如图 10-19 所示。

（9）单击工具栏上的"应用"按钮。

（10）开始调整分区大小。在此过程中提示需要重启计算机。重启后即可完成调整任务。完成后，对比效果如图 10-20 所示。

需要重点说明的是：在单击"应用"之前，所

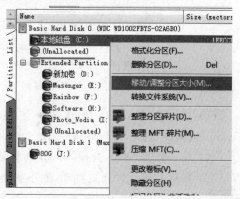

图 10-18　拟调整 C：盘大小

图 10-19　调整 C：盘大小

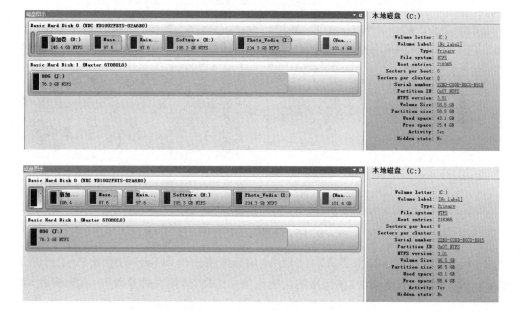

图 10-20　调整前后对比效果

有操作指示挂载任务,并未真正执行。所以,操作过程中如果做错了,可在应用之前撤销操作,通过单击工具栏上的"撤销"按钮或者使用快捷键 Ctrl＋Z 都可实现,可以重复使用快捷键 Ctrl＋Y。彻底放弃可以单击工具栏上的"放弃"按钮。

　　此外还需注意两点,一是有些机器安装了硬盘保护软件或者硬件保护卡,会对本机分区进行保护,无法使用该软件;二是为了预防可能出现的非预期故障,建议提前对本机的重要数据进行备份。

10.2.4　Paragon Partition Manager 其他功能

　　Paragon Partition Manager 功能非常强大,除了上面所介绍的新建分区、调整分区做大小调整操作外,下面再介绍一下其他几个功能。

　　(1)合并分区。如果想对本机 H：、I：盘进行合并该如何操作呢? 选择窗口左边的"合并分区",根据提示单击"下一步"(Next)按钮完成操作(如图 10-21 所示)。记住最后要单击"应用"按钮后才能生效。

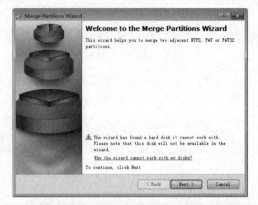

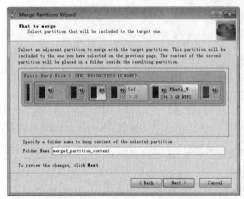

图 10-21 合并分区操作

(2) 转换分区格式。如果想将本机 D：盘的分区格式由 NTFS 转换成 FAT32,可以使用如下步骤完成：右击 D：盘,在弹出的快捷菜单中选择"转换文件系统"。在出现的对话框中单击"转换"按钮即可,如图 10-22 所示。记住最后要单击"应用"按钮后才能生效。

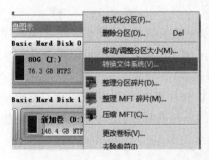

图 10-22 转换文件系统格式

(3) 修改盘符。如果想将本机的 H：盘的盘符改为 R：盘,通过如下步骤即可完成：右击 H：盘,在弹出的快捷菜单中选择"去除盘符"。这个时候可以看到(H：)已经变为(＊)。再次右击该盘,在弹出的快捷菜单中选择"指定盘符"。如果想将本机 D：盘的分区格式由

NTFS 转换成 FAT32,可以使用如下步骤完成：右击 D：盘,在弹出的快捷菜单中选择"转换文件系统"。在出现的对话框中,重新选择盘符(R：)。这时,就将 H：盘更改为了 R：盘,但是记住最后要单击"应用"按钮后才能生效,如图 10-23 所示。

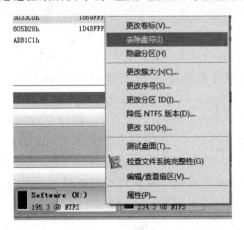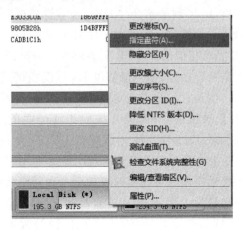

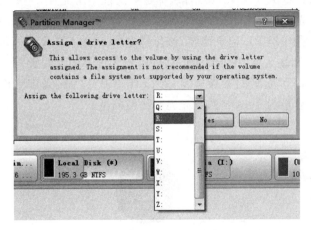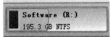

图 10-23　更改盘符

10.3　光盘刻录

前面介绍过外部存储器相关知识,其中光盘就是一种重要的外部存储器介质。当然要向光盘中写入数据的话,前提条件是光盘必须是可以刻录(有的教材中叫作烧录或者烧制)的光盘,当然有的是一次性写入,有的可以多次刻录,还要有一台刻录机(可能是一台 CD 刻录机,也可能是一台 DVD 刻录机或蓝光刻录机)。刻录也叫烧录,就是把想要的数据通过刻录机、刻录软件等工具刻制到光盘、烧录卡(GBA)等介质中。所以,要完成这个操作需要三要素：刻录光盘、刻录机和刻录软件。

常见的光盘主要包括：CD、DVD 和蓝光光盘(BD)。

CD 主要有以下两种：CD-R 刻录光盘和 CD-RW 刻录光盘。CD-R 刻录光盘是最早的一种刻录光盘,它可多次在空余部分写入数据,适合于小规模单一发行的 CD 制品或者数据备份、资料存档等。CD-RW 刻录光盘是飞利浦和索尼两大公司于 1989 年推出的,相对于 CD-R 刻录光盘一次性刻录性能,CD-RW 刻录光盘是能够重复擦写的,即刻录数据后,还可将其擦除并重新刻录。

DVD-R 刻录光盘与 DVD 兼容性较好,因此比较常见。它也是目前兼容性最好的刻录光盘之一。其刻录模式与 CD-R 相同,只使用沟槽轨道进行刻录,其碟片的反射率和普通 DVD 光盘相似。DVD-RW 刻录光盘的刻录原理和普通 CD-RW 类似,也可以重复擦写,其优点是兼容性好,而且能够以 DVD 视频格式来保存数据,因此它能够在 DVD 播放机上面播放。但是它的缺点就是:格式化需要花费 1.5 小时。DVD＋R 刻录光盘是世界上第一款 DVD 刻录机使用的,碟片按照先锋公司的 DVD＋R 规格 1.0 版设计,设计存储能力为 3.95GB。1999 年年底先锋发布 DVD＋R 规格 2.0 版本,存储能力达到 4.7GB。DVD＋RW 刻录光盘是目前唯一与现有的 DVD 播放机和 DVD 驱动器全部兼容的光盘,其在计算机和娱乐应用领域的实时视频刻录和随机数据存储方面完全兼容可重写格式刻录光盘,其单面容量为 4.7GB,双面容量高达 9.4GB,是目前使用最多的 DVD 刻录光盘。

BD-R 刻录光盘也就是人们所说的蓝光光盘,是 DVD 光盘的下一代标准之一。BD-R 是蓝光的单层刻录光盘,与 CD-R、DVD-R、DVD＋R 相似,都是一次性刻录光盘,一张光盘可存储 25GB 的文档,是现有 DVD 光盘的 5 倍。BD-RE 刻录光盘也叫蓝光可擦写刻录光盘,是蓝光最新的可擦写刻录光盘,采用 SERL 记录薄膜,该薄膜由 12 倍速 CD-RW 采用的相变材料演变而来,并改善了高速性和耐久性,为 BD-RE 提供了长久可靠的反复擦写与稳定的数据保护能力。蓝光极大地提高了光盘的存储容量,2013 年 9 月 13 日,光碟生产商 Singulus 宣称,用于存储 4KB 内容、容量为 100GB 的蓝光光碟已经问世。

三种光盘如图 10-24 所示。

图 10-24　CD、DVD、BD 光盘

要完成刻录,需要有刻录机的支持。刻录机和我们常见的光盘驱动器外观差不多,区别是它能读也能写入光盘数据。CD、DVD、BD 都有对应的刻录机,如图 10-25 所示。

图 10-25　CD、DVD、BD 刻录机

有了硬件条件,要完成刻录操作,还需要刻录软件支持。在网上搜索一下,相关软件很多,如刻录软件 Nero、光盘刻录大师、UltraISO(软碟通)、狸窝 DVD 刻录软件等。当然,最专业的还是 Nero 了。在其官方网站上查询一下,最新版是 Nero Burning ROM 18(也就是

2017 版），主要内容如图 10-26 所示。早期的版本的使用方法和 Nero 18 都很相似。

图 10-26　新版 Nero Burning ROM 主界面

10.3.1　Nero 介绍

Nero 系列软件功能强大，能完成管理和播放、编辑和转换、翻录和刻录、备份和恢复以及其他选项功能，强悍的翻录功能、转换功能、创建 ISO 镜像、安全的数据归档让它成为行业中的佼佼者。其中，翻录和刻录是其强大功能的代表，可以说，Nero Burning Rom 是目前最好用的刻录软件之一。它能够帮助用户轻松快速地制作 CD、DVD、BD。不论所要烧录的是资料 CD、音乐 CD、Video CD、Super Video CD、DDCD 或 DVD、BD 蓝光等，所有的程序都很简单。Nero 拥有高速、稳定的烧录核心，友善的操作接口，它的功能相当强大且容易操作，同时也支持多国语系，当然也包括中文。Nero 相比其他软件有很多特点，例如，刻录光盘、备份数据或复制文件更快更简易；支持从 PC 备份数据到多种光盘格式，包括蓝光；集成了专业的 DVD 制作工具；新增 DJ 混音功能，并且简易分享到网络；轻松转换视频、音频或图片到 iPod 或移动设备；快速分享视频或照片到 My Nero、YouTube 以及 MySpace；可从电视录制视频并自定义编辑；可播放 AVCHD 及其他高清格式。更重要的是，它还很好地支持 Blue-ray（蓝光光盘）。

对于光盘刻录功能来讲，Nero Burning Rom 功能非常全面，比较适合专业级的用户，如图 10-27 所示。而 Nero 还提供了一个功能简单、一学就会的 Nero Express。Nero Express 的操作都是向导式的，非常容易上手，而且两者在使用中可随时切换。

本教材主要探究的是光盘刻录的问题，所以主要对 Nero Express 进行介绍，了解光盘刻录的基本知识和实际操作。Nero Express 主要包含 4 大功能，如图 10-28 所示。

数据功能主要包括制作数据光盘、蓝光光盘、高安全高可靠光盘；音乐、视频功能主要是制作高品质的 CD、DVD、Blue-ray 光盘并可以直接用于播放；映像、项目和副本提供了光盘复制、光盘映像刻录和预先保存项目的刻录。

10.3.2　实例：制作数据光盘

制作数据光盘可以将用户需要保存的重要数据文件等刻录到光盘上。首先要确定的是需要刻录的数据有多大，占用多少空间，这样有助于选择需要使用 CD 光盘还是 DVD 光盘。根据市面上刻录光盘的基本情况来看，一般建议 CD 光盘的容量不超过 650MB，DVD 光

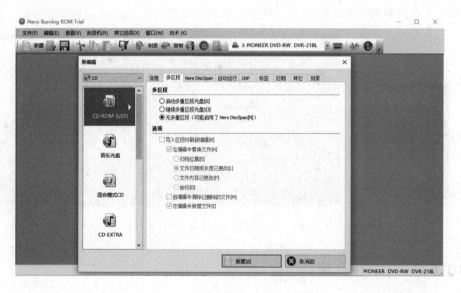

图 10-27　Nero Burning Rom 界面

图 10-28　Nero Express 主界面

的容量不超过 4GB 为好。

　　下面以一个实例说明如何制作光盘。在本机 E：盘下有个文件夹叫"常用工具软件精品课程"（即 E：\常用工具软件精品课程），需要刻录到光盘中保存。首先查看一下其属性，占用空间 431MB 左右，如图 10-29 所示，所以选用一张空白 CD 光盘来刻录即可。

　　启动 Nero 中的 Nero Express，选中"数据"→"数据光盘"选项，如图 10-30 所示。

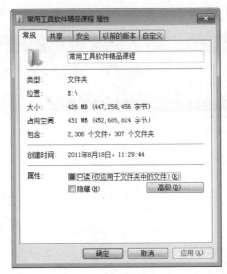

图 10-29　待刻录数据属性

图 10-30　选中制作数据光盘

　　进入界面后(如图 10-31 所示),观察界面,光盘名称默认为"我的光盘"(后面在刻录前可以修改),还有"添加""删除"和"播放"三个按钮。此时,需要将"E:\常用工具软件精品课程"的内容添加进去。需要说明的是,如果还想继续添加其他内容,可以再次单击"添加"按钮。当然总容量不能超过光盘的容量。

图 10-31　制作数据光盘添加内容界面

添加好以后,出现如图 10-32 所示界面。可以观察到现在的大小符合要求。

图 10-32　添加内容完成

添加完内容后,单击"下一步"按钮。出现最终刻录设置界面,如图 10-33 所示。

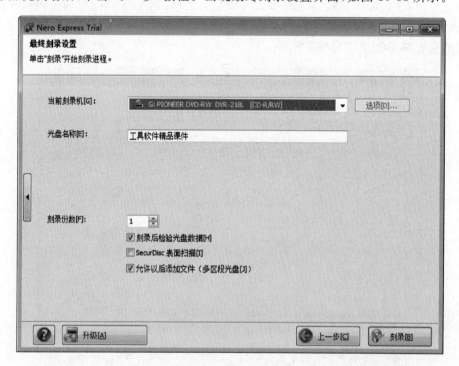

图 10-33　最终刻录设置

在此设置中，需要选择当前刻录器，还可以对默认的"我的光盘"的光盘名称进行更改。本例中修改为"工具软件精品课程"。在下方还有 4 个选项：刻录份数、刻录后检验光盘数据、SecurDisk 表面扫描和允许以后添加文件（多区段光盘）。

对于重要的数据光盘，建议选择好"刻录后检验光盘数据"，以保证刻录的成功。SecurDisk 表面扫描光盘不仅局限于单一的刻录，还可以提高光盘刻录的可靠性。第一次刻录的时候，如果选择了"允许以后添加文件（多区段光盘）"，即可制作一张多区段光盘，方便以后再需要追加刻录数据的时候追加刻录（继续使用该光盘剩余空间）。需要说明的是，如果刻录成标准的 CD、VCD、DVD、BD 等影碟机可以播放的格式的话，不可以用多区段光盘的方式刻录。

10.3.3　实例：制作音乐光盘

制作音乐光盘和制作数据光盘方法类似。创建标准音乐光盘，以后可以在所有音频光盘播放器上播放。可以对硬盘驱动器上的音乐进行编辑，或者从现有的音频光盘选择轨道。在刻录过程中，MP3 和 WMA 文件将自动转换为音频光盘格式。

启动 Nero Express，选择"音乐"中的音乐光盘，出现如图 10-34 所示界面。在"音乐"选项中，还有 Jukebox CD 等可能不是很熟悉的概念。如果有兴趣的话可以到网上搜索一下它和普通的 CD 光盘有何不同。

图 10-34　制作音乐 CD 添加内容界面

Nero 制作音乐光盘支持的格式很多（可以在添加文件的类型中查看），一般选用 MP3 或者 WMP 这两种常见的格式。

观察一下这个界面和数据光盘比较类似，但是你会发现，下面的标尺不是以大小为单位,而是以时间为单位。现在,添加一些 MP3 的歌曲到 CD 中去(如图 10-35 所示)。添加完成后(20 首歌曲),会发现在 80 分钟以后出现了不同颜色的标记:黄色部分(大约为 80～84 分钟)和红色部分(大约 85 分钟以后)。这表示该光盘无法支持装载这么多的音乐文件,根据界面上的提示,可以减少到 18 首歌曲,最好不要超过 80 分钟(不要出现黄色和红色)。

图 10-35   添加音乐至 CD 光盘

单击"下一步"按钮,出现最终刻录设置,如图 10-36 所示。

图 10-36   最终刻录选项

在此设置中，与之前相同，可以修改光盘名称（这里改成了"偶喜欢的 CD"），还可以填写演唱者（这里修改成了"那个绝对不是偶"）。如果想自己制作某个明星的专辑，就可以选择他/她最好听的歌曲，然后制作成一张光盘。其余的操作和数据光盘类似，不再赘述。单击"刻录"按钮，CD 音乐光盘就制作完成了。

10.3.4 复制光盘

复制光盘又称为克隆光盘，即创建整个光盘的副本。这里需要两个光盘驱动器，一个是源驱动器，可以是 CD、DVD 驱动器（还可以使用后面要介绍的虚拟光驱中的虚拟光盘），另一个就是刻录机。同样，事先要区分好是 CD 光盘还是 DVD 光盘，并准备好相应的刻录光盘。启动 Nero Express 的"映像、项目、副本"选项，选择"复制光盘"（如图 10-37 所示）。

图 10-37 选择复制光盘

单击进入复制光盘准备界面（如图 10-38 所示）。需要选择源驱动器、目标驱动器、写入速度（一般默认为最大，如果是复制非常重要的光盘可选择降低速度刻录）、刻录份数、刻录后检查光盘数据和进行 SecurDisk 表面扫描。值得注意的是，这里还有个"映像文件"选项。如果需要将此光盘以文件的形式（映像文件，扩展名为 nrg）保存的话，可以单击 按钮，并指定保存的路径和文件名。计算机会自动将源光盘制作成映像光盘（也就是 10.4 节将介绍的虚拟光盘）。如果不需要此动作，可以选中"快速复制"复选框即可。

单击"复制"按钮后，就开始进行刻录了（如图 10-39 所示）。根据选项，刻录完成后将进行校验，以保证复制的光盘和源盘一致。刻录完成后，刻录机里面的光盘会自动弹出，提示操作结束。

图 10-38　复制光盘准备界面

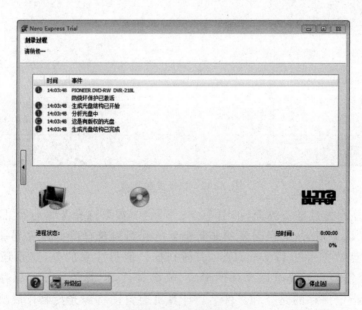

图 10-39　开始刻录

除了能进行光盘复制外，Nero 还支持将已有的映像光盘文件（虚拟光盘）刻录成真正的光盘。启动 Nero Express 的"映像、项目、副本"选项，选择"光盘映像或保存的项目"后，系统会弹出一个对话框（如图 10-40 所示），需要选择打开已存在的映像文件。Nero 支持的映像文件格式可以在"打开"按钮上面的下拉列表框中查看。

图 10-40 选择映像文件

这里选择相应的 ISO 映像文件，单击"打开"按钮后进入如图 10-41 所示的界面，基本上和复制光盘类似。单击"刻录"按钮后即可将映像文件刻录成一张光盘。不过同前面一样，需要通过文件大小来确定需要的是 CD 刻录光盘还是 DVD 刻录光盘。

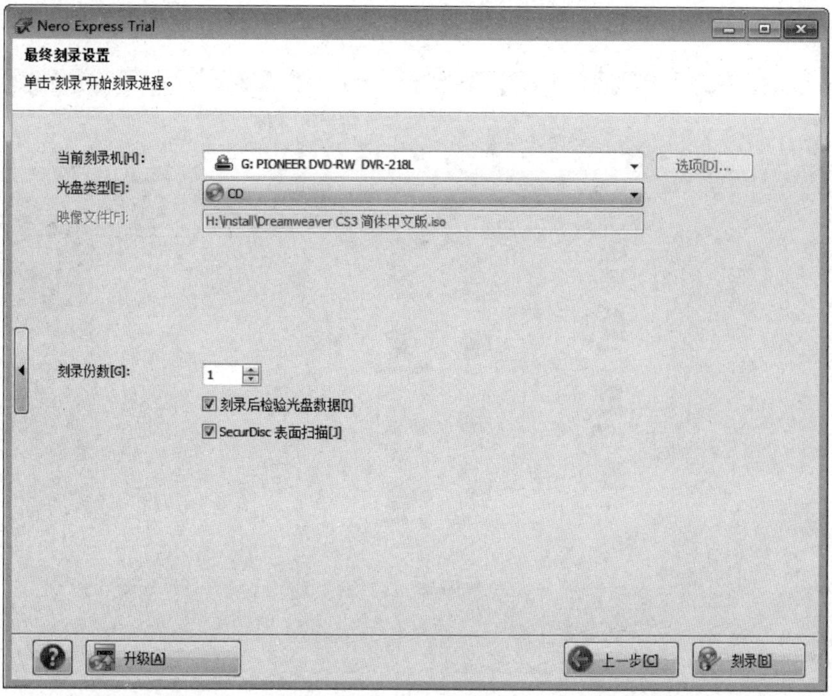

图 10-41 刻录映像文件

10.3.5 实例：制作光盘封面

一般在刻录结束后，系统会自动弹出一个对话框。其中值得关注的选项是"封面设计程序"。利用 Nero 可以给光盘设计形形色色的封面，需要 Nero Burning ROM 中一个叫作 Nero CoverDesigner 的软件实现。单击"封面设计程序"会自动打开下载地址并提示下载该软件，或者从 Nero 的主界面中启动该软件，如图 10-42 所示。

图 10-42　从主界面启动 Nero CoverDesigner

Nero CoverDesigner 可以使用扫描仪、数码相机或 Internet 中的图像创建自定义 CD 和 DVD 封面及标签。安装完成后运行该软件，可以看到如图 10-43 所示界面。

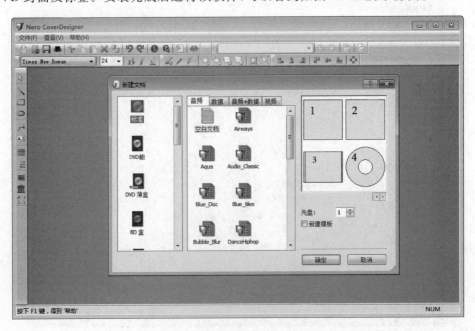

图 10-43　Nero CoverDesigner 主界面

可以选择已经存在的模板或者新建模板制作 CD 光盘封面（如图 10-44 所示）。使用该软件提供的各种工具就可以轻松如意地制作出各种满意的效果（如图 10-45 所示）。

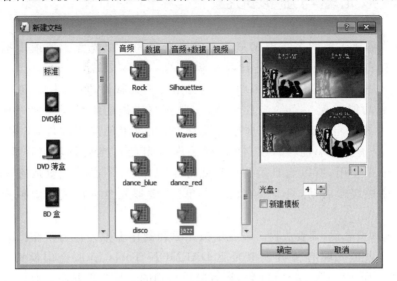

图 10-44 选择使用模板

图 10-45 Nero CoverDesigner 制作效果

制作好后，可以对封面进行打印。可以选择专业纸张打印后贴在光盘封面，也可以购买封面是白色的刻录盘，使用支持光盘封面打印的打印机进行打印。

10.4 虚拟光驱与虚拟光盘

学习本节需要了解两个重要的概念：虚拟光驱和虚拟光盘。所谓虚拟，肯定不是物理存在的真实的光驱和光盘，是计算机模拟的。在网上搜索一下，可以得到以下说明：虚拟光驱是一种模拟（CD/DVD-ROM）工作的工具软件，可以生成和你的计算机上所安装的光驱功能一模一样的光盘镜像，一般光驱能做的事虚拟光驱一样可以做到，工作原理是先虚拟出一部或多部虚拟光驱后，将光盘上的应用软件，镜像存放在硬盘上，并生成一个虚拟光驱的镜像文件（也就是虚拟光盘），然后就可以将此镜像文件放入虚拟光驱中来使用，所以当日后要启动此应用程序时，不必将光盘放在光驱中，也就无须等待光驱的缓慢启动，只需要在图标上单击，虚拟光盘立即装入虚拟光驱中运行，快速又方便。

了解了基本概念后，需要去网上查找虚拟光驱和制作虚拟光盘的软件。通过搜索可以看到最常见的虚拟光驱有精灵虚拟光驱 DAEMON Tools Lite、金山模拟光驱、Virtual CloneDrive、Virtual Drive Manager 等，还有简单易用的迷你虚拟光驱。而且大部分虚拟光驱软件都能直接将光盘做成一个镜像文件存放在计算机里成为虚拟光盘。当然也有专门制作虚拟光盘的软件 WinISO 等。

10.4.1 ISO 制作软件 WinISO

在学习之前，首先再来了解一下什么是 ISO。ISO 文件其实就是一种光盘的镜像文件，刻录软件可以直接把 ISO 文件刻录成可安装的系统光盘，ISO 文件一般以 iso 为扩展名，其文件格式为 iso9660，前面介绍过的 WinRAR 支持对 ISO 的解压。我们下载的大部分 Windows、Linux 和其他软件的安装文件都是 ISO 格式，通过一些手段（如虚拟光驱、虚拟机等）不需要解压就可以直接硬盘安装。

ISO 文件是一个标准化的映像文件，可以被多种操作系统所支持，最多只包含 8 级子目录，文件名最大 32 字符。许多 Linux 操作系统以及网络上一些软件、盗版 Windows 的安装包都是以 ISO 文件的形式发布的。在得到相应的 ISO 文件后，可以将其内容烧录到光盘上。这样做出来的光盘与购买的安装光盘基本上是相同的。

10.4.2 节将介绍的虚拟光驱软件 DAEMON Tools Lite 虽然能方便地将真正的光驱制作成映像文件，但是无法将一些数据（文件）组合成一个虚拟光盘文件。WinISO 可以很好地解决这个问题。用户可以将资料制作成 ISO 映像文件，方便地复制到其他地方进行刻录或者插入到虚拟光驱中查看，并且都是只读的。

安装并运行 WinISO，可以看到如图 10-46 所示的主界面。

1. 将光盘制作成虚拟光盘

选择"工具"菜单，选择"从 CD/DVD/BD 制作镜像"选项或者单击工具栏中的"制作"按钮，可弹出生成虚拟光盘界面（如图 10-47 所示），同时也可以看到 WinISO 所支持的输出格式（默认为 ISO）。

图 10-46 WinISO 主界面

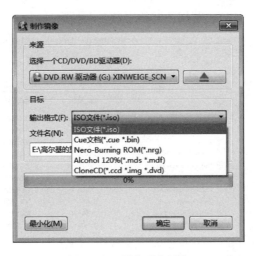

图 10-47 制作光盘镜像

2. 制作数据虚拟光盘

下面以一个实例说明如何制作虚拟光盘。将本机一些重要资料添加到虚拟光盘中,命名为"张波先生的重要资料"。打开 WinISO 界面,在右下角区域右击,选择菜单上的"添加文件"和"添加目录"可以很方便地将所需要添加的文件添加到虚拟光盘中(如图 10-48 所示)。左边区域是光盘的名称,右击后选择"重命名"即可对光盘名称进行修改。

图 10-48　制作数据虚拟光盘

　　完成后单击工具栏上的"保存"按钮，弹出"保存"对话框，选择相应的文件夹，指定文件名即可完成(如图 10-49 所示)。利用工具栏上的"刻录"按钮，还可以立即完成刻录工作。

图 10-49　保存数据虚拟光盘

　　在指定的文件夹下(本例是在 Windows 桌面)，可以找到相应的文件。利用 10.4.2 节要介绍虚拟光驱软件 DAEMON Tools Lite 可以方便地加载，如图 10-50 所示。

　　使用 WinISO 还可以方便地打开已经存在的映像文件，并进行类似于 WinRAR 的管理操作。

图 10-50　装载虚拟光盘

10.4.2　精灵虚拟光驱 DAEMON Tools Lite

有了虚拟光盘，就需要有虚拟光驱来加载。DAEMON Tools Lite 是一个不错的虚拟光驱工具，支持 Windows 操作系统，是一个先进的模拟备份并且合并保护盘的软件，可以备份 SafeDisc 保护的软件，能够加载 ＊.mdx，＊.mds/＊.mdf，＊.iso，＊.b5t，＊.b6t，＊.bwt，＊.ccd，＊.cdi，＊.bin/＊.cue，＊.ape/＊.cue，＊.flac/＊.cue，＊.nrg，＊.isz 光盘镜像到虚拟驱动器；能够制作 CD/DVD/Blu-ray 光盘的.iso，＊.mds/＊.mdf 和 ＊.mdx 镜像；能够使用密码保护镜像；能够压缩或者分离镜像文件；4 个虚拟光驱（DT 和 SCSI 一共），能同时加载几个镜像；通过在 Windows 桌面上通过便利的 DAEMON Tools Lite 小工具就能实现基本的功能。通过搜索访问其官方主页，即可获得免费许可的最新版软件。目前下载的地址为：https：//www.daemon-tools.cc/chn/home 。

安装好后运行该软件，双击其对应图标，即可看到如图 10-51 所示界面。DAEMON Tools Lite 有两种常用的操作方法，一种是通过如图 10-51 所示界面操作，在 10.4.3 节的实例中会使用到。一种是后面要介绍的通过托盘代理进行操作。

图 10-51　DAEMON Tools Lite 主界面

这个界面分为上中下两个区域。上面的区域主要用于添加和移除映像，可以通过使用鼠标右键实现相应的操作；中间的区域是常用工具栏目，主要包括对映像文件的管理和对虚拟光驱的管理。特别值得注意的是，本软件支持两种虚拟光驱 DT 和 SCSI。其实它们的功能基本相似，只是虚拟的接口不同而已。有些软件会对光盘采取防拷贝检测 DT 光驱不使用 SPTD，基本无法通过防复制检测，但对加密的 ISO 支持更好。SCSI 是使用 SPTD 功能的，可以通过低版本的防复制检测。IDE，是 Pro 版本的 DT 才有的功能，通过防复制的能力更强一些。

下面的区域是当前虚拟光驱及其加载虚拟光盘的情况，可以通过鼠标右键操作进行管理，通过"我的电脑"也可以查看到虚拟光驱的情况（本机 G：为真实光驱），如图 10-52 所示。

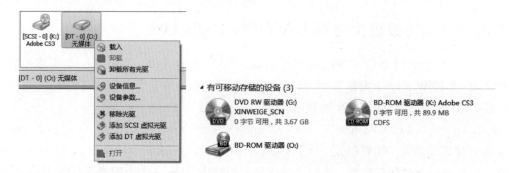

图 10-52　虚拟光驱管理

除了使用主界面进行操作外，DAEMON Tools Lite 还提供了更简单的托盘代理操作方法。要使用托盘，需要单击主界面上的"设置"按钮 ⚙ ，选择"常规"，选中"使用托盘代理"，如图 10-53 所示。在 Windows 任务栏右方就会出现 ⚡ ，右击此图标即可完成相应的操作（如图 10-54 所示）。

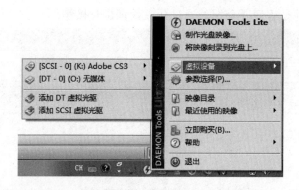

图 10-53　DAEMON Tools Lite 托盘管理

下面介绍几个实用操作，主要以托盘操作为例说明。右击托盘，在托盘代理菜单上就可以完成大部分操作。

1. 将光盘制作成映像文件（虚拟光盘）

选择托盘代理菜单，其中第二项就是"制作光盘映像"。本机 G：盘里有一张光盘，将它制作为虚拟光盘并存放在 D:\上，命名为"高尔基的童年"。虚拟光盘格式可以为 Media

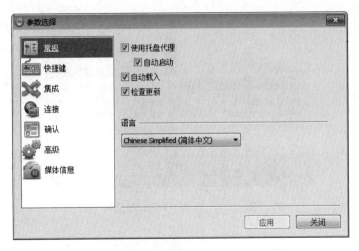

图 10-54　DAEMON Tools Lite 4.47 设置

Discriptor 格式 mdx、扩展的 Media Discriptor 格式 mds、标准的 ISO 映像 iso。其中，选择 ISO 将无法进行密码保护，但是兼容性会更好。选择好相应的配置，单击"开始"按钮即可生成映像文件（如图 10-55 所示）。

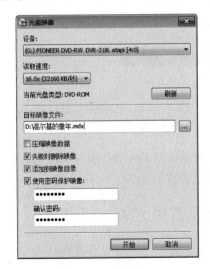 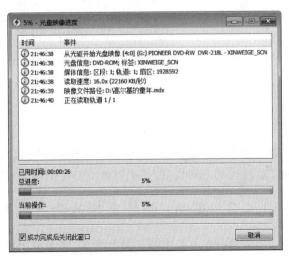

图 10-55　使用 DAEMON Tools Lite 4.47 制作映像光盘

2．添加、删除虚拟光驱

在托盘菜单上可以清晰地看到当前虚拟光驱的加载情况，可以轻松自如地进行添加和移除操作（如图 10-56 所示）。需要注意的是，当添加、移除一个虚拟光驱后，系统会有一个等待时间。

3．载入、卸载映像文件

在托盘菜单上的"虚拟设备"栏上可以完成"载入映像"和"卸载映像"的操作（如图 10-57 所示）。同时在 Windows"我的电脑"中也可以看到对应的效果。

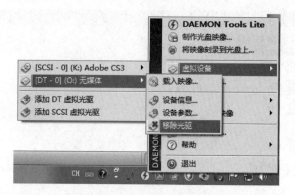

图 10-56　添加、删除虚拟光驱

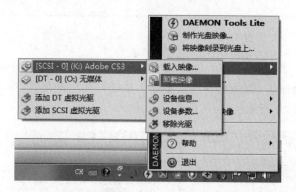

图 10-57　载入、卸载映像

4. 其他操作

单击托盘菜单命令 DAEMON Tools Lite 可以方便地回到 DAEMON Tools Lite 窗口界面,"将映像刻录到光盘上"能够像 Nero 那样将映像文件进行刻录。

10.4.3　实例:制作虚拟光盘并加载至虚拟光驱

本例中选择在本机上制作数据光盘,并加载到虚拟光驱中。首先需要在本机中安装好以上介绍的两个软件。

创建一个虚拟光盘文件,文件名是"张三丰.ISO",光盘的名称是"张氏太极武术大全"。光盘的内容可以选择一两个目录(文件夹)和几个文件作为实验。当然为了实验的方便,选择占用空间较小的文件和文件夹。这里选择 D:\ Mybackup、d:\MyDrivers 两个文件夹,以及 E:盘下的 4 个文件,如图 10-58 所示。

图 10-58　选择需要制作虚拟光盘(数据光盘)的文件夹(目录)和文件

打开 WinISO,在右边空白处右击,分别选择"添加文件"和"添加目录",先后将以上 4 个文件和两个文件夹添加进去,如图 10-59 和图 10-60 所示。

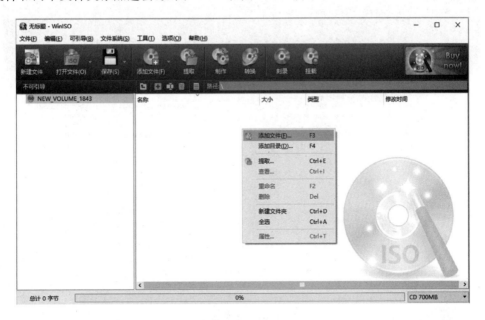

图 10-59 添加文件

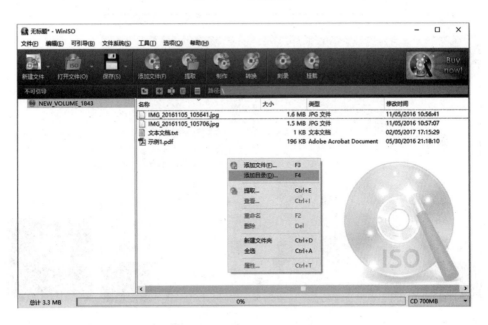

图 10-60 添加文件夹(目录)

右击左边的 NEW_VOLUME_1843,选择"重命名",以修改光盘的名字为"张氏太极武术大全",如图 10-61 所示。

最后,保存为 ISO 文件,本例保存到桌面上,文件名叫"张三丰",扩展名默认为 ISO,如图 10-62 所示。

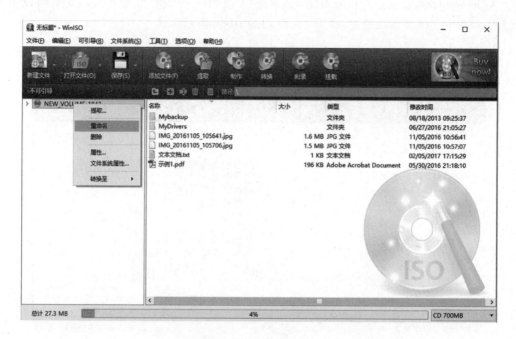

图 10-61　光盘重命名

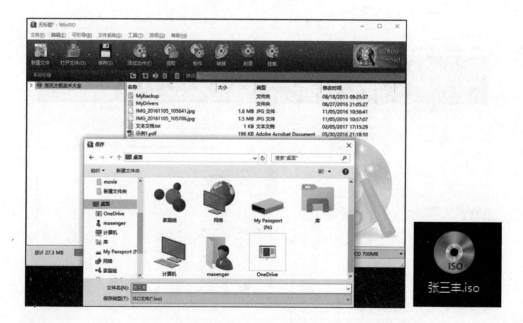

图 10-62　保存生成 ISO 文件

打开 DAEMON Tools Lite，右击虚拟光盘设备图片（此例为 K：），选择"载入"，如图 10-63 所示。当然，也可以直接单击工具栏最左边的"＋"，把 ISO 虚拟光盘文件添加进来，然后再拖放到设备 K：盘中去。

选择刚才建立的"张三丰.ISO"，然后单击"打开"按钮，如图 10-64 所示。

图 10-63　载入虚拟光盘

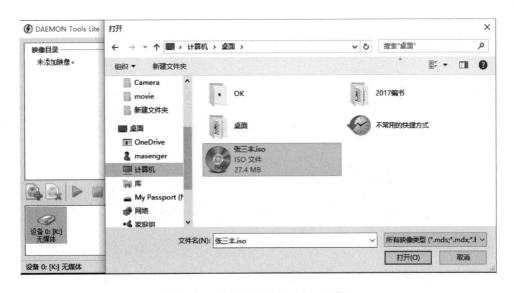

图 10-64　选择并打开虚拟光盘以载入

　　如果操作出现错误提示(如图 10-65 所示),可能的原因是这个文件正被其他软件打开,比如说刚才的 WinISO,或者你用了 WinRAR 等软件正在浏览它,将它们关闭后即可正常添加。添加后的效果如图 10-66 所示。

　　这个时候就完成了创建虚拟光盘并将它插入到虚拟光驱中使用的任务。最后的效果如图 10-67 所示,在虚拟光驱 K:盘中加载了我们创建的虚拟光盘。

图 10-65　加载时可能出现的错误

图 10-66　成功加载虚拟光盘

图 10-67　最终成功加载并打开

10.5　U 盘维护工具

前面介绍过,计算机中存放数据的设备主要就是硬盘、U 盘、光盘、移动硬盘等。其中,U 盘是用户选择携带使用最方便的存储设备。做好磁盘的日常维护能够保障计算机数据的安全,防止磁盘故障导致的意外发生。

U 盘维护工具很多,前面几节涉及的软件也可以针对 U 盘进行操作。本节介绍几个专门针对 U 盘的工具,介绍其基本功能。部分软件可能过于专业,本节只做简要介绍,有兴趣的读者可以查询相关网站资源深入学习和研究。

1. 关于 U 盘量产工具

U 盘量产工具(USB Disk Production Tool,PDT),意思就是批量生产 U 盘,是指批量对 U 盘主控芯片改写数据,如写生产厂商信息、格式化等。而用来对 U 盘完成该操作的软件程序,顾名思义就是 U 盘量产工具。该种软件可以作为 U 盘无法读出和正常使用的专业化的修复工具。

U 盘量产工具是向 U 盘写入相应数据,使计算机能正确识别 U 盘,并使 U 盘具有某些特殊功能。U 盘是由主控板＋Flash＋外壳组成的,当主控板焊接上空白 Flash 后插入计算机,因为没有相应的数据,事实上这时候的 U 盘几乎就是读卡器,所以要让计算机识别出空白 Flash 这张"卡"就要向 Flash 内写入对应的数据,这些数据包括 U 盘的容量大小、采用的芯片(芯片不同,数据保留的方式也不同)、坏块地址(和硬盘一样,Flash 也有坏块,必须屏蔽)等,有了这些数据,计算机就能正确识别出 U 盘了。而当这些数据损坏的时候,计算机是无法正确识别 U 盘的。当然有时候是人为写入错误数据,像奸商量产 U 盘的时候,把 8GB 的 U 盘的 Flash 容量修改为 32GB,插上计算机,计算机就错误地认为这个 U 盘是 32GB,这就是制造虚假扩容盘的原理。

而量产需要识别 U 盘的主控方案,也就是芯片方案。一般使用 ChipGenius 软件查看,并且对应地下载相关量产工具。当然提醒大家的是尽量买原厂正品 U 盘。芯片在量产之前首先要确定的就是自己 U 盘的主控芯片,确定之后才能找到合适的量产工具。主控芯片的分类有:群联、慧荣、联阳、擎泰、鑫创、安国、芯邦、联想、迈科微、朗科、闪迪。这些是可以通过 ChipGenius 检测出的。

(1) 到 U 盘厂家网站。一般主控开发商都是给厂家主控的,如果官网没提供下载,可打电话或发 Email 询问。

(2) 到主控开发商网站。主控芯片厂商提供的能批量将 U 盘进行格式化工具软件,其功能是根据不同的需要各有特点。

(3) 到专业量产工具下载网站下载得到。

ChipGenius 芯片精灵软件目前新版发布版本号为 v4.17,它是一款 USB 设备检测工具,可以自动查询 U 盘、MP3/MP4、读卡器、移动硬盘等一切 USB 设备的主控芯片型号、USB 电流检测、制造商、品牌,并提供相关资料下载地址。当然也可以查询 USB 设备的 VID/PID 信息、设备名称、接口速度、序列号、设备版本等。其界面如图 10-68 所示。可以看到,本机插入了一个 Kingston 厂商 USB 2.0 的 U 盘,主控厂商是 Phison(族联)。

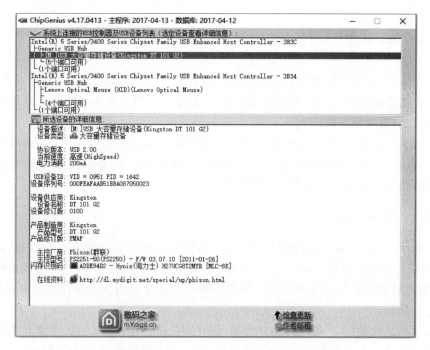

图 10-68　ChipGenius 芯片精灵测试界面

　　如果此 U 盘需要量产修复，可以去 Phison（族联）下载族联量产工具。如选择群联 MPALL 的 U 盘量产工具 F1 版或 QC F2 版（如图 10-69 所示），F2 版一般是给 F1 不能量产的时候使用的，可能是黑片的 U 盘能使用，可用于解决 U 盘不能识别、U 盘不能写入，以及 U 盘各种各样的莫名其妙的故障。当然，如果 U 盘是物理性损坏，那就需要用物理方法尝试修复了。

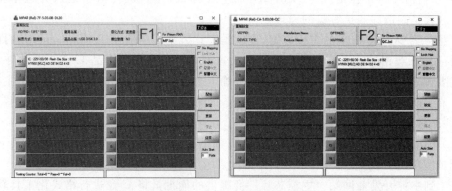

图 10-69　Phison（族联）U 盘量产（修复）工具

2. U 盘数据恢复

　　前面介绍过的 EasyRecovery 和 360 文件恢复软件都可以对删除的文件进行恢复，在网上也可以查找到专业级的针对 U 盘的数据恢复工具，如 U 盘数据恢复大师（Data Recovery）。这个软件的界面如图 10-70 所示。

　　由于前面已经介绍过数据恢复相关知识和软件，这里就不再详述。

图 10-70　U 盘数据恢复大师界面

3. U 盘加密工具

U 盘超级加密 3000 是专业的 U 盘加密软件,也可以针对移动硬盘、计算机硬盘分区、在计算机上使用的各种存储卡进行加密。该软件具有很好的移动性,不受计算机限制,加密的 U 盘或者移动硬盘可以在任意的计算机上使用,加密解密速度快、加密强度高,且免安装,安全易用。同时还具备了对 U 盘、存储卡只读加密的强大功能。

U 盘超级加密 3000 是一款免安装的绿色软件,使用时只需要把下载的压缩包里面的 ude.exe 文件解压到需要使用的 U 盘、移动硬盘或者计算机的硬盘上就可以了。用鼠标双击安装向导(新用户推荐使用)中的 ude_setup.exe 运行 U 盘超级加密 3000,出现安装向导界面,如图 10-71 所示。

图 10-71　使用安装向导安装 U 盘超级加密 3000

输入正确的软件密码后,就可以进入软件,进行 U 盘、移动硬盘或者计算机硬盘分区里面的文件和文件夹的加密或解密操作。

　　软件窗口最上方是功能按钮区,通过这个区域的功能按钮,可以对当前磁盘分区的文件或文件夹进行闪电加密、金钻加密,加速或者对文件夹进行伪装,还可以解密已经加密的文件或文件夹或者对闪电加密区进行镜像浏览,如图 10-72 所示。这个和软件 Easycode Boy Plus 比较相似。

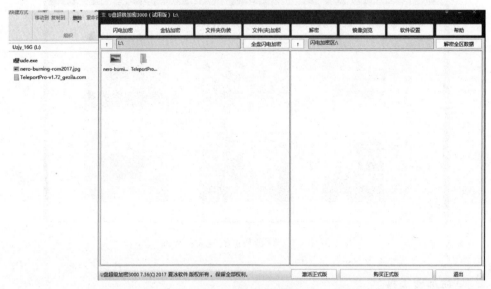

图 10-72　软件界面

　　软件可以对当前磁盘分区的文件或文件夹进行两种加密:闪电加密和金钻加密。

　　闪电加密是一种快速的加密方法。加密和解密速度超快,加密和解密过程中不额外占用磁盘空间,文件或文件夹加密后就彻底消失了,只能通过 U 盘超级加密 3000 的软件窗口中闪电加密区看到并且使用。使用方法:在左侧的文件浏览框中选择一个或者多个或者全部需要加密的文件、文件夹,然后单击"闪电加密"按钮就可以了。闪电加密的文件或文件夹就进入了软件的闪电加密区,而从"我的电脑"里面消失,如图 10-73 所示。

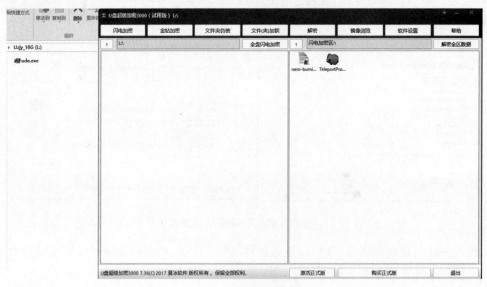

图 10-73　闪电加密效果图

　　金钻加密是一种高强度的加密方法,采用先进成熟的加密算法把需要加密的文件内容加密成无法识别的密文。没有正确密码绝对无法解密,具有最高的加密强度。金钻加密的文件加密后就变成了加密文件,如果需要打开必须输入正确的加密密码。使用方法是在左侧的文件浏览框中选择一个或者多个或者全部需要加密的文件、文件夹,然后单击"金钻加密"按钮,在弹出的"金钻加密"对话框中输入加密密码,单击"确定"按钮就可以了,如图 10-74所示。金钻加密的文件必须输入正确密码才可以解密,所以千万不要忘记密码。

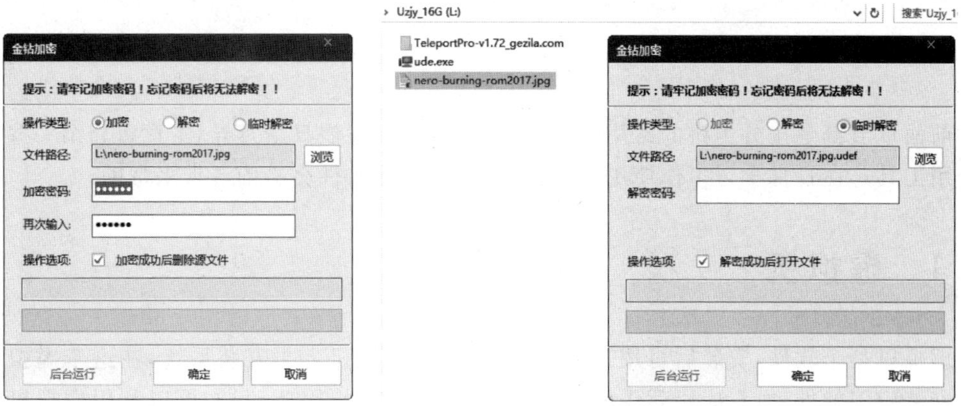

图 10-74　金钻加密效果图

　　此外,镜像浏览就是把闪电加密区虚拟成一个磁盘分区,可以通过这个虚拟的磁盘分区使用闪电加密区里面的文件夹或者文件。

　　其他操作相对比较简单,和 Easycode Boy Plus 类似,这里就不再过多介绍。

第11章

其他实用工具的应用

前面章节都是按分类讲的常用工具软件,但软件的发展日新月异,本章将介绍一些其他的实用工具。在日常学习工作使用计算机的时候,这些软件会给读者带来帮助。

11.1 虚拟机

虚拟机是个软件,安装后可用来创建虚拟机,在虚拟机上再安装系统,在这个虚拟系统上再安装应用软件,所有应用就像操作一台真正的计算机,因此,我们可以利用虚拟机学习安装操作系统、学用 Ghost、分区、格式化、测试各种软件或病毒验证等工作,甚至可以组建网络。即使误操作都不会对真实计算机造成任何影响,因此虚拟机是一个学习计算机知识的好帮手。

11.1.1 什么是虚拟机

虚拟机(Virtual Machine)指通过软件模拟的具有完整硬件系统功能的、运行在一个完全隔离环境中的完整计算机系统。使用虚拟机软件,可以在一台物理计算机上模拟出多台虚拟的计算机,在虚拟出来的计算机中可以安装各种操作系统,这些虚拟机完全就像真正的计算机那样进行工作。

虚拟系统通过生成现有操作系统的全新虚拟镜像,具有与真实的操作系统完全一样的功能。进入虚拟系统后,所有操作都是在这个全新的独立的虚拟系统里面进行,可以独立安装运行软件,保存数据,拥有自己的独立桌面,不会对真正的系统产生任何影响,而且具有能够在现有系统与虚拟镜像之间灵活切换的一类操作系统。虚拟系统和传统的虚拟机(Parallels Desktop,VMware,VirtualBox,Virtual PC)的不同在于:虚拟系统不会降低计算机的性能,启动虚拟系统不需要像启动 Windows 系统那样耗费时间,运行程序更加方便快捷;虚拟系统只能模拟和现有操作系统相同的环境,而虚拟机则可以模拟出其他种类的操作系统;而且虚拟机需要模拟底层的硬件指令,所以在应用程序运行速度上比虚拟系统慢得多。

流行的虚拟机软件有 VMware(VMware ACE)、Virtual Box 和 Virtual PC,它们都能在 Windows 系统上虚拟出多个计算机。本节以 VMware Workstation 为例介绍虚拟机软件的使用。

11.1.2 虚拟机软件 VMware Workstation 简介

VMware Workstation 的开发商为 VMware(中文名"威睿"),VMware Workstation 就是以开发商 VMware 为开头名称,Workstation 的含义为"工作站",因此 VMware Workstation 中文名称为"威睿工作站"。VMware 成立于 1998 年,为 EMC 公司的子公司,总部设在美国加利福尼亚州帕罗奥多市,是全球桌面到数据中心虚拟化解决方案的领导厂商,全球虚拟化和云基础架构领导厂商,全球第一大虚拟机软件厂商。多年来,VMware 开发的 VMware Workstation 产品一直受到全球广大用户的认可,它的产品可以使你在一台机器上同时运行两个或更多 Windows、DOS、Linux、Mac 系统。与"多启动"系统相比,VMware 采用了完全不同的概念。"多启动"系统在一个时刻只能运行一个系统,在系统切换时需要重新启动机器。VMware 是真正"同时"运行多个操作系统在主系统的平台上,就像标准 Windows 应用程序那样切换。而且每个操作系统都可以进行虚拟的分区、配置而不影响真实硬盘的数据,甚至可以通过网卡将几台虚拟机用网卡连接为一个局域网,极其方便。VMware Workstation 是一款非常强大的虚拟机软件。

本节以 VMware Workstation 10 这款经典版本为例。VMware Workstation 10 延续了 VMware 的一贯传统,提供专业技术人员每天所依赖的创新功能。支持 Windows 10、Windows 8.1、Windows 8.0、Windows 7、Windows XP 等系统。

该虚拟机启动后的界面如图 11-1 所示。

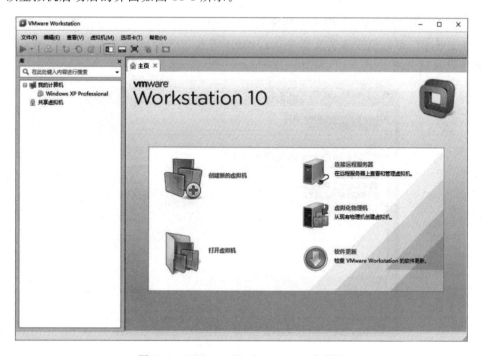

图 11-1　VMware Workstation 10 主界面

该窗口的顶层菜单中基本包含该软件的全部功能,菜单下面是常用工具栏,是用户在使用该软件过程中经常用到的。左边框内主要呈现的是本机现有的虚拟机,右边是 VMware Workstation 10 的首页,上面有该软件常用的功能。

11.1.3　安装虚拟机

运行 VMware Workstation 10 的安装程序，会出现以下界面，如图 11-2 所示。这是个安装向导，用户可以按照向导来进行安装。

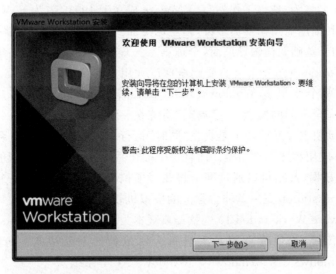

图 11-2　VMware Workstation 安装向导

单击"下一步"按钮后，会出现安装选项，有典型和自定义。这里可以看下自定义项目，如图 11-3 所示。可以更改安装文件夹，以及需不需要增强型键盘实用工具等，如果都不需要，就用默认的选项。

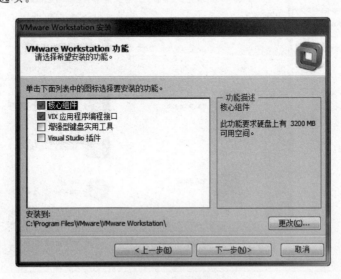

图 11-3　自定义选项

再单击"下一步"按钮，出现如图 11-4 所示对话框。这里有关于共享虚拟机的存储位置，默认在 D 盘的"我的文档"文件夹里。共享虚拟机是指，网络中有多台 VMware Workstation，在其中启用"共享虚拟机"功能后（假设这台主机为 A），其他安装 VMware Workstation 的主机

（假设主机为 B），可以使用"连接到服务器"功能，连接到"提供共享"功能的 VMware Workstation，并使用 A 主机上的虚拟机并在 A 主机运行，只是显示界面、操作在 B 主机上控制。默认的 Workstation Server 监听端口为 443。443 端口即网页浏览端口，主要是用于 HTTPS 服务，是提供加密和通过安全端口传输的另一种 HTTP。在一些对安全性要求较高的网站，比如银行、证券、购物等，都采用 HTTPS 服务，这样在这些网站上的交换信息，其他人抓包获取到的是加密数据，保证了交易的安全性。

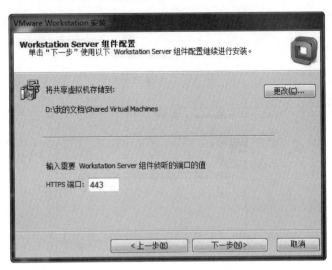

图 11-4 组件配置

再单击"下一步"按钮，出现是否需要更新产品等，根据自己的选择，安装好该软件。安装好后的效果如图 11-1 所示。

11.1.4 虚拟机的管理

1. 虚拟机快照

虚拟机快照是 VMware Workstation 里的一个特色功能。快照的作用类似于一个系统还原点，一个虚拟系统里可以存在多个快照。利用快照可进行系统和数据还原。当搭建好一个环境后，在没有添加任何数据时，或改变系统环境时，可以启用快照功能，虚拟机会保存虚拟系统里当前的环境，包括所安装的软件等设置；当环境改变或需要重新搭建并系统初始化时，为免安装其他大型软件，可以启用快照的保存点进行恢复。这就达到了快捷搭建环境的作用，也可以说是一种备份。

选择"虚拟机"→"快照"→"拍摄快照"，如图 11-5 所示。

单击"拍摄快照"后，如图 11-6 所示。当前虚拟机的设置就被保存下来了。

如果要通过快照恢复某个设置，只需要单击"虚拟机"→"快照"→"恢复到快照"，选择保存的某个快照即可。如果用不到的快照，或者多余的，那么可以将它删除，来进行快照的管理。使用的时候，单击"快照"→"快照管理器"，选中要删除的快照，再单击对话框中的"删除"按钮，即可删除。

图 11-5　拍摄快照

图 11-6　保存快照

2. 使用 VMware Tools

VMware Tools 是 VMware 虚拟机中自带的一种增强工具,相当于 VirtualBox 中的增强功能(Sun VirtualBox Guest Additions),是 VMware 提供的增强虚拟显卡和硬盘性能,以及同步虚拟机与主机时钟的驱动程序。只有在 VMware 虚拟机中安装好了 VMware Tools,才能实现主机与虚拟机之间的文件共享,同时可支持自由拖曳的功能,鼠标也可在虚拟机与主机之间自由移动(不用再按 Ctrl+Alt 组合键),且虚拟机屏幕也可实现全屏化。

下面介绍一下 VMware Tools 的安装步骤。

(1) 安装 VMware Tools 之前,要先启动已经装好的虚拟机。所以首先启动 VMware Workstation,再启动已经装好的虚拟机,例如 Windows 7,再单击"虚拟机"→"安装 VMware Tools",如图 11-7 所示。

(2) 正常情况下,软件会自动加载虚拟机的 VMware Tools 的映像文件,并自动启动安装程序。如果是 Windows 虚拟机,加载的是 windows.iso,如果是 Linux 虚拟机,加载的是 linux.iso。如果虚拟机未能自动加载镜像文件,可以打开"虚拟机"→"设置",如果没有空闲的光驱,添加光驱,再手动加载映像文件,如图 11-8 所示。

图 11-7　安装 VMware Tools

图 11-8　加载映像文件

（3）双击光驱盘即可启动 VMware Tools 安装程序，安装完后，会出现 vm 图标，表示安装成功，这时即可实现将物理机操作系统中的文件复制到虚拟机中，或者虚拟机里的文件复制到物理机中。

11.1.5　实例：使用虚拟机安装操作系统

下面就来看看如何使用虚拟机安装想要的操作系统。这里安装的操作系统以 Ubuntu Kylin 为例，版本是 16.04.1。

Ubuntu 是一个以桌面应用为主的开源 GNU/Linux 操作系统，支持 x86、AMD64（即 x64）和 PPC 架构，由全球化的专业开发团队（Canonical Ltd）打造。Ubuntu Kylin 是 Ubuntu 社区中面向中文用户的 Ubuntu 衍生版本，中文名称"优麒麟"。项目的发起者承诺在用户体验、功能、技术支持等方面为中文用户提供高品质的产品和服务。Ubuntu Kylin 的发行版本从 13.04 开始，该项目已经成为 Ubuntu 官方认可的正式成员。首个版本在 Ubuntu 13.04 发布之时发布，基于 Ubuntu 13.04。自 2010 年以来，Ubuntu 官方就多次强调要构架 Ubuntu 中文定制版，并且将 Ubuntu 的中文名确定为"友帮拓"，但此版本一直影响力较小。Ubuntu Kylin 是基于 Ubuntu Linux 系统的衍生版本。工信部软件与集成电路促进中心（CSIP）携手国防科技大学（NUDT）与国际著名开源社区 Ubuntu 的支持公司 Canonical 在北京宣布合作成立开源软件创新联合实验室，发起开源社区操作系统项目 Ubuntu Kylin。

从 Ubuntu Kylin 的官方网站可以免费下载该操作系统的 ISO 光盘。如果有刻录机的话，可以将它刻录成光盘从光驱中安装该操作系统；如果有虚拟光驱的话，可以将该 ISO 虚拟光盘插入到虚拟光驱中进行安装。不过 VMware 还提供了一个更简单的安装方式，即可以直接使用 ISO 进行安装。本例使用最后一种方法。

单击 VMware Workstation 10 主界面上的"创建新虚拟机"，会出现如图 11-9 所示界面。有两种安装方式，一种是"典型"，只需要几步就可以完成虚拟机的创建，非常适合初学者使用；另一个是"自定义（高级）"安装，适合对计算机硬件和操作系统比较熟悉的用户使用。在这里选择"典型"。

图 11-9　虚拟机向导

再单击"下一步"按钮，会出现询问安装来源，如图 11-10 所示。这里选择安装程序光盘映像文件（iso），单击"浏览"按钮选择已经准备好的 ISO 映像文件，VMware Workstation 10会自动检测出该操作系统的类型，比如这里就检测出是 Ubuntu 64 位。

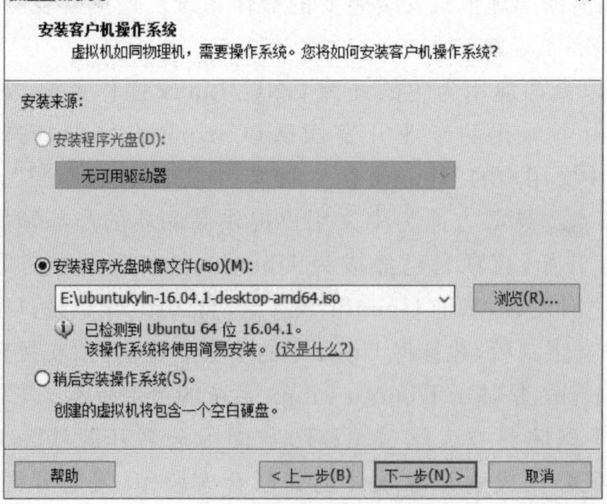

图 11-10　选择安装来源

再单击"下一步"按钮进行安装,如图 11-11 所示。这里要求输入安装信息,用户自己输入全名、用户名、密码。要注意用户名和密码必须记住,在启动操作系统登录的时候是要用到的。

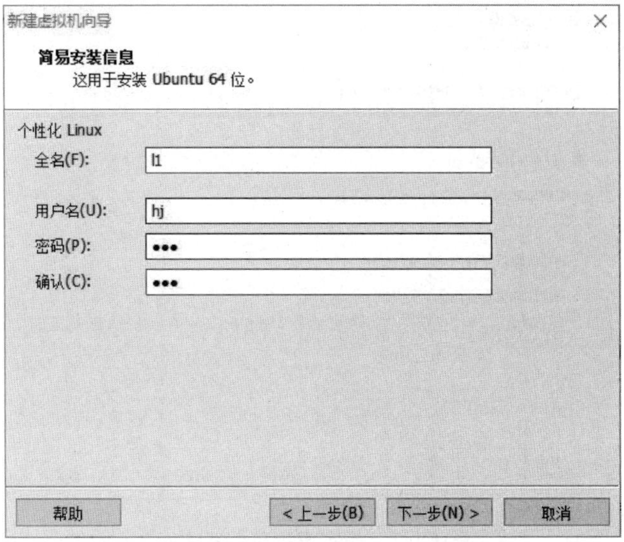

图 11-11 输入用户名和密码

按照要求输入完毕后,单击"下一步"按钮,会出现"命名虚拟机"对话框,如图 11-12 所示。这里用户自己定义虚拟机的名称,以及存放虚拟机的位置。

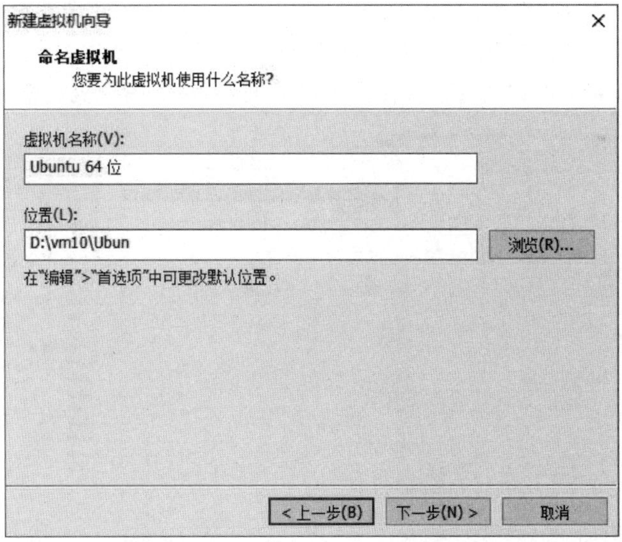

图 11-12 命名虚拟机

单击"下一步"按钮,会出现虚拟机磁盘容量设置界面,如图 11-13 所示。虚拟机的硬盘存储为一个或者多个主机的物理磁盘上的文件(本实例中就是本机硬盘上)。系统默认的磁盘分配空间最大值为 20GB。实际是安装你所安装的操作系统及其应用软件的大小决定的,但是不能超过所设定的上限。此外,下面还有两个选项,一个是作为单个文件存储虚拟磁盘,一个是将虚拟磁盘拆分成多个文件。如果今后想要将虚拟机移动到其他机器的话,可以使用后面的选项,这也是系统默认的。

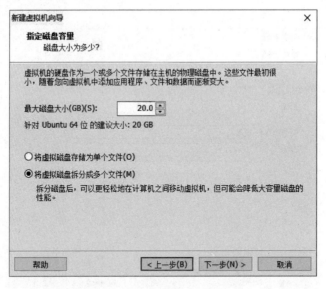

图 11-13 指定虚拟机硬盘大小

单击"下一步"按钮,出现虚拟机硬件设置界面。如果不想修改系统给的默认值,可以直接单击"完成",这里可以单击"自定义"按钮,了解下虚拟机的硬件配置情况。单击"自定义硬件"按钮后,出现硬件配置界面,如图 11-14 所示。通过此对话框,可以调整修改本虚拟机所有的计算机硬件资源。比如,调整虚拟机内存为 1GB(1024MB),分配处理器资源为两个,其余选项保留。注意其中网络适配器为 NAT(Network Address Translation)。需要注意的是,如果使用NAT(已默认)的话,如果你的物理机操作系统可以上网,你的虚拟机也就可以上网了。

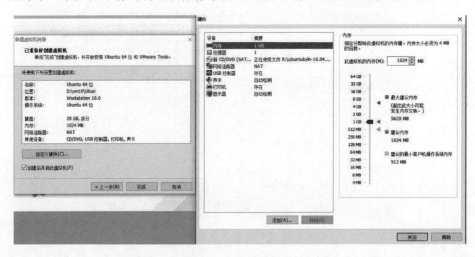

图 11-14 虚拟机硬件设置

单击"完成"按钮后,虚拟机的配置就全部完成了。此时回到主界面上,在"我的计算机"下面就会新增虚拟机"Ubuntu 64 位",如图 11-15 所示。选中该虚拟机,单击工具栏上的

"启动"按钮 ▶ 启动该虚拟机。

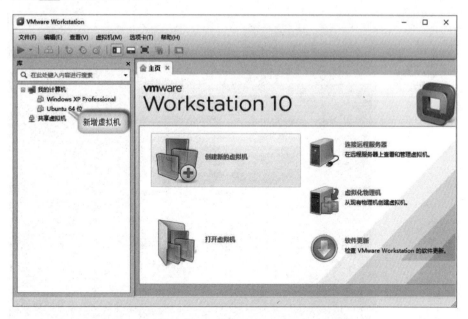

图 11-15　启动虚拟机

启动该虚拟机后，会开始安装操作系统，如图 11-16 所示。更多关于 Ubuntu Kylin 的信息可以到官方网站上去查询相关文档和说明。

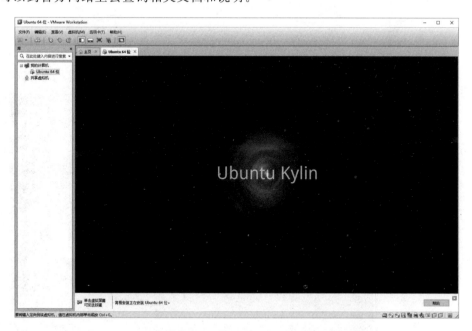

图 11-16　安装 Ubuntu Kylin

安装完 Ubuntu Kylin 操作系统后，会出现如图 11-17 所示界面。可以看到有个 11 的用户名是刚才设置过的，还有一个是 GuserSession 用户，是客人对话登录。这里选择 11。

选择 11 用户后，会出现如图 11-18 所示对话框，再输入刚才设置的密码。

图 11-17　Ubuntu Kylin 登录界面

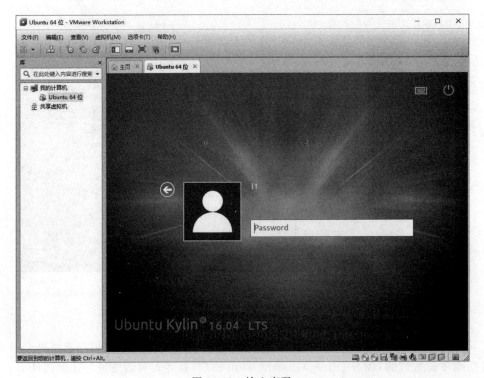

图 11-18　输入密码

如果密码正确就会出现 Ubuntu Kylin 16 的主界面，如图 11-19 所示。现在就可以在虚拟环境下使用新的操作系统了。

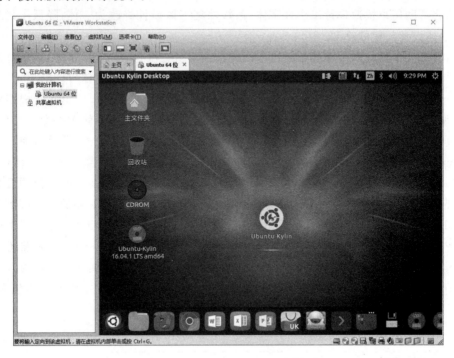

图 11-19　Ubuntu Kylin 16 主界面

如果你想全屏操作的话，只需要单击 VMware Workstation 主界面上的 ▣ 按钮，即可进入到全屏模式操作。

如果想退出该操作系统，只需要选择关闭客户机，如图 11-20 所示。再在弹出的对话框中单击"关机"按钮即可，如图 11-21 所示。

图 11-20　关闭客户机

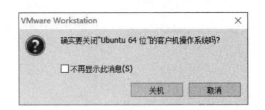

图 11-21　关闭客户机操作系统

11.2　字库软件

字库软件可以让用户自己设计字体，也可以修改计算机自带的字体。很多用户想要自己独特的字体，那么就需要字库软件。这里介绍的字库软件是 FontCreator。

FontCreator 中文版是一款非常棒的字体设计软件,在目前的计算机中,有各种形形色色的字体,不同的字体也可应用于不同的行业中。FontCreator 中文版就是一款字体设计软件,它能够帮助用户快速设计出个性字体,该软件集字体设计修改为一体,降低了用户修改计算机字体设计门槛的难度。

FontCreator 具备以下功能:创建和编辑 TrueType 和 OpenType 字体,新设计现有的字符,添加缺少的字符,分割 TrueType 集合或提取 TrueType 字体 TrueType 集合等。TrueType 字体,中文名称为全真字体,是由 Apple 公司和 Microsoft 公司联合提出的一种采用新型数学字形描述技术的计算机字体。它用数学函数描述字体轮廓外形,含有字形构造、颜色填充、数字描述函数、流程条件控制、栅格处理控制、附加提示控制等指令。TrueType 字体与 PostScript 字体、OpenType 字体是主要的三种计算机矢量字体(又称轮廓字体、描边字体)。OpenType 也叫 Type 2 字体,是由 Microsoft 和 Adobe 公司开发的另外一种字体格式。它也是一种轮廓字体,比 TrueType 更为强大,最明显的一个好处就是可以在把 PostScript 字体嵌入到 TrueType 的软件中。并且支持多个平台,支持很大的字符集,还有版权保护。可以说它是 Type 1 和 TrueType 的超集。OpenType 标准还定义了 OpenType 文件名称的后缀名。包含 TrueType 字体的 OpenType 文件后缀名为.ttf,包含 PostScript 字体的文件后缀名为.otf。如果是包含一系列 TrueType 字体的字体包文件,后缀名为.ttc。

打开 FontCreator 后,主界面如图 11-22 所示。

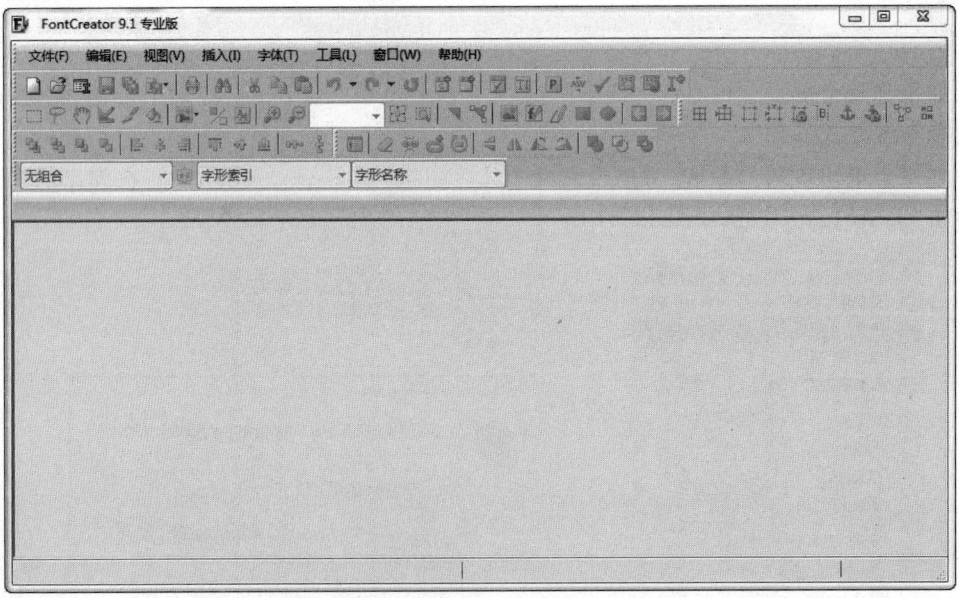

图 11-22　FontCreator 主界面

1. FontCreator 新建字体

单击“文件”→“新建”,弹出如图 11-23 所示对话框。在这里可以设置用户的项目文件名,以及字体样式和轮廓。

图 11-23 新建项目

再单击"确定"按钮，会出现编辑字体字符的对话框，如图 11-24 所示。

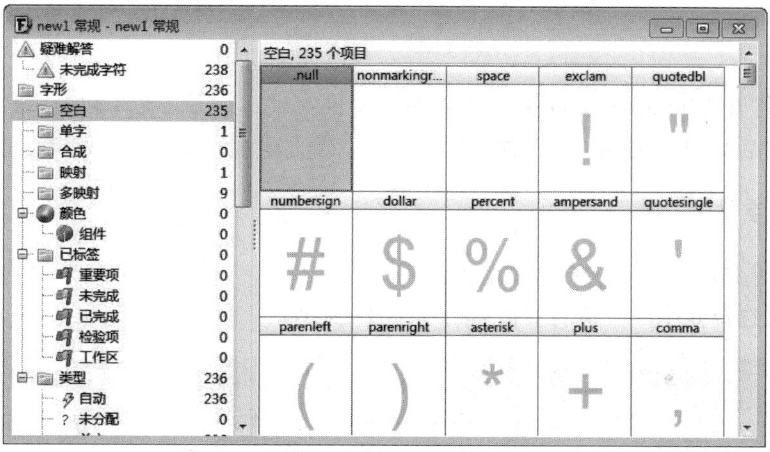

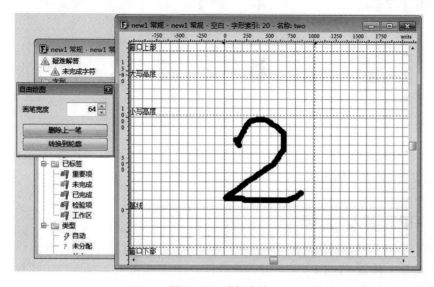

图 11-24 编辑字体字符对话框

比如：选中 2 的字符框，右击，选择"编辑"，弹出编辑字符窗口，再单击"插入"→"自绘轮廓"进行符号绘制，如图 11-25 所示。

图 11-25 编辑字符

如果字符绘制完毕,单击"文件"→"保存工程",再单击"文件"→"导出字体"→"导出"→"TrueType/OpenType 字体",如图 11-26 所示。导出的字体设置为 TTF 类型。

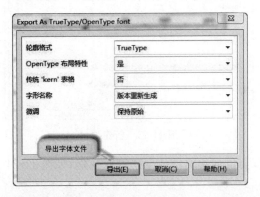

图 11-26　导出字体

最后再打开 Windows 文件夹下的 Fonts 文件夹,安装好刚制作好的字体文件:new1 常规.ttf。以后如果使用"new1 常规"这种字体,"2"的显示效果就会如刚才绘制的。

2.修改字体

可以使用 FontCreator 修改原有字体,单击"文件"→"打开",可打开已有字体进行编辑,打开后再选择其中一个进行修改,如图 11-27 所示。

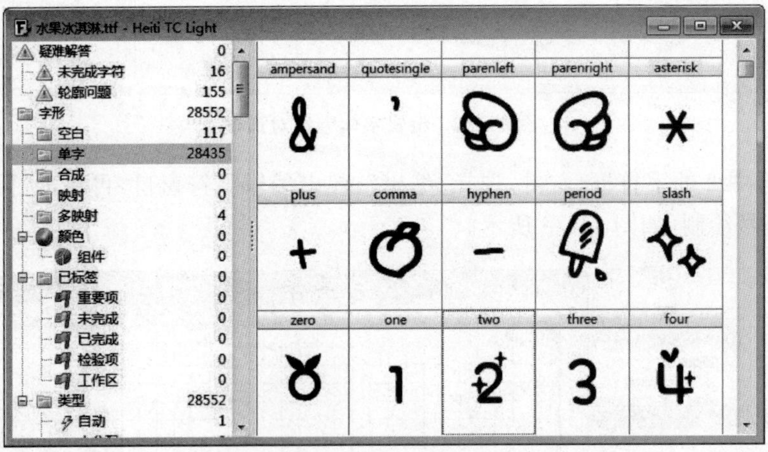

图 11-27　修改已有字体

选中已经设计好的字符,右击选择"编辑"进行修改。修改完毕,可以选择"文件"→"导出字体"或者选择"导出字体为"。

11.3　PPT 美化大师

PPT 美化大师是一款 PPT 幻灯片美化插件,为用户提供了丰富的 PPT 模板,具有一键美化的特色。

1. 启动美化大师

启动 PPT 后,会看到"美化大师"工具栏,如图 11-28 所示。美化大师已经集成到 PPT 选项中。美化大师可以更换背景、魔法换装等。

图 11-28 美化大师

2. 美化大师基本操作

可以首先打开一个制作好的简单 PPT,或者重新创建一个新 PPT。

1) 用范文新建 PPT

新建 PPT 可以使用美化大师集成的范文进行修改,单击"美化大师"→"范文",出现如图 11-29 所示窗口,根据需要选择范文。

图 11-29 范文

比如这里单击"计划总结"里的"心得体会"，会出现如图 11-30 所示列表，再挑选其中需要的。挑选好了以后，可以继续预览。觉得可以，单击"打开"。打开后再单击"另存为"，存成自己设定好的文件名。再根据需要修改 PPT 里的内容以及更换里面的图片。

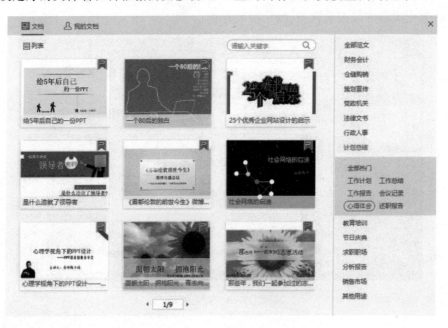

图 11-30　范文模板

2）修改 PPT 背景

如果创建好的 PPT 需要改背景，单击"美化大师"→"更换背景"，如图 11-31 所示，选择合适的背景。

图 11-31　更换背景

3）魔法换装

如果觉得怎么选择都不合适，可以交给美化大师来设置，单击"美化大师"→"魔法换装"，即可为 PPT 设置相应的背景，如图 11-32 所示。

图 11-32 开始智能美化

4）使用美化大师图片功能

单击"美化大师"→"图片"，会出现可供使用的图片，如图 11-33 所示。

图 11-33 图片功能

5）使用目录功能

如果想让已经存在的文本成为目录样式，单击"美化大师"→"目录"，如图 11-34 所示。再对目录内容进行修改。

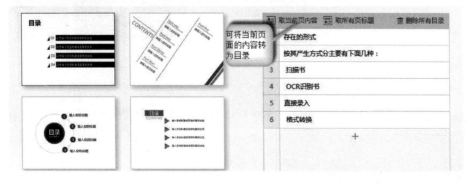

图 11-34 目录功能

6）使用画册功能

单击"美化大师"→"画册"，会出现"画册"对话框，如图 11-35 所示。选择画册模板，再选择自己的图片，如图 11-36 所示，便可生成自己需要的画册 PPT。

图 11-35　启动画册功能

图 11-36　生成画册 PPT

参 考 文 献

[1]　文杰书院.计算机常用工具软件入门与应用(微课堂学电脑).北京:清华大学出版社,2017.

[2]　胡宇,贾晖,廖庆祥.常用工具软件项目教程.北京:北京希望电子出版社,2016.

[3]　冉洪艳,张振.电脑常用工具软件标准教程(2015—2018版).北京:清华大学出版社,2015.

[4]　张亚飞.Flash-CS5中文版动画轻松学.北京:化学工业出版社,2011.

[5]　李新峰.全面提升50例Flash经典案例荟萃.北京:科学出版社,2009.

[6]　陈红.计算机常用工具软件实用教程.北京:清华大学出版社,2012.

[7]　缪亮.计算机常用工具软件实用教程.北京:清华大学出版社,2009.

[8]　部绍海,黄琼,刘忠云.常用工具软件实训教程.北京:航空工业出版社,2010.

[9]　王红兵,金益.Photoshop CS5实例教程.北京:人民邮电出版社,2012.

[10]　腾龙视觉设计工作室.新编中文版FreeHand MX标准教程.北京:海洋出版社,2005.

[11]　宋林林.常用工具软件案例实战教程.北京:中国电力出版社,2008.

[12]　叶丽珠.常用工具软件.北京:北京邮电大学出版社,2013.

[13]　周霞,缪亮.计算机常用工具软件实用教程.2版.北京:清华大学出版社,2016.

[14]　缪亮,薛丽芳.计算机常用工具软件实用教程.2版.北京:清华大学出版社,2009.

图书资源支持

感谢您一直以来对清华版图书的支持和爱护。为了配合本书的使用，本书提供配套的资源，有需求的读者请扫描下方的"书圈"微信公众号二维码，在图书专区下载，也可以拨打电话或发送电子邮件咨询。

如果您在使用本书的过程中遇到了什么问题，或者有相关图书出版计划，也请您发邮件告诉我们，以便我们更好地为您服务。

我们的联系方式：

地　　址：北京海淀区双清路学研大厦 A 座 707

邮　　编：100084

电　　话：010-62770175-4604

资源下载：http://www.tup.com.cn

电子邮件：weijj@tup.tsinghua.edu.cn

QQ：883604(请写明您的单位和姓名)

资源下载、样书申请

书圈

用微信扫一扫右边的二维码，即可关注清华大学出版社公众号"书圈"。